高炉高效冶炼技术

张寿荣　王筱留　毕学工　等著

北　京
冶金工业出版社
2015

内 容 提 要

本书围绕高炉高效冶炼的关键技术，论述了高炉高效冶炼技术对钢铁工业可持续发展的重要性、必要性和技术上的可行性，重点介绍了高炉高效冶炼的气体力学基础及其分析、冶金物理化学基础及其应用与分析、原燃料质量保障、高效化操作以及高炉长寿技术。

本书可供高炉炼铁领域的生产、科研、设计、管理、教学人员阅读。

图书在版编目（CIP）数据

高炉高效冶炼技术／张寿荣，王筱留，毕学工等著 . —北京：冶金工业出版社，2015. 4

ISBN 978- 7- 5024- 6870- 5

Ⅰ.①高…　Ⅱ.①张…　②王…　③毕…　Ⅲ.①高炉炼铁

Ⅳ.①TF53

中国版本图书馆 CIP 数据核字（2015）第 062508 号

出 版 人　谭学余
地　　　址　北京市东城区嵩祝院北巷 39 号　邮编　100009　电话　（010）64027926
网　　　址　www.cnmip.com.cn　电子信箱　yjcbs@ cnmip.com.cn
责任编辑　刘小峰　曾　媛　美术编辑　吕欣童　版式设计　孙跃红
责任校对　石　静　责任印制　牛晓波
ISBN 978-7-5024-6870-5
冶金工业出版社出版发行；各地新华书店经销；三河市双峰印刷装订有限公司印刷
2015 年 4 月第 1 版，2015 年 4 月第 1 次印刷
169mm×239mm；14.75 印张；284 千字；222 页
78. 00 元
冶金工业出版社　投稿电话　（010）64027932　投稿信箱　tougao@cnmip.com.cn
冶金工业出版社营销中心　电话　（010）64044283　传真　（010）64027893
冶金书店　地址　北京市东四西大街 46 号（100010）　电话　（010）65289081（兼传真）
冶金工业出版社天猫旗舰店　yjgycbs.tmall.com
（本书如有印装质量问题，本社营销中心负责退换）

前　言

　　自党的十一届三中全会以来，我国经济建设快速发展，使我国已成为世界第二大经济体。 同时，我国钢铁工业得到高速发展，1996 年我国成为世界第一产钢大国，2014 年我国钢产量已超过全世界钢产量的一半。 我国经济快速发展主要依靠传统产业的高速发展。 我国多项工农业产品产量已居世界第一位。 事实证明，传统产业是我国国民经济的基础。 世界钢年产量已达 16 亿吨，我国钢年产量已超过 8 亿吨，而且还会继续发展。 可以说，人类社会仍然处于"铁器时代"。

　　人类社会经济的快速发展与地球资源环境可承受能力的矛盾日益尖锐，人类社会不得不寻求与地球资源环境相友好的经济发展模式。因此，钢铁工业也必须寻求并走与地球资源环境友好的发展模式。

　　长期以来，钢铁冶炼依赖从铁矿石中提取铁元素并冶炼成钢，将钢加工成钢制品。 主流工艺是铁矿石（高炉炼铁）→铁水（液态炼钢）→钢水（钢锭轧制）→钢材。 随着社会废钢积蓄量的增多，利用电炉以废钢为原料炼钢的比例会增多，但到目前为止高炉流程仍是主流工艺。 高炉流程也必须向与地球资源环境友好的方向发展。

　　高炉流程走与地球资源环境友好之路需要在三个方面作出努力：一是提升工艺技术装备水平；二是改善原燃料、能源、环境供应质量；三是不断提高高炉技术操作水平。

　　前两方面的工作，20 世纪以来在世界范围内已做了大量工作，高炉炼铁工艺技术已经达到空前的高度，大量新技术的采用，使一座大型高炉的年产量可达到 500 万吨以上，吨铁燃料消耗降至 500kg/t 以下，一代炉龄寿命 20 年以上。 鉴于高炉炼铁仍将是今后钢铁工业的主流工艺，研究如何从技术操作方面发挥潜力，进一步节能减排，实现高效冶炼，走向可持续发展是十分必要的。 本书提出"高炉高效冶炼技术"这个题目，希望钢铁界的同仁对此予以关注，并通过实践，使我国高炉炼铁逐步走上可持续发展的道路。 高效是手段，顺行是保障，低耗是目标。

　　本书包括的主要内容及撰写基本思路是：第1章"钢铁工业还要发展"，从世界经济发展的宏观角度论述钢铁工业发展前景，指出高炉炼铁在今后相当长的时期仍将占据优势地位，论述高炉高效冶炼的重要性。后面各章围绕高炉高效冶炼的关键技术进行阐述。从工艺技术观点分析，制约高炉炼铁工艺效率提升有两个限制性环节，第一个限制性环节在下降的固、液相炉料与上升煤气流逆向运动区。由此，第2章"高炉高效冶炼的气体力学基础及其分析"，介绍了全世界范围内在这一领域取得的研究成果，包括武钢和武汉科技大学在高炉下部气液两相流气体力学特性和初成渣行为模拟两方面开展的实验室研究，以及应用这些研究结果的一些认知。制约高炉炼铁工艺效率提升的另一个限制性环节是整个高炉冶炼过程中的热量收入与热量支出的动态平衡。第3章"高炉高效冶炼的冶金物理化学基础及其应用与分析"，论述高炉内铁矿石还原的热力学和动力学的基本规律，介绍武钢富氢还原实验研究结果，结合高炉热平衡计算实例讨论提高高炉内能量利用水平，降低燃料比的技术措施。精料既是高炉高效冶炼技术的基础，也是实现高炉高效冶炼的重要保证。在高炉原燃料质量劣化、炼铁成本居高不下的情况下，更不应忽视精料对高炉高效生产的重要性。第4章"高炉高效冶炼的原燃料质量保障"，结合近年国内现状和武钢高炉生产实践讨论了高炉精料问题。高炉操作技术涉及面广，各厂情况千差万别，只能通过实践、探索、改进，使高炉冶炼效率不断提高。第5章"高炉高效化操作"，介绍武钢大高炉近年采用的操作制度，并就高效冶炼的某些关键问题展开讨论。第6章"高炉长寿技术"，指出高炉长寿是高炉高效冶炼的重要物质基础之一，阐述了高炉长寿的目标和实现高炉长寿的措施。第7章"展望"，指出21世纪仍将是"铁器时代"，节约资源和能源，减轻地球的环境负荷，是钢铁企业必须履行的基本责任，高炉高效冶炼技术有助于钢铁工业的可持续发展。

　　本书撰写工作由中国工程院院士张寿荣组织，北京科技大学、武汉科技大学和武钢的炼铁专家参加，全书共分7章，各章撰写人员名单如下（括号内为资料提供者）：

第1章　张寿荣

第2章　毕学工　傅连春（熊玮　周国凡　周勇　丁金发　涂春林

冯智慧　杨福　周进东　张慧轩）

第3章　王筱留　于仲洁（祁成林　陈令坤　邹明金　李勇波
　　　　李红）

第4章　杨佳龙

第5章　杨佳龙

第6章　张寿荣

第7章　张寿荣

张寿荣对全书进行了审阅，对第4章、第5章的部分内容做了修改。王筱留对部分章节提出修改意见。全书由于仲洁统稿整理，张寿荣审定。

高炉高效冶炼是国内炼铁界近年讨论较多的话题，但无论从理论上还是实践上都还需要更深入的研究。我们试图在这一技术领域做些探讨，期待更多炼铁同仁参与研究。在编写此书过程中，得到武汉钢铁（集团）公司、北京科技大学、武汉科技大学等单位的支持，它们提供了大量有价值的资料，我们对此表示衷心的感谢。

由于时间和水平所限，书中不妥之处，敬请读者批评指正。

著　者

2015年1月

目　　录

1　钢铁工业还要发展 ·· 1

1.1　随着人类社会发展钢铁还要增产 ······································· 1

1.2　增产生铁的现实工艺路线 ··· 2

   1.2.1　建新高炉 ··· 2

   1.2.2　铁矿石直接还原 ··· 2

   1.2.3　铁矿石熔融还原 ··· 2

1.3　高炉炼铁工艺的高效化 ·· 3

1.4　高炉结构重组是当务之急 ··· 4

参考文献 ·· 4

2　高炉高效冶炼的气体力学基础及其分析 ·································· 5

2.1　颗粒填充床内气体运动的基本规律 ···································· 6

   2.1.1　颗粒填充床的特征 ·· 6

   2.1.2　颗粒填充床特征影响因素的分析 ···································· 7

   2.1.3　颗粒填充床中气体运动的定量描述 ································· 8

2.2　高炉固相区和软熔带内的气体力学 ··································· 11

   2.2.1　固相区内的气体力学 ·· 11

   2.2.2　软熔带内的气体力学 ·· 24

2.3　高炉下部气液两相流气体力学特性的实验研究 ·················· 33

   2.3.1　灌液填料层内的气液两相流动现象 ································ 33

   2.3.2　高炉下部的气液两相流动现象的特点 ····························· 34

   2.3.3　高炉下部液体滞留量的实验测定及关系式建立 ················ 35

2.4　高炉大量喷煤条件下初渣性能的实验研究 ······················· 42

   2.4.1　高炉造渣过程 ·· 42

   2.4.2　初渣研究的意义 ··· 43

   2.4.3　初渣性能的实验研究及结果 ··· 44

   2.4.4　武钢高炉增加球团矿配比的工业试验 ···························· 58

2.5　基于高炉下部气体力学的产量模型研究 ··························· 59

   2.5.1　基于高炉气体力学的二维产量模型 ································ 59

　　　2.5.2　基于高炉气体力学的多项式产量模型 ················ 61
　　参考文献 ··· 64

3　高炉高效冶炼的冶金物理化学基础及其应用与分析 ········· 69
　　3.1　高炉内铁矿石还原的热力学基本规律 ················· 69
　　　3.1.1　铁矿石内铁氧化物还原的热力学规律 ·············· 71
　　　3.1.2　铁矿石中少量元素氧化物还原规律 ················ 76
　　　3.1.3　高炉炉缸内的耦合反应 ·························· 82
　　　3.1.4　高炉内铁矿石还原能达到的煤气利用率 η_{CO} 和 η_{H_2} ··· 84
　　3.2　高炉内铁矿石还原的动力学基本规律 ················· 86
　　　3.2.1　还原速率的数学模型 ···························· 87
　　　3.2.2　影响还原速率的因素 ···························· 89
　　3.3　基于高炉冶炼过程热力学和动力学规律 ··············· 91
　　　3.3.1　高炉主要操作指标间的关系 ······················ 91
　　　3.3.2　高炉炼铁吨铁的碳消耗 ·························· 93
　　3.4　富氢还原性气体还原铁矿石实验研究 ················· 102
　　　3.4.1　富氢还原实验装置和实验方法 ···················· 103
　　　3.4.2　富氢还原实验方案 ······························ 105
　　　3.4.3　富氢还原实验结果 ······························ 106
　　　3.4.4　富氢还原实验结果分析 ·························· 112
　　　3.4.5　小结 ··· 117
　　　3.4.6　生产高炉炉内 H_2 的行为 ······················ 118
　　3.5　高炉高效低碳冶炼的热消耗—热平衡分析 ············· 120
　　　3.5.1　W 厂高炉生产的热平衡 ························· 121
　　　3.5.2　以热平衡热消耗分析冶炼碳消耗达到高效低碳生产 ···· 130
　　3.6　高炉高效低碳冶炼时理论燃烧温度的控制 ············· 133
　　　3.6.1　理论燃烧温度计算 ······························ 134
　　　3.6.2　理论燃烧温度的控制 ···························· 137
　　参考文献 ··· 138

4　高炉高效冶炼的原燃料质量保障 ······················· 139
　　4.1　高效冶炼要求高炉精料 ····························· 139
　　　4.1.1　精料之"高" ·································· 140
　　　4.1.2　精料之"熟" ·································· 144
　　　4.1.3　精料之"稳" ·································· 145

　　　4.1.4　精料之"匀" ……………………………………… 146

　　　4.1.5　精料之"小" ……………………………………… 146

　　　4.1.6　精料之"净" ……………………………………… 146

　　　4.1.7　精料之"少" ……………………………………… 147

　　　4.1.8　精料之"好" ……………………………………… 148

　　4.2　高炉合理炉料结构 …………………………………… 149

　　4.3　高炉精料与降低生铁成本 …………………………… 151

　　4.4　锌对高炉的危害与防治 ……………………………… 155

　　　4.4.1　锌在钢铁厂内的循环 …………………………… 155

　　　4.4.2　锌在高炉内的循环 ……………………………… 156

　　　4.4.3　锌对高炉的危害 ………………………………… 156

　　　4.4.4　控制锌在高炉内循环富集的措施 ……………… 157

　　　4.4.5　高锌负荷危害实例分析 ………………………… 157

　　4.5　入炉原燃料质量变差时的应对措施 ………………… 159

　　参考文献 …………………………………………………… 161

5　高炉高效化操作 …………………………………………… 162

　　5.1　高效操作的高炉设计特点 …………………………… 162

　　　5.1.1　高炉本体的高效化设计 ………………………… 162

　　　5.1.2　采用长期稳定提供高风温的热风炉系统 ……… 164

　　　5.1.3　选择无钟炉顶系统 ……………………………… 164

　　　5.1.4　煤气净化处理采用旋风除尘系统与布袋干法除尘系统 …… 164

　　　5.1.5　制粉喷吹系统 …………………………………… 164

　　5.2　送风制度的调整（下部调整） ……………………… 164

　　　5.2.1　高炉风口参数的确定 …………………………… 165

　　　5.2.2　鼓风参数的选择 ………………………………… 167

　　　5.2.3　喷吹煤粉 ………………………………………… 179

　　5.3　高炉装料制度 ………………………………………… 182

　　　5.3.1　批重 ……………………………………………… 182

　　　5.3.2　料线 ……………………………………………… 183

　　　5.3.3　无钟炉顶的布料功能 …………………………… 184

　　　5.3.4　无钟炉顶的布料规律 …………………………… 184

　　5.4　高炉热制度 …………………………………………… 191

　　　5.4.1　热制度的选择 …………………………………… 191

　　　5.4.2　影响热制度的主要因素 ………………………… 191

5.5　造渣制度 ……………………………………………… 193
　5.5.1　高炉炉渣的主要来源 …………………………… 193
　5.5.2　炉渣的主要作用 ………………………………… 194
　5.5.3　选择造渣制度原则 ……………………………… 194
　5.5.4　炉渣熔化性对高炉冶炼的影响 ………………… 194
　5.5.5　炉渣黏度对高炉冶炼的影响 …………………… 195
　5.5.6　炉渣的稳定性 …………………………………… 195
　5.5.7　渣系组分对炉渣性能的影响 …………………… 196
　5.5.8　炉渣的脱硫能力 ………………………………… 198
　5.5.9　合理渣系实例 …………………………………… 198
5.6　维持合理的高炉操作炉型 …………………………… 199
　5.6.1　入炉原燃料条件的影响 ………………………… 200
　5.6.2　高炉冷却状况的影响 …………………………… 200
　5.6.3　高炉操作参数变化的影响 ……………………… 200
　5.6.4　渣铁排放的影响 ………………………………… 201
　5.6.5　高炉死焦柱行为的影响 ………………………… 201
　5.6.6　高炉强化程度的影响 …………………………… 201
5.7　炉前操作与管理 ……………………………………… 203
　5.7.1　炉前操作的任务 ………………………………… 203
　5.7.2　炉前主要设备 …………………………………… 204
　5.7.3　炉前操作平台 …………………………………… 206
　5.7.4　炉前操作参数 …………………………………… 206
　5.7.5　炉前出铁操作 …………………………………… 207
　5.7.6　铁口维护 ………………………………………… 208
　5.7.7　铁口异常状况的处理 …………………………… 210
　5.7.8　高炉渣的处理 …………………………………… 213
参考文献 …………………………………………………… 215

6　高炉长寿技术 …………………………………………… 217
6.1　长寿是高炉高效冶炼的物质基础之一 ……………… 217
6.2　决定高炉寿命的因素 ………………………………… 217
　6.2.1　合理的高炉设计 ………………………………… 217
　6.2.2　优质的高炉结构和耐火材料 …………………… 218
　6.2.3　高炉备件的质量 ………………………………… 218
　6.2.4　高炉的原燃料管理 ……………………………… 219

6.2.5 高炉的操作管理 ·················· 219

6.3 高炉长寿技术是综合性技术 ·················· 220

参考文献 ·················· 220

7 展望 ·················· 221

7.1 21世纪仍将是铁器时代 ·················· 221

7.2 可持续发展是钢铁工业的大方向 ·················· 221

1　钢铁工业还要发展

我国铁器时代始于春秋战国时期，距今已有 2500 多年。迄今为止，钢铁仍是人类社会使用的最主要的结构材料和功能材料。可以说，我们今天的社会仍然处于铁器时代。

1.1　随着人类社会发展钢铁还要增产

起始于 20 世纪与 21 世纪之交的现代人类社会第二次经济高速增长，促成了钢铁发展史上第二次大增长，世界钢产量由 2000 年的 8.49 亿吨增至 2013 年的 16.07 亿吨。尽管这一钢产量的增长纪录未曾引起钢铁业内、业外足够的重视，然而又一次证明了钢铁材料在人类社会经济发展中的重要性。

2005 年以来世界钢产量增长情况见表 1-1。

表 1-1　2005 年以来世界钢产量及人均表观使用量

年　份	2005	2006	2007	2008	2009	2010	2011	2012	2013
世界钢产量/亿吨	11.47	12.49	13.47	13.41	12.39	14.29	15.18	15.48	16.07
人均表观使用量/kg·（人·年）$^{-1}$	173.5	187.5	198.4	196.4	181.9	205.5	214.7	219.0	205.6

2005 年到 2013 年的 8 年间，世界钢年产量由 11.47 亿吨增至 16.07 亿吨，净增 4.6 亿吨，增长率 40.1%。如果从 2013 年到 2020 年再增长 40.1%，届时世界钢产量将超过 20 亿吨。就世界范围而言，为支撑世界经济的健康发展，2020 年世界钢产量达到 20 亿吨还是必要的。

进入 21 世纪以来，中国的钢产量由 2001 年的 1.51 亿吨，增至 2013 年的 7.79 亿吨，净增 6.28 亿吨。而在 2005~2013 年间，中国的钢产量由 3.55 亿吨增至 7.79 亿吨，增量 4.24 亿吨，占此期间世界钢产量全部增量的 92.17%。2014 年中国粗钢产量达到 8.227 亿吨，已超过全世界钢产量的一半。据 2012 年底的调查，中国的钢铁工业具备的产能已超过 10 亿吨/年。由于产能过剩，全球钢铁行业形成了全行业低价微利竞争的局面。中国钢铁行业面临的严峻任务是调整结构，淘汰落后。

2010 年世界生铁与粗钢产量之比（铁/钢比）大致在 0.72。依此推算，支撑 2020 年 20 亿吨钢年产量的生铁产量应为 14.4 亿吨。换句话说，要在目前生铁年产量的基础上增加约 4 亿吨。

增加生铁产能，现有的工艺技术主要有三条路线：建高炉、发展铁矿石直接还原或熔融还原。

1.2 增产生铁的现实工艺路线

1.2.1 建新高炉

钢铁界对新建高炉已积累了丰富的经验。按新建年产 200 万吨的高炉推算，则要新建 2500m³ 级高炉（包括相应配套的炼焦、烧结或球团及能源公辅系统）200 座。问题在于一座高炉就是一个排放污染源，焦炉、烧结机、球团机也是污染源。一套年产 200 万吨生铁的高炉系统就包括数个污染源。在目前高炉产能过剩且地球环境负荷如此沉重的情况下，再增加 200 套年产生铁 200 万吨的污染源是环境可以承受的吗？因此，再建新高炉增产生铁是不可取的。

1.2.2 铁矿石直接还原

铁矿石直接还原工艺，能耗低，排放少，然而直接还原工艺对矿石质量要求高，产量规模大的流程还需要天然气资源。就全球范围看，适宜采用直接还原工艺的地区不多。近年来直接还原铁（DRI）产量有所增加，但产量水平仍较低，见表 1-2。

表 1-2　2005 年以来世界直接还原铁产量[1]　　　　　（百万吨）

年　份	2005	2006	2007	2008	2009	2010	2011	2012	2013
世界产量	56.99	59.79	67.22	68.03	64.44	70.37	73.32	74.02	77.19

铁矿石直接还原工艺生产能力太低，不能满足增产生铁的要求。只有非常规天然气（如页岩气）今后能得到大的发展，直接还原工艺才有可能有较大的发展。目前大量发展铁矿石直接还原是不现实的。

1.2.3 铁矿石熔融还原

铁矿石熔融还原工艺真正实现工业化的只有 COREX 和 Finex。Finex 是在 COREX 基础上改造开发形成的。我国宝钢引进 COREX-3000 两座，运行了数年，由于燃料比高已停产，准备迁往新疆钢厂；Finex 已有两座在浦项公司运行。COREX 与 Finex 在减少环境排放方面大大优于高炉炼铁工艺，但其生产效率和生产规模，尚不具备替代高炉炼铁的条件。

由此看来，比较现实的途径是继续依靠高炉炼铁工艺。目前的实际情况是，我国高炉炼铁产能严重过剩，落后与先进多层次并存。当务之急是淘汰落后，使高炉炼铁工艺实现高效化。

1.3　高炉炼铁工艺的高效化

　　高炉炼铁工艺已有 500 年的历史。500 年的技术创新及不断完善优化，使今天的高炉炼铁工艺技术发展到空前的高度。目前，一座大型高炉的年产铁量可以达到 500 万吨以上，吨铁的燃料消耗可以降低到 500kg/t 以下，接近理论计算值，高炉一代炉龄寿命可以达到 20 年以上。既然高炉炼铁工艺仍是今后钢铁工业的主流工艺，高炉炼铁工艺必须依靠技术进步，在满足钢铁工业增长需求的同时，进一步节能，减少排放以走向绿色化，实现钢铁工业的可持续发展。

　　在高炉炼铁发展史上，高炉生产的高效化是伴随着技术创新，工艺参数不断提高而实现的，其主要途径包括：

　　（1）高炉大型化和技术装备的进步；

　　（2）富氧鼓风提高冶炼强度；

　　（3）精料、喷吹燃料、上下部调剂等技术进步不断降低燃料比。

　　从工艺技术观点分析，制约高炉炼铁工艺效率提升的主要问题是两个限制性环节：第一个限制性环节在下降的固、液相炉料与上升煤气流逆向运动区；另一个限制性环节是整个高炉冶炼过程中的热量收入与热量支出的动态平衡。高炉提高产量则高炉冶炼的炉料总量必须增加。如何使增加了的炉料下降与上升煤气流在逆向运动中保持稳定顺行，并完成生铁冶炼的物理化学反应，是高炉产量能否提高，能耗能否降低的决定性因素。由于高炉炼铁工艺涉及因素众多，情况千差万别，只能通过实践、探索、改进，使高炉冶炼效率不断提高。

　　在炼铁界曾有一个观点：小高炉容易强化，大高炉强化困难；小高炉利用系数高，大高炉利用系数低。这一观点对小高炉众多的我国的高炉大型化曾一度起了阻碍作用。由于高炉大型化已成为国际发展趋势，我国新建钢厂均选了大高炉。为推进高炉大型化，2006 年武钢首先在 $3200m^3$ 的高炉进行强化冶炼试验，采用富氧鼓风，使 $3200m^3$ 高炉逐渐实现强化冶炼，利用系数普遍提高。2007 年 11 月，7 号高炉月平均日产量为 9406t，利用系数达到 2.939t/（$m^3 \cdot d$）。武钢 $3200m^3$ 级的三座高炉的年利用系数平均达到 2.6～2.7t/（$m^3 \cdot d$）。由于大小高炉炉型结构的特点不同，现在通用的高炉容积利用系数在衡量大型高炉与小型高炉强化程度时有片面性，用炉缸面积利用系数来衡量高炉强化程度比较合理。实践已经证明，在原燃料条件和装备水平达到国际上相应的大高炉标准时，大高炉同样可以强化到 $1000m^3$ 以下高炉已经达到的同等水平。"大高炉利用系数低"是在特定条件下产生的认识误区。

　　上述高炉强化冶炼试验是在 $3200m^3$ 级高炉上进行的。武钢 $4117m^3$ 的 8 号高炉 2009 年投产，为 $4000m^3$ 级以上高炉强化冶炼试验创造了条件。2010 年以来 8

号高炉的实践证明，4000m³高炉可以强化冶炼。

21世纪以来，韩国浦项钢铁公司和我国沙钢在5000m³级高炉冶炼强化方面做了很多探索。实践已经证明，5000m³级高炉同样可以强化。

除了强化冶炼，高炉高效生产更应追求大幅度降低燃料比。国外先进高炉燃料比已降至460~470kg/t，与此相比我国高炉的燃料比一般高出30~50kg/t，少数高炉甚至高出100kg/t。精料既是高炉高效冶炼技术的基础，也是实现高炉高效冶炼的重要保证。在高炉原燃料质量劣化、炼铁成本居高不下的情况下，更不应忽视精料对高炉高效生产的重要性。

作者认为，高炉高效冶炼（包括特大型高炉在内的所有规模的高炉）仍有发挥潜力的空间，关键在于必须处理好前述的两个问题点。高炉高效冶炼必须逐步使冶炼单位生铁的炉腹煤气量减少。这涉及原燃料准备、工艺技术和装备技术所有方面的技术创新和研究开发，并应注意基本原理与实际工艺操作的结合。钢铁工业的特点之一是"两高一资"，即资源能源的高消耗和产出的高排放及对化石资源的高度依赖。钢铁工业走向绿色化是十分困难的，道路是漫长的。我国钢铁产能过剩，多层次技术并存，尤其困难。为此，钢铁工业的可持续发展必须在钢铁产量持续增长的同时，使高炉座数大幅度减少。推行高炉高效冶炼是减少高炉座数的一项重要对策。

1.4   高炉结构重组是当务之急

当前我国钢铁工业的实际状况是：虽然先进钢铁企业在品种、质量和效益方面已达到历史的高水平，但总体上钢铁企业仍处于粗放经营状态，还存在大量落后装备在制造污染，浪费资源。为减轻地球的环境负担，必须在推进高炉高效冶炼技术的同时，下定决心淘汰落后的高炉冶炼设备，包括落后的高炉、烧结机、焦炉和球团炉。这样做，我国环境将大为改观。我国现在实有高炉超过1000座。日本的钢年产量在1亿吨，居世界第二位，共运行高炉28座。我国钢年产量为日本的7倍，如高炉座数为日本的7倍，高炉座数也不应超过200座。如果我国能下决心坚决进行高炉结构调整，淘汰落后高炉，依靠技术进步提升高炉生产能力，这样既促进了我国钢铁工业的发展，对世界钢铁工业也是重大贡献。

参 考 文 献

[1] 赵庆杰，魏国，姜鑫，等. 直接还原技术现状及其在中国的发展展望［C］. 2014年全国炼铁生产技术会暨炼铁学术年会文集（上），2014：50.

2 高炉高效冶炼的气体力学基础及其分析

高炉过程的复杂性使得其操作至今仍然主要依赖于工长的经验，而难以实现完全闭环的计算机控制。在高炉这个巨大的高温、高压密闭反应器中，发生着铁矿石还原、焦炭燃烧与气化等各种化学反应，而传质又与传热及动量传输耦合在一起。高炉中的动量传输现象涉及气、固、液、粉四种不同物相的对流运动。铁矿石和焦炭从炉顶装入高炉，在重力的作用下向下运动。焦炭和随鼓风喷入的煤粉在风口前燃烧，产生的高温煤气向上运动。铁矿石和焦炭在受热和化学反应的作用下，体积不断缩小，与风口前焦炭燃烧及由铁口排放渣铁所产生的空间一起，为炉料的下降创造了条件。高炉内的液相包括由铁矿石加热和还原得到的熔渣和熔铁，液态渣铁穿过高炉下部的焦炭料柱向下滴落而进入炉缸。在渣和铁发生滴落以前，矿石处于半熔融状态，透气性很差，迫使上升煤气流大部分从透气性好的焦炭层中穿过。粉体产生的来源，分软熔带以上（即块状带）和以下（即滴落带）。在块状带，粉体主要来源于烧结矿的低温还原粉化和球团矿的还原异常膨胀，也有焦炭在机械力、气化反应、直接还原反应作用下的劣化和滞留的未燃煤粉；在滴落带，粉体的来源更加复杂，一个是焦炭颗粒在机械力、直接还原反应、碱金属侵蚀、热应力等的作用下所产生的粉末，另外一个是煤粉在风口前不能完全燃烧而产生的粉末，还包括燃烧带中高速旋转的焦炭和相对呆滞的焦炭柱（死料柱）之间的摩擦等。焦粉和未燃煤粉在随煤气向上运动的过程中，有一部分将沉积在焦炭颗粒之间而减少料柱的气体流动通道。

顺行是高炉生产的前提，而高炉顺行的基础是各种物相的正常对流运动。日常生产中，迫切需要了解维持高炉顺行的最大鼓风量。日本及欧洲、美洲国家的钢铁企业和我国宝钢普遍采用最大炉腹煤气量指导高炉生产，用以炉腹煤气量为基础的透气阻力系数 K 来衡量高炉顺行的趋势[1]。在最大炉腹煤气量的基础上，项钟庸等[2]近年来先后提出了炉腹煤气量指数（炉腹煤气量除以炉缸面积）、炉腹煤气效率（面积利用系数除以炉腹煤气量指数）的概念，建议用炉腹煤气量指数取代容积利用系数，对不同高炉的生产效率进行科学评价。

本章首先用力学的观点讨论炉料与煤气的逆流运动，然后针对块状带、软熔带和滴下带讨论改善高炉顺行条件的理论依据和方法。

2.1　颗粒填充床内气体运动的基本规律

2.1.1　颗粒填充床的特征

高炉中填充着矿石、焦炭等炉料的颗粒，填充床的性质是高炉内气体力学的决定性因素之一。颗粒填充床的特征主要用粒度分布、平均粒度、孔隙度、形状系数等指标表示。

2.1.1.1　粒度分布

用筛分的方法测定各规定粒度级别的质量百分含量。实际生产中，各种炉料规定的粒度级别是不一样的。武钢烧结矿目前分为 6 个粒级：>40mm、25～40mm、16～25mm、10～16mm、5～10mm、<5mm。球团矿的粒度范围比较窄，如图 2-1 所示，一般控制 10～16mm 粒级和<5mm 粒级的含量。宝钢焦炭分为 5 个粒级：>75mm、75～50mm、50～25mm、25～15mm、<15mm。

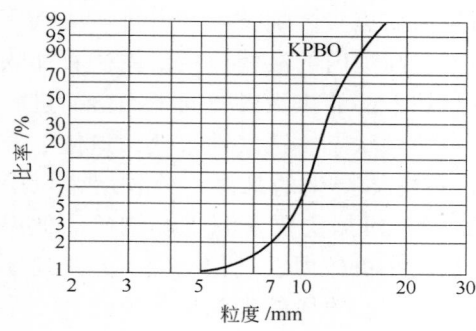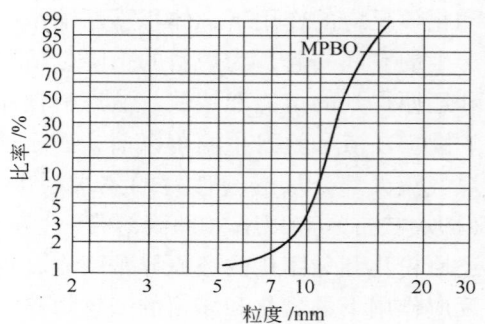

图 2-1　瑞典 LAKB 公司两种球团矿的粒度组成[3]

2.1.1.2　平均粒度

对高炉料而言，多用当量平均直径表示，计算式如下[4]：

$$(\bar{d}_p)_{m,n} = \left[\frac{\sum N_i (d_p)_i^m}{\sum N_i (d_p)_i^n} \right]^{\frac{1}{m-n}} \tag{2-1}$$

式中　N_i——i 粒级的含量，%；

$(d_p)_i$——i 粒级的平均直径；

m，n——常数，取决于选定的平均值计算方法。

$m=1$，$n=0$ 时，求得的是算术平均直径，也称加权平均直径；$m=3$，$n=2$ 时，求得的是比表面积平均直径；$m=-1$，$n=0$ 时，求得的是调和平均直径。高炉炉料的平均直径一般采用调和平均直径。

2.1.1.3　平均形状系数

对由不同形状构成的填充床，常用形状系数（ϕ）来描述等质量颗粒在流体运动中所受阻力随形状不同而变化的情况：

$$\phi = \frac{\text{与颗粒体积相等的球体表面积}}{\text{颗粒表面积}} \qquad (2\text{-}2)$$

多种粒料组成的炉料的平均形状系数（$\bar{\phi}$）的计算方法如下：

$$\bar{\phi} = \sum N_i \phi_i \qquad (2\text{-}3)$$

式中　　ϕ_i——i 粒级料的形状系数；

　　　　N_i——i 粒级料的体积分数。

2.1.1.4　孔隙度

孔隙度是填充床中颗粒之间的空隙所占体积和填充床总体积的比值。很明显，孔隙度越大，填充床的透气/透液阻力越小。

对于由球形的单一直径颗粒、两种直径颗粒和三种直径颗粒形成的填充床，通过大量研究得出了孔隙度的实用确定方法。

如直径相同的圆球，正方形排列时孔隙度最大，为 0.476，单斜方排列时孔隙度最小，为 0.258。

图 2-2 所示为由两种直径的颗粒构成的填充床的孔隙度[5]。图中，R 为大颗粒的直径与小颗粒直径的比值，纵坐标 $\varepsilon_m/\varepsilon_0$ 是混合料的相对孔隙度，分子 ε_m 是由两种不同粒径的原料组成的散料的孔隙度，分母 ε_0 是 100% 大颗粒时的孔隙度。由图 2-2 可知，单独含大颗粒，或者单独含小颗粒，填充床的孔隙度都将达到最大值；大颗粒中混入三分之一小颗粒时，填充床的孔隙度达到最小

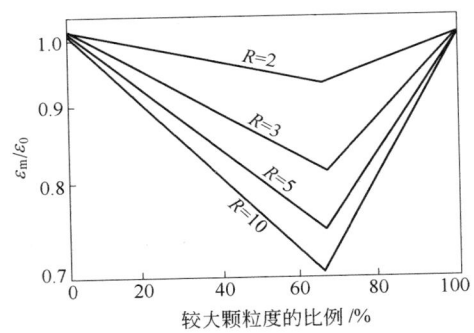

图 2-2　两种直径的颗粒构成填充床的孔隙度

值；直径比 R 越大，即两种颗粒的直径相差越远时，填充床的孔隙度越小。

2.1.2　颗粒填充床特征影响因素的分析

对高炉内颗粒填充床特征产生影响的因素可分为内在原因和外在原因两大类，其中，内在原因包括炉料自身性质、整粒工艺等，外在原因包括高炉炉顶装料工艺、导致炉料粒度减小和形态变化的各种机械作用及物理化学反应、小粒度炉料随煤气流的运动与沉积等。对于大量喷吹煤粉的高炉，随煤气流上升的未燃煤粉在料柱中将产生沉积，也将对高炉颗粒填充床的特征造成一定的影响。对填充床特征影响因素进行分析，有助于明确改善原料准备（包括铁矿石造块和冶金

焦生产）工艺和高炉操作工艺的方向，达到改善高炉料柱透气性的目的。

不同类型炉料的填充床，其特征有明显的差异。例如，和烧结矿比较，球团矿的粒度组成均匀而孔隙度大；和含铁炉料比较，焦炭的平均粒度大而孔隙度大。

整粒工艺包括破碎和过筛两部分，通过整粒，可以消除过大颗粒，减少过细颗粒的含量（一般称含粉率），增加填充床的孔隙度。

现代大型高炉普遍采用无钟式炉顶装料设备，通过改变料线深度、布料溜槽位置（称为角位）和不同角位上的布料圈数、料批重量等布料参数，能够有效地控制新形成填充床的形状与特征的空间分布。由于高炉料柱由铁矿石和焦炭两种不同性质炉料的料层交替构成，所以优化矿石和焦炭装料参数之间的关系，也是控制高炉内填充床整体特征的一个重要工艺手段。

无论是铁矿石，还是焦炭，在装入高炉以后随料柱的下降过程中，都要经受机械力和各种各样物理化学反应的破坏作用，结果导致颗粒填充床特征的显著变化。以下是需要进行简要讨论的一些问题：

（1）铁矿石的低温还原粉化机理及初渣形成过程。

（2）焦炭气化反应引起粒度减小和结构疏松，直接还原反应和渗碳引起粒度减小，滴下带内受碱金属蒸气的作用造成结构疏松和产生粉末，在风口前因急剧升温的热应力和燃烧反应产生粉末，焦炭粉末随煤气流上升在高炉下部料柱中的再分配。

（3）风口前未燃煤粉的产生机理及在高炉下部料柱中的沉积。

（4）软熔带以下的区域，其特征是气、液、固、粉四相流，液态的初成渣和铁水在向下滴落的过程中，有一部分将滞留在焦炭颗粒之间的空隙里，使向上流动的气体的流动通道缩小，滞留量和初成渣流动性、数量以及煤气量有关。

2.1.3 颗粒填充床中气体运动的定量描述

气体在颗粒填充床中运动克服阻力会产生压力损失。如果把填充床中的空隙视为一个体积等于 ε 的管道，则压力梯度的通式如下：

$$\frac{\Delta p}{\Delta L} = \psi \frac{\rho v^2 (1 - \varepsilon)}{\phi d_p \varepsilon} \tag{2-4}$$

式中 p——气体压力；

       L——填充床高度；

       ψ——填充床的阻力系数；

       ρ——气体密度；

       v——气体实际流速；

       ϕ——颗粒的形状系数；

       d_p——颗粒的直径。

工程上习惯采用空塔速度 u，而 $u=v/\varepsilon$，则：

$$\frac{\Delta p}{\Delta L} = \psi \frac{\rho u^2 (1-\varepsilon) \varepsilon}{\phi d_p} \tag{2-5}$$

许多学者提出了不同的填充床阻力系数 ψ 的表达式，其中以 1952 年厄冈（Ergun）在实验和理论分析的基础上提出的表达式最为著名[6]。厄冈方程最早为一维形式，而且仅适用于等温的情况。但是后来许多研究者将它扩充为二维甚至三维向量的形式[7,8]，并经过某些修正，使其可以考虑温度变化的影响，对于有液态渣铁存在的滴下带内气体的压降，也尝试应用厄冈方程形式的计算方法[9]。还应用扩展的厄冈方程研究有未完全燃烧的煤粉、粉化的焦炭等粉尘存在的填充床的气体压降[10]。实践表明，厄冈方程基本上适于高炉过程的模拟。

对于颗粒填充床中的煤气流动问题，圆柱坐标系下的厄冈方程有以下形式：

$$-\partial p/\partial z = f_1 G_z + f_2 G_z |\overline{G}| \tag{2-6}$$

$$-\partial p/\partial r = f_1 G_r + f_2 G_r |\overline{G}| \tag{2-7}$$

式中　G_z，G_r——气体质量流速 $\overline{G}$ 在 z 和 r 坐标的分量；

f_1，f_2——填充床对气流的黏性阻力系数和惯性阻力系数，表达式如下：

$$f_1 = \frac{150 (1-\varepsilon)^2 \mu}{g_c (\phi d_p)^2 \varepsilon^3 \rho_g} \tag{2-8}$$

$$f_2 = \frac{1.75(1-\varepsilon)}{g_c (\phi d_p)^2 \varepsilon^3 \rho_g} \tag{2-9}$$

ε——填充床的孔隙度；

μ——气体的黏度；

g_c——重力加速度；

ϕ——颗粒的形状系数；

d_p——颗粒的直径；

ρ_g——气体的密度。

厄冈方程需要和气体的连续性方程联立求解：

$$\partial(rG_z)/\partial z + \partial(rG_r - I)/\partial r = 0 \tag{2-10}$$

式中　I——因化学反应而引起的气体质量的变化，表达式为：

$$I = \int_0^r (M_R + M_c) r\mathrm{d}r \tag{2-11}$$

M_R——因还原反应而引起的气体质量的变化；

M_c——因焦炭的气化反应而引起的气体质量的变化。

厄冈方程的求解可以使用有限差分[11]和有限元两种方法[12~16]。采用有限差分法求解之前，需要利用 $\partial^2 p/(\partial r \partial z) = \partial^2 p/(\partial z \partial r)$ 的关系式将压力项从厄冈方程中消去，化成一个流函数 ϕ 的偏微分方程。和有限差分方法相比，有限元方法能够较好地逼近高炉的不规则边界和高炉内床层的复杂结构，并可节省计算机的内存，而且无需通过复杂的数学推导建立不含压力项的流函数方程。

图 2-3 所示为用有限差分法求解的软熔带位置对高炉气体流速分布的影响。

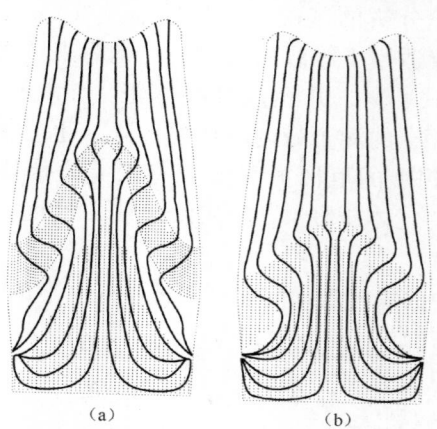

（a）　　　　　　　（b）

图 2-3　软熔带位置对高炉煤气流分布的影响

图 2-4 所示为用有限单元法求解的宝钢 3 号高炉内的气体流速分布图[17]。

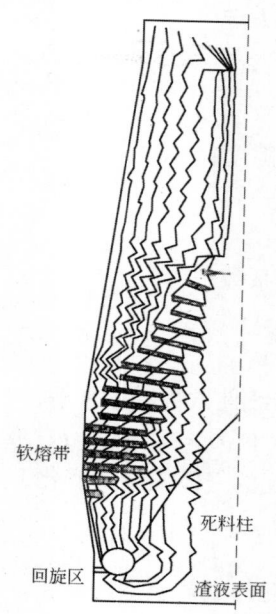

软熔带

死料柱

回旋区　　渣液表面

图 2-4　高炉内的典型煤气流分布

（从炉子中心线数起的 10 条流线的流函数值分别为 0.1、0.2、0.3、0.4、0.5、0.6、0.7、0.8 和 0.99）

2.2　高炉固相区和软熔带内的气体力学

2.2.1　固相区内的气体力学

2.2.1.1　固相区颗粒填充床的形成

固相区颗粒填充床的形成过程十分复杂，首先按传统的布料模型的开发思路进行讨论。炉喉截面上矿石层厚度与焦炭层厚度的比值（简写为 L_O/L_C）的径向分布称为质量分布，矿石粒度与焦炭粒度的径向分布统称为粒度分布。布料模型首先分别计算装料过程中的质量分布和粒度分布，然后得出炉喉截面上的煤气流分布和漏斗深度、焦炭平台宽度等炉料分布特征值。

从下料罐中流出的炉料颗粒有成千上万颗，为简便起见，以下落炉料的质点中心代表整个炉料，并通过描述该点的运动状态对整个炉料的运动状况进行模拟。简化的无钟炉顶高炉的炉料运动过程如图2-5所示。图中，v_0 为炉料离开下料罐时的初速度，v_1 为炉料落到布料溜槽上的速度，v_2 为炉料沿布料溜槽表面向下运动的初速度，v_3 为炉料离开布料溜槽时的末速度。炉料颗粒在脱离布料溜槽以后，将以斜抛运动的方式落到炉内现有料面上。为了确定落点位置，首先应计算 v_3；而为了得到 v_3，又必须对炉料在中心喉管和溜槽表面上的运动状态进行力学分析。

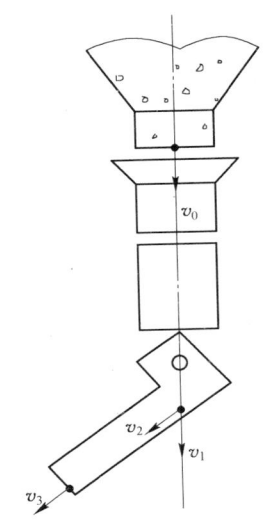

图2-5　炉料在串罐无钟炉顶中运动轨迹

如图2-6所示，炉料在溜槽表面受到的作用力包括：颗粒的重力 mg、离心力 F 和科氏力 F_k。溜槽转速越快，所受到的科氏力也越大。由于科氏力的存在，炉料在溜槽上不再是沿溜槽中心线做直线运动，而是向炉料运动的反方向偏离，结果颗粒将沿溜槽表面向上爬升，脱离点的高度高于溜槽表面中心线。矩形断面的布料溜槽对颗粒的向上爬升有抑制作用。

脱离溜槽时的初速度 v_3 和溜槽倾角 β、角速度为 ω，以及颗粒与溜槽内表面的摩擦系数 μ 和料流与溜槽发生碰撞时颗粒速度的折减系数 η 有关。无论是摩擦系数，还是速度折减系数，因为问题过于复杂，至今没有理论计算方法。为此，一般都在高炉开炉前进行装料实验，根据实测的不同布料溜槽角位下的落点位置，利用布料模型反推计算摩擦系数。也可以根据这些数据，利用布料模型分别对焦炭和矿石反推计算出各试验溜槽倾角下的折算系数，进而建立折算系数和溜槽倾角之间关系的回归方程式。经验表明，固定摩擦系数反推速度折算系数比固定折算系数反推摩擦系数，得到的结果与实测值的符合程度高很多[18]。

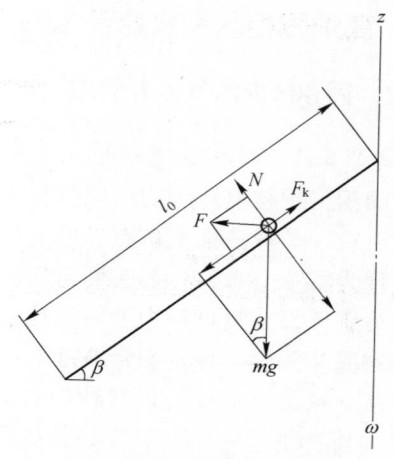

炉料脱离溜槽后落入空区，除受重力继续作用外，还受到上升的煤气阻力作用。在一般冶炼条件下，煤气阻力只相当于直径 5mm 粒度烧结矿重量的 0.93%，3mm 粒度烧结矿重量的 2.35%；或相当于 10mm 焦炭颗粒重量的 1% ~ 2%，5mm 焦炭颗粒重量的 5.09%。但对

图 2-6　炉料在溜槽上的受力分析

3mm 以下的烧结矿和 5mm 以下的焦炭，煤气浮力不容忽视。

A　料面的形成

炉料布到料面上后，炉料颗粒沿着原来的料面向高炉中心运动，形成了新的料面。新的料面与水平方向的夹角就是炉料的堆角。堆角是决定矿石和焦炭径向分布的主要因素之一。在高炉外部测定的堆角称为自然堆角，炉料装入高炉后形成的堆角称为炉内堆角。多环布料料面如图 2-7 所示，由图可知，多环布料料面的形成可视为多个单环料面的叠加。为了确定单环料面，需要预知料面的内堆角（靠近高炉中心一侧）和外堆角（靠近高炉炉墙一侧）。影响炉料炉内堆角的因素有炉料的自然堆角、料线深度、冶炼强度、炉料结构和装料设备类型等。由于以上种种原因，炉内堆角远远小于自然堆角，一般不到自然堆角的一半。

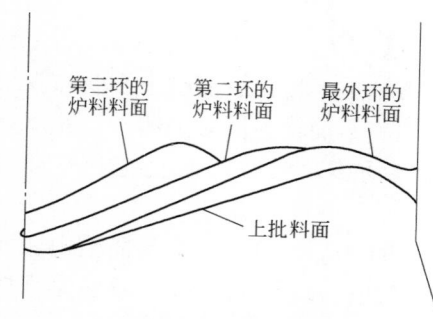

图 2-7　多环布料的料面形成

不同物料的自然堆角可能有很大的差别。例如烧结矿、天然块矿和焦炭的自然堆角比较接近，大约 36° ~ 37°，而球团矿的自然堆角很小，只有 28°左右。入炉综合炉料的自然堆角可按矿石配比的加权平均计算。因此，当较大幅度地增加球团矿用量的时候，入炉综合炉料的自然堆角将明显减小，矿石料面趋于平坦，中心和边缘的矿焦比增大而孔隙度减小。

影响炉料炉内堆角的因素还有粒度。高利得斯切因的实验室研究发现，在相同的设备和操作条件下（料尺深度相

同），同一种炉料的堆角因粒度不同而不同。例如，在 2.9m 料线上，烧结矿粒度为 70~40mm 时的堆角等于 32.3°，而 40~25mm 时的堆角为 29°，减小了 3.3°[19]。装料制度不变，炉料种类不变，而煤气曲线发生变化，这种变化有时可能是因粒度组成变化引起的。由此，在生产中应该密切关注炉料粒度组成的变化。对于采用烧结矿分级入炉技术的高炉，在调节布料角位时也要关注小粒度烧结矿堆角较小的特点。

煤气流对炉内堆角的影响表示如下：

$$\frac{\tan\theta_{气}}{\tan\theta_0} = 1 - 1.75[(1-\varepsilon)/\phi_s d_p \varepsilon^3](\rho_g u^2/\rho_b g)(1/\cos\theta_{气}) \qquad (2\text{-}12)$$

料线深度对内堆角 θ_1 的影响：

$$\tan\theta_1 = \tan\theta_{气} - K\frac{h}{r} \qquad (2\text{-}13)$$

式中　$\theta_{气}$——考虑煤气流速后的炉内堆角，(°)；

　　　θ_0——炉料的自然堆角，(°)；

　　　ε——炉料的孔隙度；

　　　ϕ_s——炉料颗粒的形状系数；

　　　d_p——炉料的平均粒度，m；

　　　ρ_g——煤气的密度，kg/m³；

　　　u——煤气流速，m/s；

　　　ρ_b——炉料的堆密度，kg/m³；

　　　K——修正系数；

　　　r——炉喉半径，m。

由式（2-12）和式（2-13）可知，当炉喉气流速度（冶炼强度）超过某一范围时，炉料堆角将随气流速度增大而显著减少，而且矿石的变化幅度超过焦炭，球团矿的变化幅度超过烧结矿，因而必将导致高炉高度和径向矿焦层厚度的变化，而矿焦层厚度的变化直接影响到料层透气性分布的变化。据西尾浩明等的计算[20]，当气流增大到 $\rho_g u^2 = 10$kg/(m·s²) 时，焦炭堆角比无气流时减小 12°，烧结矿减小 16°，球团矿减小 18°。因此，为了控制料层中的合理透气性分布，需要找出各种炉料气流条件下堆角的变化规律。

图 2-8 所示为炉喉气流速度与矿焦层厚度的影响。由图看出，当炉料由焦炭和烧结矿组成，而且采用倒分装时，随气流速度的增加，沿径向上矿焦比（L_O/L_C）由边缘至中心开始逐渐增加，但接近中心时又明显下降，如气流速度由 0.4m/s 提高到 1.2m/s 时，中心 L_O/L_C 由 4.2 左右降低到 0.2，同样对由焦炭和球团矿组成的料层来说，在流速由 0.4m/s 增加到 1.2m/s 时，中心 L_O/L_C 由 9.5 降到 0.5，这主要是由于在同一气流速度下，矿石堆角要比焦炭堆角降低的

幅度大而引起的变化。因此当气流速度再增加时，高炉中心有可能形成唯一的焦炭层，这势必将导致中心气流过分发展，而降低了煤气能量的利用率。

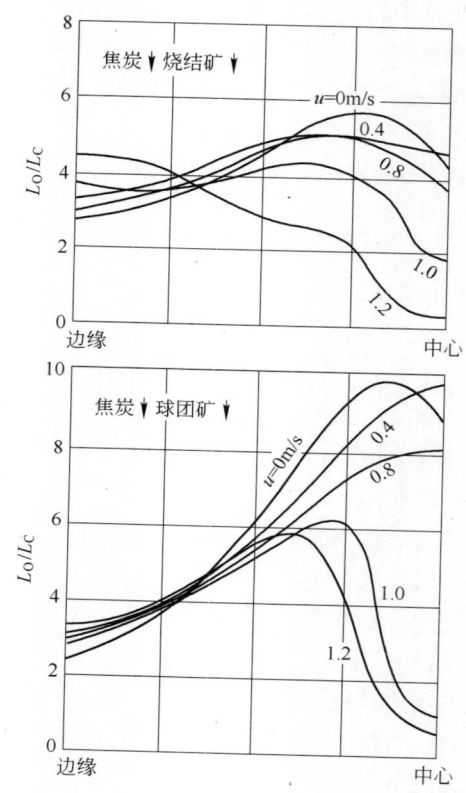

图 2-8　炉喉气流速度对 L_O/L_C 的影响

　　由于煤气流对外堆角 θ_2 的影响因素较复杂，难以找出其变化规律，通常采用和布料溜槽倾角的经验关系式计算。

　　高炉布料不是连续进行的，而高炉冶炼过程是连续的。随着冶炼强度的不同，两次布料的间隔也不同，在这个时间间隔内，炉料不断下降。由于高炉炉身为一个上小下大的圆锥形，同时由于焦炭是在靠近炉墙的风口区中进行燃烧，使得料柱的下降速度呈边缘大、中心小的规律，而料速的差别带来堆角的变化。高炉解体调查结果表明，炉料在炉内下降过程中，料层厚度逐渐变薄，堆角逐渐变小，但直到熔化滴落之前都明显地保持着层状分布。当墙壁摩擦不大时，散料大致是保持等速度下降的，并以往上延长炉墙斜壁的交点作为原点，沿着放射线状的直线方向运动。高度方向上料层堆角的变化还受到炉墙状态的影响，当炉墙损坏严重，引起高炉截面积增大时，料面更快地趋于平坦；而当发生严重渣皮黏结时，料柱下降受阻，料面趋于平坦的速度放慢。

由于焦炭和矿石的粒度和密度差别很大，所以这两种物料同时或分别装入炉内时，在布料界面上互相渗透、混合而形成混合层。混合层孔隙度小，对高炉强化是不利的。焦炭和矿石的粒度差越大，混合层所占比例越高。无钟炉顶高炉的混合层问题没有钟式炉顶高炉那么严重。

已形成料面（主要是焦炭）在装入物料载荷的作用下可能发生不规则变形。位于芝加哥的美国钢铁公司 Gary 13 号高炉采用大钟加炉喉导料板式的炉顶装料设备，建有 1∶1 布料物理模型，采用电导仪技术测定不同装料条件下的变形后焦炭料面，图 2-9 所示为测定结果的一个例子。由图可知，变形前后的焦炭料面差别很大，从而对炉顶矿焦层分布和孔隙度分布造成明显的影响。

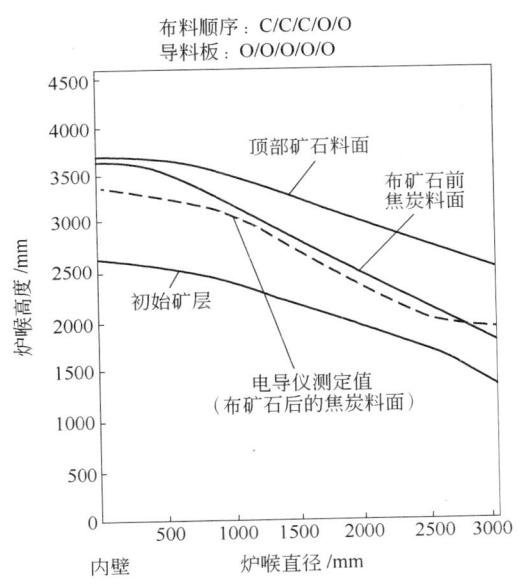

图 2-9　熔剂型球团矿的料面形状

一般采用土壤力学的边坡稳定理论对焦炭坍塌现象进行模拟[21]，认为焦炭是沿着滑动面发生坍塌，在截面上假定滑动面是一段圆弧或圆弧与平面的组合。滑弧的位置在出现滑动前并不明确，主要决定于炉内状况、矿石批重、焦炭层的料面形状等因素。在稳定计算中，需先假定若干个滑弧，经试算后，以稳定系数最小的滑弧作为可能的滑动圆弧面。

B　粒度分布问题

偏析在高炉的装料过程中是一种常见且无法避免的现象。偏析就是颗粒在外力的作用下，由于其自身的物理性质（如体积、密度等）的不同而进行的相互扩散对流，从而达到一个混合程度更加稳定的混合体的过程。偏析可以分为粒度偏析、密度偏析、形状偏析等几种，一般粒度偏析最为显著发生。炉料在从炉内落点向高炉中心或炉墙滚动期间产生粒度偏析，同时产生了孔隙度的分布问题。粒度和孔隙度的径向分布是控制煤气流分布的另一种主要因素（相对矿焦比而言）。

粒度偏析的机制有三种：

（1）渗透机制。渗透机制被认为是由不同粒径颗粒组成的斜面流的主要偏析机制。在颗粒沿斜面下落的过程中，颗粒之间会产生缝隙，显然小的颗粒比较容易穿过大颗粒之间的缝隙而落到底部并占据底层位置，使得大颗粒逐渐被抬升至表面。因此，任何有利于增强这种渗透作用的因素都会有利于增强偏析效果。

（2）扩散机制。其作用与渗透作用相反，它会促使颗粒混合。一般来说，在颗粒流的速度比较大时，扩散作用更明显。因为速度越大，颗粒之间的空隙越大，颗粒之间的相互作用以碰撞而不是有利渗透作用的摩擦挤压为主。

（3）滚动机制。其原理是小颗粒的摩擦系数较大，而大颗粒的摩擦系数较小，所以距离落点越远的地方大颗粒的含量越多，而在落点附近小颗粒的含量较多。

图 2-10 所示为在下落料流中存在着严重的粒度偏析，这是因为颗粒在溜槽上流动的过程中，小颗粒渗透进了大颗粒之间的空隙里面。

图 2-11 所示为平均粒度从炉子的边缘到中心逐渐增大，从料层的下部到上部也逐渐增大。

只有综合考虑高炉炉顶半径方向上炉料的质量分布（矿焦层厚比）和粒度分布，才能够准确把握装料条件对块状区颗粒填充床结构及透气性的影响。

虽然对布料进行过许多研究，但多半得到的是定性结果，而且很难了解料层中的偏析情况和把握偏析的实时行为。因此近些年开展了采用 DEM 法对高炉炉顶布料进行的研究[24,25]。

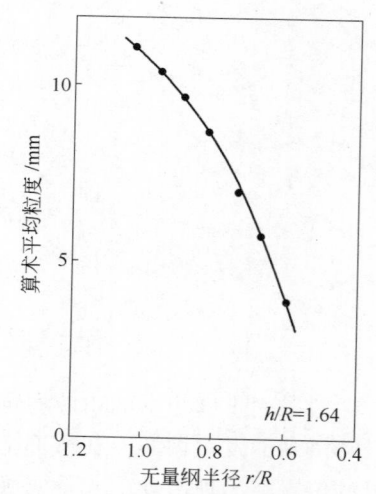

图 2-10 下落料流中的粒度偏析情况[22]

偏析发生在矿石槽、运输设备、料罐和溜槽上。DEM 法是分析固体颗粒行为的一种最可靠的模拟方法。两个颗粒之间的联系模式采用 Voigt 模型，接触力

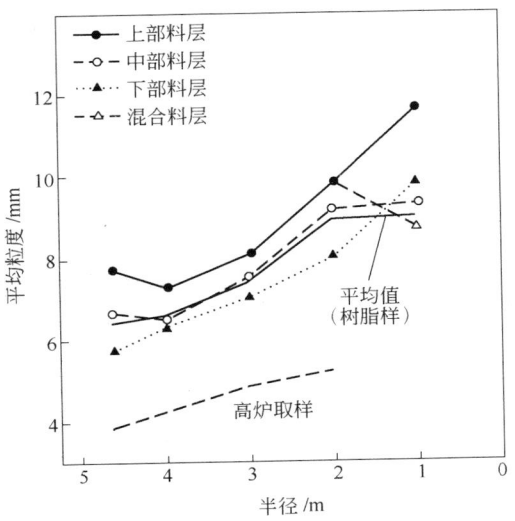

图 2-11 千叶 6 号高炉料层中的粒度偏析情况[23]

用下式计算:

$$F_{n,ij} = \left(K_n \Delta u_{n,ij} + \eta_n \frac{\Delta u_{n,ij}}{\Delta t} \right) n_{ij} \qquad (2\text{-}14)$$

$$F_{t,ij} = \min \left\{ \mu \mid F_{n,ij} \mid t_{ij}, \left[K_t (\Delta u_{t,ij} + \Delta \phi_{ij}) + \eta_t \left(\frac{\Delta u_{t,ij} + \Delta \phi_{ij}}{\Delta t} \right) \right] t_{ij} \right\} \qquad (2\text{-}15)$$

式中　K——弹性系数;

　　　η——阻尼系数;

　　Δu——中心的相对直线位移;

　　　μ——摩擦系数(颗粒—颗粒是 0.43,颗粒—炉墙是 0.58);

　　$\Delta \phi$——由颗粒旋转引起的接触点处的相对位移;

　　n_{ij}——从 i 颗粒到 j 颗粒的法向单位向量;

　　t_{ij}——从 i 颗粒到 j 颗粒的切向单位向量。

每一个颗粒的平移运动和旋转运动按照下式进行:

$$\dot{v} = \frac{\sum F}{m} + g \qquad (2\text{-}16)$$

$$\dot{\omega} = \frac{\sum M}{I} \qquad (2\text{-}17)$$

式中　$\dot{v}$——颗粒的速度向量;

　　　F——作用在颗粒上的接触力;

m——颗粒的质量；

g——颗粒的重力加速度；

$\dot{\omega}$——角速度向量；

M——切向力引起的运动；

I——惯性力引起的运动。

DEM 法中，颗粒的形状一般假定是球形，因为这样容易发现接触和计算接触力。但烧结矿的颗粒非常不规则。为此，通过设定每个颗粒的滚动摩擦系数来反映颗粒形状对流动的影响：

$$M_{r,\,i}=-\frac{3}{8}\alpha_i b\,|F_n|\,\frac{\omega_i}{|\omega_i|} \qquad (2\text{-}18)$$

式中　b——接触面积的半径；

　　　α_i——滚动摩擦系数。

因为烧结矿颗粒的形状彼此完全不同，所以每个颗粒的 α_i 值也不一样。α_i 的分布和颗粒的滚动性有关。摩擦系数通过单颗粒的剪切实验测定，并和实际的颗粒行为进行了对比。

模拟计算条件：溜槽长 5.3m，溜槽出口处安装一个马蹄形挡块，角度 26°。矿石批重 31t（620231 个颗粒，密度 3300kg/m³）。烧结矿的杨氏模量 $E=35\text{GPa}$，泊松比 $\nu=0.25$。烧结矿随机地装入和堆积在料罐里。焦炭层预先安排在高炉炉顶，如图 2-12 所示，焦炭的料面形状和实际情况符合。焦炭颗粒的个数是 112712 个，密度 1050kg/m³，杨氏模量 $E=5.4\text{GPa}$，泊松比 $\nu=0.22$。烧结矿和焦炭的颗粒粒度分布（表 2-1 和表 2-2）考虑了实际情况，但比实际情况大 3 倍，为的是减少计算的颗粒个数。

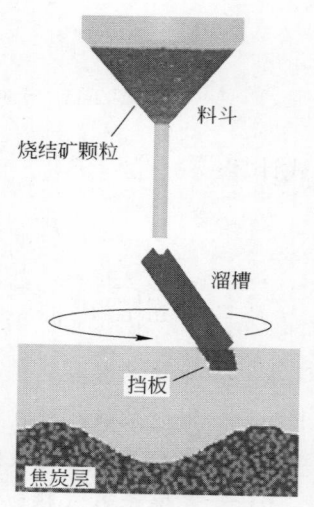

图 2-12　模拟的无钟布料系统

表 2-1　烧结矿的颗粒条件

直径/mm	质量百分比/%	颗粒数/个
22.5	30.2	474946
37.5	34.1	115848
52.5	17.8	22126
67.5	9.8	5743
97.5	8.1	1568

表 2-2 焦炭的颗粒条件

直径/mm	质量百分比/%	颗粒数/个
67.5	1.7	14292
112.5	44.8	79973
187.5	44.7	17216
262.5	8.8	1231

计算结果：由图 2-13 发现颗粒在朝溜槽出口运动的过程中，因为溜槽的旋转而偏离中心。由图 2-14 可见，在溜槽的出口处，粒度最小的颗粒大多数被压向溜槽壁，而较大的颗粒由于粒度偏析而聚集在颗粒集群的外面。粒度偏析在装入高炉以前就已经发生了。

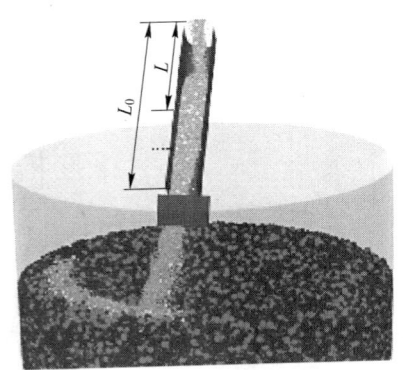

图 2-13　布烧结矿过程的快照
（溜槽倾角 43.1°）

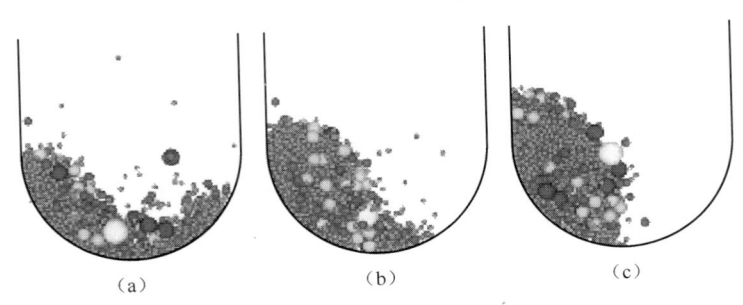

图 2-14　烧结矿颗粒在溜槽中滚动时截面形状的变化

（a）$L/L_0 = 0.5$；（b）$L/L_0 = 0.75$；（c）$L/L_0 = 1.0$

（烧结矿颗粒由小到大的粒度分别为：22.5mm、37.5mm、52.5mm、67.5mm、97.5mm）

图 2-15 所示为溜槽上四个区域（$L/L_0 = 0.25$，$L/L_0 = 0.5$，$L/L_0 = 0.75$ 和 $L/L_0 = 1.0$）的颗粒速度向量，从溜槽出口观察。靠近右壁的颗粒速度比靠近左

壁的颗粒大得多（$L/L_0 = 0.5$），因为颗粒被离心力加速，溜槽的右壁有弧形。还发现在溜槽出口的运动类似滚动，在 $L/L_0 = 0.25$ 处，颗粒由右侧向左壁高速运动并滑向颗粒和溜槽壁之间的空隙。之后，特别是小颗粒被压向溜槽壁，其中有一些受重力落下。因此认为颗粒在溜槽上的运动是一种扭曲运动。

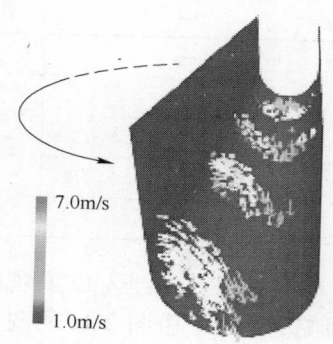

图 2-15　对挡块的撞击频率图

　　图 2-16 所示为第 8 批和第 16 批料的装入料层的快照，溜槽倾角 43.1°。图 2-17 所示为比装料量（单位面积装料量）W_s 和到高炉中心的径向距离 L_R 之间的关系，可变参数是装入次数（number of charges）。W_s 随装入次数增加而增大，其分布朝向炉子中心扩展。

第8批　　　　　　　　第16批

图 2-16　装入料层的快照

（溜槽倾角 43.1°）

　　图 2-18 所示为装入颗粒的快照，从下向上依次为 1~4 次装入、5~8 次装入、9~12 次装入、13~16 次装入。发现早期装入的颗粒（1~4 次装入）定位于外面炉墙，而中期装入的颗粒（5~8 次装入、9~12 次装入）的位置较宽，因为它们被后装入的颗粒挤压而滑向高炉中心。DEM 法有这种装入料层中粒度偏析和可视化的优点，帮助了解高炉内部发生了什么事情。

　　DEM 模型的结论如下：（1）溜槽上的烧结矿颗粒因溜槽旋转在向出口运动的同

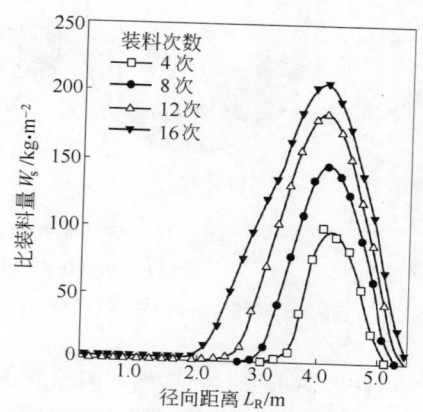

图 2-17　比装料量与径向距离的关系

图 2-18 装入料层的快照

时偏离中心。小颗粒的大多数被挤压到溜槽侧壁上，而较大的颗粒保留在颗粒群的外面，发现溜槽上的运动是扭曲的；（2）布料面积上的单位布料量随着装料次数的增加而增大，因为颗粒沿着料堆的斜坡向下滑动，装入物质的分布向高炉中心扩宽。

2.2.1.2 固相区的气体力学特征

A 运用布料模型对固相区的气体力学特征进行讨论

高炉生产实践表明，高炉内的煤气流不可能绝对均匀分布，特别是在径向上，一般要求从边缘到中心有不同比例的煤气流通过，高炉生产中通过布料来调整料柱结构以达到煤气流的合理分布。

a 粒度分布

在同一高度上煤气的压力相等，则在该高度截面上任意两点间的流速比如式（2-19）所示。由式（2-19）可知，小粒级多的位置煤气流通阻力大。当炉料粒度范围大时，布料会产生严重的粒度偏析，因此，采用分级入炉，将不同粒级炉料布入不同径向位置，如将小粒度烧结矿装在炉墙附近，能有效抑制边缘煤气流：

$$\frac{U_1}{U_2} = \sqrt{\frac{\phi_1 d_1 (1 - \varepsilon_2) \varepsilon_1^3}{\phi_2 d_2 (1 - \varepsilon_1) \varepsilon_2^3}} \tag{2-19}$$

b 层厚比分布

煤气流通过 L 厚料层的总阻力损失可用式（2-20）表示：

$$\frac{\Delta p}{L} = \alpha k U^{2-\beta} \tag{2-20}$$

式中 k——透气阻力系数；

L——矿石层厚 L_O 与焦炭层厚 L_C 之和。

如果 k 是矿石层阻力系数 k_O 与焦炭层阻力系数 k_C 的和，且 $k_O \gg k_C$，则可导出式（2-21）：

$$k = \frac{1}{1 + E}(k_O E + k_C) \approx \frac{E}{1 + E} k_O \tag{2-21}$$

式中 E——矿石层厚 L_O 与焦炭层厚 L_C 之比。

由式（2-20）和式（2-21）可知，$\dfrac{\Delta p}{L} \propto \dfrac{E}{1+E}$，即矿焦层厚比大的地方煤气流通阻力大。

B   含铁炉料的低温还原粉化性能对块状区透气性的影响

含铁炉料在高炉中下降到 400~600℃ 的区间时，受到来自高炉下部的煤气流的还原作用，会发生不同程度的碎裂粉化，含铁炉料这种性能的强弱以低温还原粉化指数（RDI）来表示。

低温还原粉化率高时，铁矿石在高炉炉身上部低温区的块状带会产生大量粉末，造成块状带的透气性恶化，气流分布失常。图 2-19 所示为高炉的实际操作结果[26]，烧结矿低温还原粉化指数增大时，通过提高 $\Delta\eta_{CO}$（$\Delta\eta_{CO}$ 为中间煤气利用率和边缘煤气利用率的差值，$\Delta\eta_{CO}$ 越大，说明边缘煤气流越发展），即强化边缘气流，来保持透气性指数波动值 σ（$\sigma = \dfrac{\Delta p}{v}$，单位为 Pa／（m³·min））基本不变，避免高炉透气性恶化。然而，$\Delta\eta_{CO}$ 增加会导致炉身效率减小，进而使燃料比升高，如图 2-20 所示。

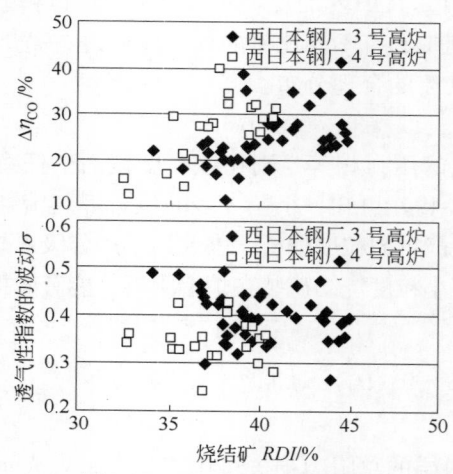

图 2-19   RDI 和 $\Delta\eta_{CO}$ 的关系

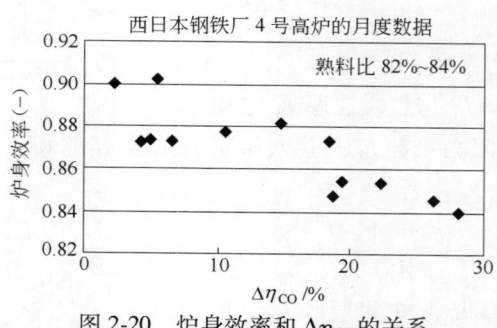

图 2-20   炉身效率和 $\Delta\eta_{CO}$ 的关系

　　图 2-21 所示为不同气流分布条件下的烧结矿粒度分布。图中基础情形为烧结矿 *RDI* 小，采用低燃料比和压制边缘气流的操作模式，边缘的粒度较大；情形 1 为烧结矿 *RDI* 变大，但维持操作模式不变，结果边缘的粒度明显变小；情形 2 为烧结矿 *RDI* 变大，适当增加燃料比（低热流比），但维持边缘气流不变，结果因为炉顶的低温区缩小使得粒度减少在整体上得到了抑制，但边缘的粒度仍然比基准情形小；情形 3 为适当增加燃料比同时开放边缘气流，烧结矿的粒度减小得到了抑制，边缘的粒度接近基准情形。由此可见，当烧结矿的低温还原粉化性能变差时（*RDI* 增大），通过加强边缘煤气流使边缘的粒度减小控制到最低限度是一个关键。

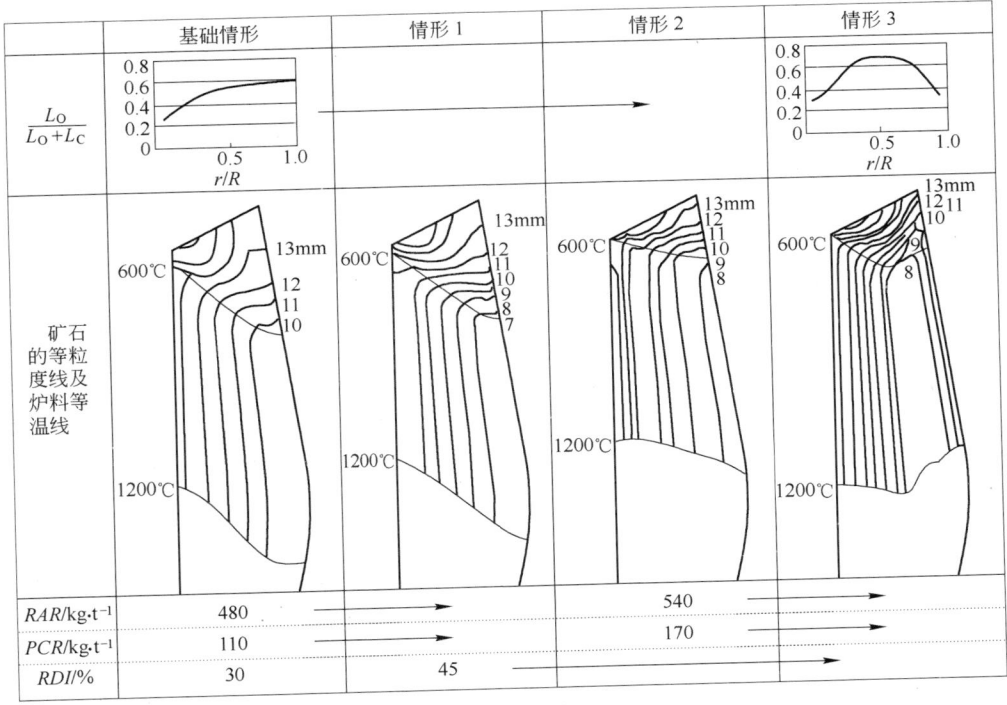

图 2-21　不同气流分布条件下的烧结矿粒度分布（模型计算值）

　　铁矿石的低温还原粉化行为受到高炉中煤气还原势高低的影响[27]，由图 2-22 可知，当用 10% 的 H_2 取代等量的 N_2 时，烧结矿的 $RDI_{+6.3}$ 从 81.6% 减少到 69.5%，$RDI_{+3.15}$ 从 92.6% 减少到 87.2%，可见提高氢气浓度将加剧烧结矿的低温还原粉化。日本在 COURSE50 项目中已经将控制高氢气浓度条件下的烧结矿低温粉化问题列入了研究课题。

　　C　管道行程的产生机理

高炉中的炉料在重力作用下，克服固体间的摩擦力及煤气的浮力而下降。随

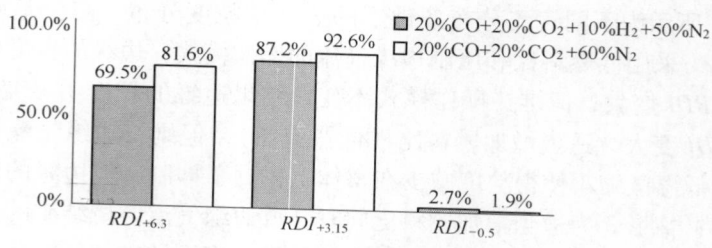

图 2-22 H_2 对烧结矿低温还原粉化率的影响

着煤气流速的增加，压降几乎是呈平方倍地增加，直到煤气向上的力与炉料向下的力平衡时为止。由于各种炉料的粒度、密度不同，在炉内的横断面上分布又不均匀，因此，在某些局部出现煤气流速超过临界速度的状况是可能的。当煤气流速超过临界速度时（即流态化起点），压紧的料层变得疏松，散料体体积膨胀，细颗粒被吹起来，呈悬浮状态，孔隙度增加，压降停止增加。随着煤气所受阻力的减小，越来越多的煤气通过这一局部，最后，小颗粒尤其是焦炭，由于密度小被吹出料层。这些被吹走的颗粒有的作为炉尘被吹出炉外，有的在透气性不好的地方又沉积下来，这就使得原本透气性就差的地方成为更加密实的死区，从而进一步导致煤气的不均匀分布，结果造成煤气通过的是一个有明显管道的料层，在高炉中称之为管道行程。

管道行程带来的危害有：（1）炉顶温度升高；（2）炉料加热不充分；（3）炉顶煤气的 CO/CO_2 比值很高，煤气的化学能利用不充分；（4）焦比升高；（5）炉尘吹出量增加；（6）生铁质量不稳定。形成管道后即使风量再降到刚刚引起失常的水平，料层也不会恢复正常。

2.2.2   软熔带内的气体力学

2.2.2.1   软熔带内颗粒填充床的特征

在高炉内下降的过程中，铁矿石逐渐被加热和还原同时承载料柱的荷重，体积不断缩小，孔隙度逐渐降低，从部分炉料的软化开始，随着铁矿石中的脉石、直接还原和渗碳所消耗燃料中灰分，以及随煤气流上升到达的未燃煤粉中的组分的相互熔解，软化熔融部分的数量逐渐增多，直至生成液态金属和炉渣而滴落。在这个过程中，炉渣在化学成分和物理性能方面都发生了很大变化。物理方面，炉料逐渐从固态发生软化、半熔化直至最后完全熔融，炉料的孔隙度降低，透气性变差；化学方面，炉渣成分不仅依赖于入炉原料的化学成分，而且与到达软熔带时铁矿石的还原度及入炉原料的分布有关。

铁矿石的软化和熔融显著降低了料层的透气性，但不同种类的铁矿石，其透气性的变化规律有显著的差异。图 2-23～图 2-25 所示为武钢进口酸性球团矿、澳大利亚块矿和高碱度烧结矿的熔滴曲线。由图可知，当炉料开始软化时，随着体积的收缩，孔隙度逐渐下降，气体阻力也急剧升高，特别地对于酸性球团矿和天然块矿更是这样。气体压差在发生滴落以前达到了最大值，然后迅速下降。三种含铁炉料中，澳大利亚块矿的压差峰值最高，大约 5.5kPa，高碱度烧结矿的压差峰值最低，不到 1kPa。单一高碱度烧结矿的滴落温度超过了实验设备的最高工作温度 1500℃，所以未能准确检测到压差的峰值。

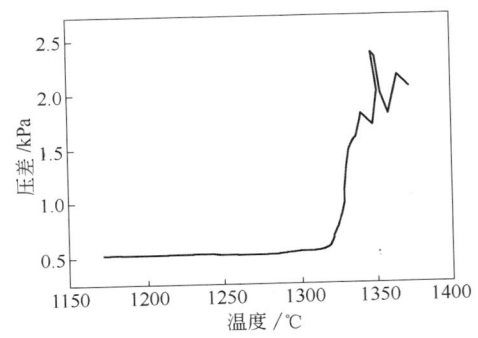

图 2-23　进口酸性球团矿的熔滴曲线

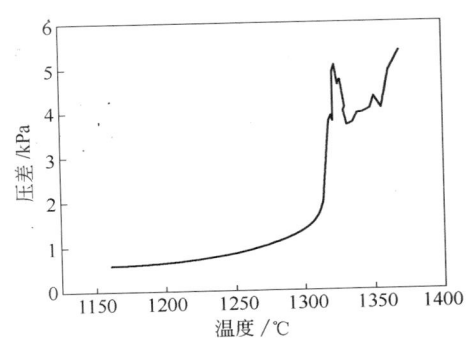

图 2-24　澳大利亚块矿的熔滴曲线

　　目前通过实验测得铁矿石的压差—温度曲线，是一种表征软熔带内矿石填充床特征的最直接方法。根据测定的料层高度收缩率—温度曲线，可以建立收缩率和温度的回归方程式。如图 2-26 所示，球团矿的收缩率方程为[28]：

$S_r = 0.02 - 1.41T^* + 96.17T^{*2} - 429.6T^{*3}$，拟合偏差 $\sigma = 0.0396$

　　如图 2-27 所示，烧结矿的收缩率方程为[27]：

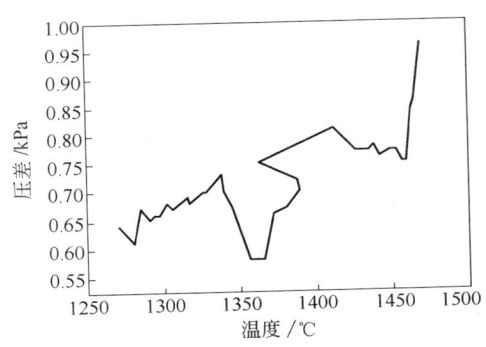

图 2-25　高碱度烧结矿的熔滴曲线

$S_r = 0.02 - 0.251T^* + 26.69T^{*2} - 12.1T^{*3}$，拟合偏差 $\sigma = 0.0479$

式中　T^*——无因次温度，$T^* = (T_{em} - T_{ms})/T_0$，$T_{ms}$ 为软化开始温度，T_0 为基准温度。

　　含铁炉料的软熔性主要指它开始软化的温度和开始滴落的温度。如果开始软化温度低而滴落温度高，则形成的软熔带就厚、透气性就差。因此希望炉料从软化到滴落的温度范围窄一些，并且在高温区才滴落。炉料的滴落温度与其脉石含量、脉石熔点有关，脉石含量多、熔点高的矿石，其滴落温度就高。

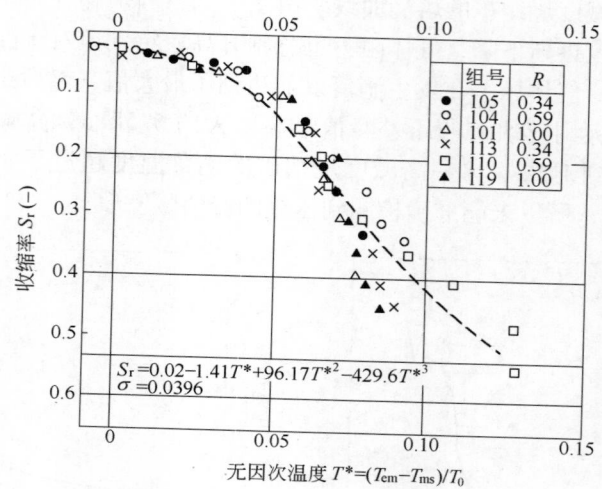

图 2-26　球团矿的收缩率曲线

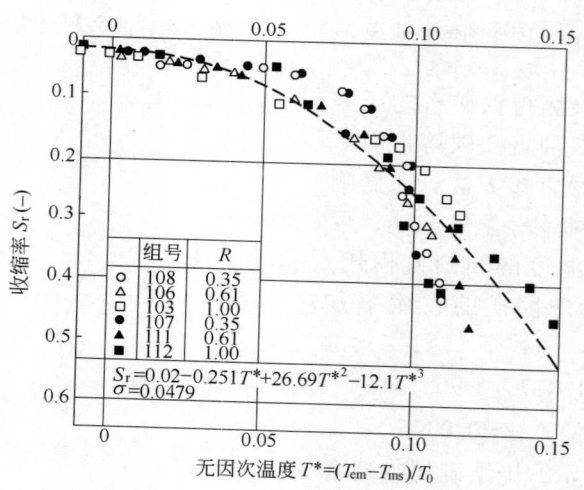

图 2-27　烧结矿的收缩率曲线

　　铁矿石的开始软化温度和滴落温度不仅与炉料本身性质有关，还与高炉内的煤气成分分布有关。在实验室条件下，保持升温制度不变，在高、低两种煤气还原势下测定了武钢和湘钢烧结矿的熔滴性能，结果见表 2-3 和表 2-4。低还原势条件为：900℃前不通 CO，900℃以后 CO：N_2 保持 3：7 的比例。高还原势条件为：500℃以前不加 CO，500~799℃ 时 CO：N_2 = 3.25：9.05，800~899℃ 时 CO：N_2 = 4.24：8.06，900℃以后 CO：N_2 保持 5.29：7.01 的比例。

表 2-3   低、高还原势下武钢烧结矿高温熔滴性能对比

指 标	T_A/℃	T_B/℃	T/℃	软化区间/℃	软熔区间/℃	压差/Pa
W1（低）	1202	1262	1462	60	200	55.9
W1（高）	1178	1265	1446	87	181	24.22
W3（低）	1201	1293	1511	73	218	71.1
W3（高）	1176	1263	1511	87	248	50.01
W5（低）	1228	1290	1454	62	164	33.15
W5（高）	1192	1270	1463	78	193	47.95

表 2-4   低、高还原势下湘钢烧结矿高温熔滴性能对比

指 标	T_A/℃	T_B/℃	T/℃	软化区间/℃	软熔区间/℃	压差/Pa
X1（低）	1232	1321	1460	89	139	23.54
X1（高）	1216	1291	1502	75	211	63.84
X2（低）	1219	1283	1440	64	157	33.54
X2（高）	1184	1269	1474	85	205	25.5
X3（低）	1239	1285	1480	46	195	47.34
X3（高）	1198	1289	1456	91	167	39.52

提高煤气还原能力对烧结矿滴落温度的影响比较复杂，通过仔细比较高、低煤气还原势的熔滴温度测试结果，发现了以下规律：

（1）低煤气还原势下滴落温度适中（1462~1480℃）的烧结矿，生成的初渣黏度较小，这样，提高煤气的还原势使熔铁生成量增多、比重较大、流动性良好的熔铁可能促使初渣较早地发生滴落，从而引起滴落温度下降。如武钢一烧烧结矿和湘钢三烧烧结矿。

（2）低煤气还原势下滴落温度非常高（>1500℃）的烧结矿，初成渣中的FeO 含量本来就很低，流动性非常差，这样，提高煤气还原势对初渣的流动性影响不大，所以滴落温度基本上不变。如武钢三烧烧结矿。

（3）低煤气还原势下滴落温度较低（<1460℃）的烧结矿，初渣流动性很好，这样，提高煤气还原势将因为初渣中的 FeO 含量减少，渣的流动性变差，导致滴落温度上升。如武钢五烧烧结矿、湘钢一烧烧结矿和二烧烧结矿。

为了定量描述软熔层的阻力损失，在厄冈方程中引入修正的阻力系数 f_b，并用软熔层的孔隙度 ε_b 替换散料层的孔隙度，得：

$$\frac{\Delta p}{\Delta L} = f_{\mathrm{b}} \frac{\rho v^2 (1 - \varepsilon_{\mathrm{b}})}{\varphi d_{\mathrm{p}} \varepsilon_{\mathrm{b}}} \qquad (2\text{-}22)$$

根据试验结果，可以建立 f_{b} 和收缩率 S_{r} 之间的关系式[4]：

$$f_{\mathrm{b}} = 3.5 + 44 S_{\mathrm{r}}^{1.4} \qquad (2\text{-}23)$$

该式的表达方式简单明了，但直接测定软熔过程中粒度 d_{p} 和料层孔隙度 ε_{b} 的变化很难。为此，建议采用卡曼方程计算软熔层的阻力损失。卡曼方程为：

$$\frac{\Delta p}{\Delta L} = \alpha k u^{1.7} \qquad (2\text{-}24)$$

式中　p——气体压力；

　　　L——填充床高度；

　　　α——和气体黏度和密度有关的一个常数；

　　　k——阻力系数；

　　　u——气体实际流速。

斧胜也对单一品种炉料，利用熔滴实验结果建立了阻力系数 k 和料层收缩率 S_{r} 之间的关系式[29]。

对于烧结矿而言，关系式如下：

$$k/k_0 = 10^{3.288} S_{\mathrm{r}}^{2.08} \qquad (S_{\mathrm{r}} \geqslant 0.4) \qquad (2\text{-}25)$$

$$k/k_0 = 10^{1.455} S_{\mathrm{r}}^{1.19} \qquad (S_{\mathrm{r}} < 0.4) \qquad (2\text{-}26)$$

对于球团矿而言，关系式如下：

$$k/k_0 = 10^{2.418} S_{\mathrm{r}}^{2.10} \qquad (S_{\mathrm{r}} \geqslant 0.4) \qquad (2\text{-}27)$$

$$k/k_0 = 10^{0.857} S_{\mathrm{r}}^{0.97} \qquad (S_{\mathrm{r}} < 0.4) \qquad (2\text{-}28)$$

式中　k_0——软熔以前的阻力系数。

可见，收缩率小于 0.4 时，阻力系数和收缩率成正比；而当收缩率超过 0.4 时，阻力系数和收缩率的平方成正比，收缩率的影响变大。

根据斧胜也的估算，熔融层形成后，煤气流的分布，焦炭层为块状层的 13 倍，熔融层是矿石层的 1/5～1/4 倍[29]。

目前高炉操作实行焦炭和矿石分层装入，在两个矿石层之间有焦炭层，所以，在熔融层形成以后，焦炭所承受的任务就非常重要。大部分煤气都通过焦炭缝隙层（通常称为焦窗）流过。因此，这部分的透气性就决定着软熔带的透气性。

2.2.2.2　软熔带空间位置与形态的影响因素分析

炉内的温度分布，在很大程度上决定着矿石的软化和熔融，从而决定软熔带的形状和位置。软熔带的形态首先与燃料比有关，解剖研究发现日本广畑 1 号高炉等 9 座低燃料比高炉的软熔带都为倒 V 型或 W 型[22]。图 2-28 所示为日本高炉解剖发现的软熔带与温度分布之间的密切关系[19]。

众所周知，高炉软熔带分为 V 型、M 型、W 型、倒 V 型等不同形态。软熔带的形态和送风制度有密切关系。杨永宜等[30]通过热态模型试验发现，当装料制度和风口直径不变时，随着风量的增加，软熔带从 V 型或 M 型向 W 型和倒 V 型变化，当风量增至 3.5m³/min 以上时，均出现倒 V 型软熔带，且其整体升高，中心顶部层数增加。当风量和装料制度固定时，随着风口直径的扩大，即风速减小，软熔带形状由倒 V 型向 W 型和 V 型转化。当装料制度不变时，固定风量缩小风口的效果比固定风口直径增加风量的效果更加明显。但当风量较大、软熔带为倒 V 型时，改变风口直径不影响软熔带的形状，只影响软熔带根部的高度和软熔带整体的高度。此实验室研究结果和如图 2-29[22]所示的高炉解剖结果相吻合。软熔带的形状和炉料分布的密切关系显示在图 2-30[4]中。

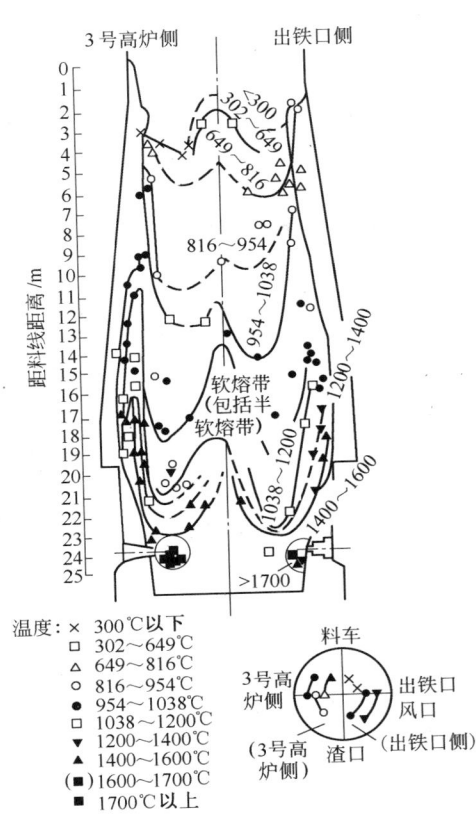

图 2-28 炉内温度分布与软熔带的关系
（图中数字单位：℃）

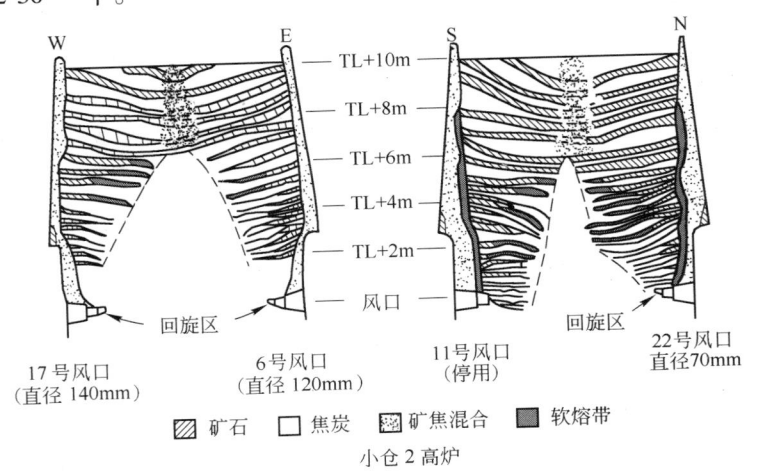

图 2-29 风口面积和工作状态对软熔带的影响（小仓 2 高炉）

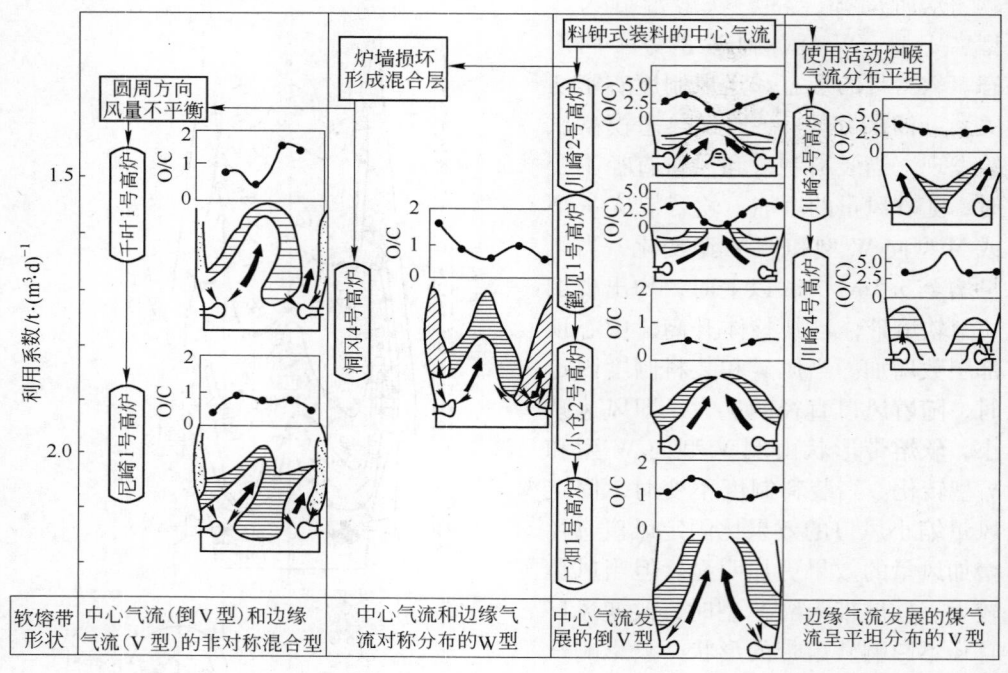

图 2-30 软熔带形状和装入炉料的分布之间关系
O/C—矿石层厚/焦炭层厚；（O/C）—矿石重/焦炭重

杨永宜等[30]还发现，当料批增大时，不论何种形状的软熔带，其整个高度变低，层数减少而且平坦。试验中观察到加大批重以后，边沿的矿层厚度增加幅度比中心的要大一些，易于形成倒 V 型软熔带，反之当批重缩小时，软熔带整体上升，软熔带层数和自身高度增加，而且宽带也有增大趋势。

软熔带的内侧表面积和风口前理论燃烧温度和炉腹煤气量的关系可以用下式表示：

$$A_{内表面} = \cfrac{k \times 6.7 \times 10^4 t_L}{24\left\{c_{幅}\left[\left(\cfrac{0.9T_f + 273}{100}\right)^4 - \left(\cfrac{1450 + 273}{100}\right)^4\right] + h_w(0.9T_f - T_b)\right\}}$$

(2-29)

式中 $A_{内表面}$——软熔带的内侧表面积；

k——随矿/焦比而变的系数，矿/焦比增加 k 值减小；

t_L——日产渣铁量；

T_f——风口前理论火焰温度；

T_b——矿石熔化滴落温度；

$c_{幅}$——辐射传热系数；

h_w——对流传热系数，随炉腹煤气量增加而增大。

由式（2-29）可以看出，日产渣铁量与软熔带内表面积呈正比关系，在日产铁量一定的条件下，软熔带内表面积又与两个导热系数呈反比。因此，改善气流和软熔带之间的传热，可以减小软熔带内表面积而获得相同的产量。同时可以看出，要控制一个合适的软熔带内表面（即软熔带内侧的高度和形状），可以通过控制火焰温度、矿石熔滴温度和矿/焦比来实现。

2.2.2.3 软熔带形态对气流分布的影响

软熔带的形态对高炉煤气流分布有重要影响。Gudeneau[31]利用电导纸研究并结合高炉实测得到了以下一些结论：

（1）倒 V 型软熔带上部焦窗通过煤气量的比例较大，即中心煤气流较发达，而下部焦窗煤气量较少。

（2）当矿石熔化温度提高，软熔带下移时，则有较多煤气从下部焦窗通过，增加边缘气流的比例，即气流趋于均匀并比较稳定。

（3）软熔带下移可提高煤气利用率和降低燃料比，并降低炉顶温度，但减少了熔化部分传热面积，降低了熔化速率，有可能对高炉产量不利。

（4）煤气总压降随软熔带向高炉中心移动而急剧增加，即随软化、熔融区间的扩大，煤气阻力增大，而且随着软熔带高度的降低，这种趋势更加明显。

判断软熔带对气流分布的影响，可采用以下几种标准：（1）希望通过下部焦窗的煤气量相对较多，即煤气在块状带停留时间较长，煤气利用较好；（2）下部焦窗的煤气量应控制在一定限度以下，以防止炉墙烧损和热损失过多；（3）尽量减少煤气的总压力损失。

图 2-31 所示为软熔带形态对煤气流分布的影响，由图可知，通过下部焦炭气窗的煤气量以剖面 I、Z 型为最多，以 A 型剖面为最少；从无量纲透气阻力来看，则以 A 型为最小，E 型最大；从高炉下部无量纲压力损失来看，则以 I 型为最大，A 型最小。因此，虽然 A 型剖面的透气性最好，但 Z 型剖面可以保证块矿带和滴落带均有足够的空间，因此可以说是较理想的软熔带形状。

从图 2-32 可看出风口回旋区上方的气流分布对软熔带有着强烈的影响，软熔带顶层以上的速度分布说明软熔带对气流再分布的影响。值得注意的是，左右两图 30m 水平上的软熔层煤气流速均在 0.4~0.6 范围，不等于 0。这说明部分气流穿过矿石软熔层，它对矿石加热、还原、熔融和软熔带温度分布均有较大影响。因此，应该采取措施改善矿石软熔后的透气性。

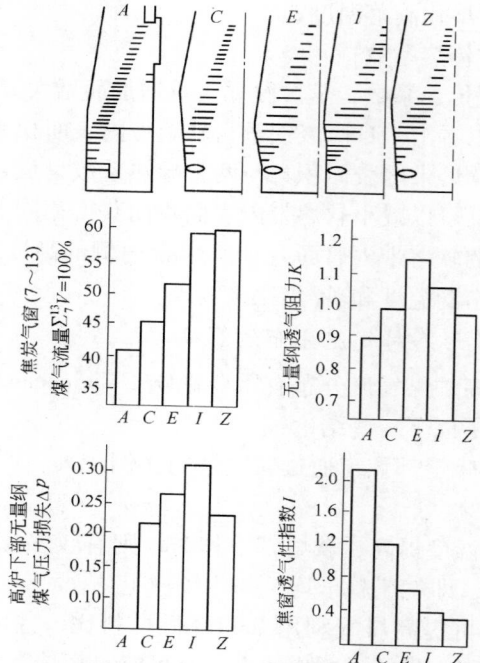

图 2-31 软熔带形态对气流分布的影响

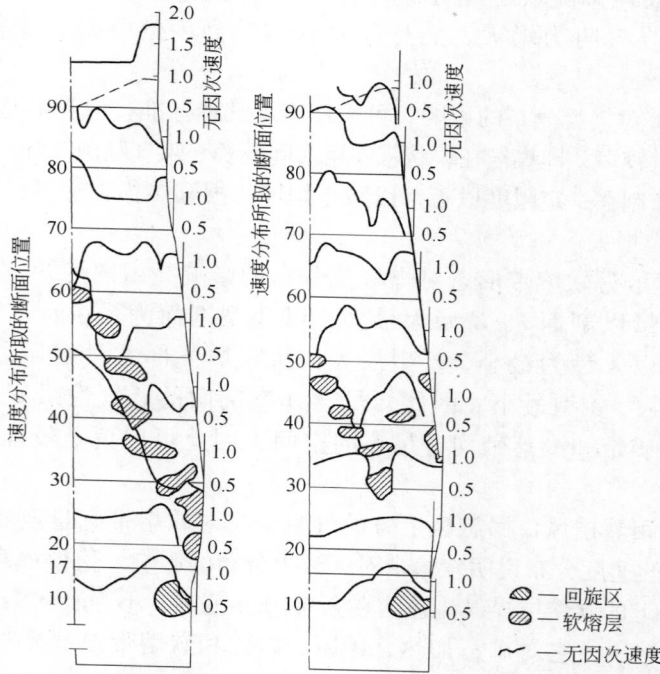

图 2-32 不同高度上同一水平断面上的气流分布（无因次质量流速）[19]

2.3 高炉下部气液两相流气体力学特性的实验研究

2.3.1 灌液填料层内的气液两相流动现象

在高炉软熔带以下的滴落带内,下行的液态渣、铁与风口前形成的高温还原煤气逆向流动,形成气液两相流区域。填料床层内气液的逆向流动状况,可以用气体通过填料床层所产生的压降随气体流速的变化关系进行描述。图 2-33 在双对数坐标中给出了不同液体喷淋量下单位高度填料层的压降与空塔气速之间的定性关系。

图 2-33 中最右边的直线为无液体喷淋时的干填料,当气体通过填料床层时,随着气速的增大,气体压降也随之增大,呈直线关系。其余三条线为有液体喷淋到填

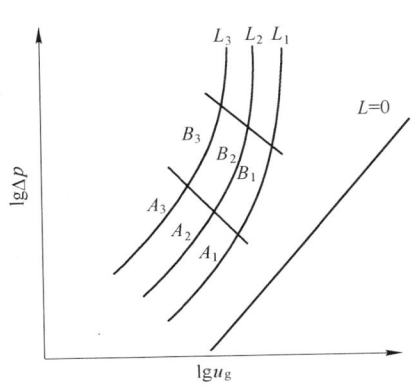

图 2-33 压降与空塔气速关系示意图

料表面时的情形,并且从左到右喷淋量递减,即 $L_3 > L_2 > L_1$。由于填料层内的部分空隙被液体占据,使气体流动的通道截面积减小,所以相同气速下,喷淋量越大,压降也越大。气速较低时,气液两相间的交互作用比较弱,填料内液体的滞留量与气速无关,气体压降与气速成直线关系,且基本上与干填料线相平行,这个区域位于 A_i 点以下,称为液体的恒滞留量区。在 A_i 点与 B_i 点之间的区域,气液两相间的交互作用增强,上升气流与下降液体间的摩擦力开始阻碍液体顺畅下流,从而导致液体滞留量显著增加,填料层孔隙度大大减小,压降曲线的斜率开始上升,称为载液区,A_i 点称为载点或阻塞点。当气体流速增大到 B_i 以上的区域后,气体压降随气体流速的增大剧增,液体将被托住而很难下流,填料床内液体迅速积蓄而产生液泛(类似于河流的泛滥),称为液泛区,B_i 点称为泛点。

液体滞留量是指在一定操作条件下,单位体积填料层内,空隙中积存的液体体积量,一般以 m^3/m^3 填料来表示。液体滞留量的大小是填料性能的重要参数,它对气体压降、液体的最大通量和多相间的传质都有影响。

液体滞留量分为静态滞留量 h_s、动态滞留量 h_d 和总滞留量 h_t,三者的关系为:

$$h_t = h_s + h_d \tag{2-30}$$

总滞留量是指在一定的操作状况下,存留于填料层中的液体总量。静态滞留量是指当填料被充分润湿后,停止气液两相的进料,并经过适当长时间的排液,直至不再有液体流下时,存留于填料层中的液体量。动态滞留量则为总滞留量与

静态滞留量之差。

静态滞留量主要由液体的表面张力和重力、黏度决定，其他影响因素包括系统性质、填料表面积大小、表面特性以及液体在填料表面的润湿角。比表面积越大（即填料尺寸越小），表面越粗糙，润湿角越大，静态滞留量越大。此外，还有部分液体是在毛细力作用下停滞于填料间的接触点处。动态滞留量与填料特性、系统性质和气液两相的流量都有关系，其中液体的流量对动态滞留量的影响最大，气体只是在载点以上才对动态滞留量发生显著影响。滞留量随液体的黏度的增加而增加。在相同的压降下，密度高的液体滞留量小，而密度低的液体滞留量大。

对灌液填料层内气液两相流动现象的研究集中在发现总滞留量及气体压降与气体流速和液体流速之间的定量关系。灌液填料层内气液两相流动现象十分复杂，对这些关系做精确的理论分析几乎是不可能的。一般是对各种不同类型、不同尺寸填料的泛点气速及填料层的气体压降进行实测，将实测数据按一定的方法归纳整理，得出各种关系式。

2.3.2　高炉下部的气液两相流动现象的特点

当液体渣铁穿过焦炭层向下流动的时候，一部分渣铁会滞留在焦炭层的空隙中，减少煤气向上流动的通道。多相流数学模型计算结果表明，液体渣铁滞留对高炉下部的气体力学特性以及传质、传热过程均有很大影响[32~34]。

高炉下部悬料的很多征兆与液泛现象的产生极为相似，如下部悬料前首先出现风压徐徐升高，风口呆滞，然后是风压急剧上升，料速明显减慢甚至炉料不动，由此估计下部渣的液泛可能是产生悬料的原因之一。由于高炉的"黑箱"性，与此过程相对应的实验数据很少，因此不少学者最初是借用化工领域的理论对高炉生产数据进行分析，试图找到悬料的预测方法。但高炉过程的特点决定了高炉下部的气液流动与化工过程有很大不同，主要表现在以下几个方面：

（1）填料层特性不同。高炉下部的充填料是焦炭，而且因有未燃煤粉和焦粉的存在，填料层的孔隙度较小；化工中通常使用的是环型、鞍型和环鞍型等散状或规整填料，料层孔隙度较大。

（2）液体特性不同。渣铁的密度、黏度和表面张力比化工中使用的液体高很多。

（3）填料与液体的密度关系不同。高炉中渣铁的密度是焦炭的 2.5 倍多，而化工中充填料的比重通常比液体大。

（4）填料与液体的界面张力不同。高炉中渣铁与焦炭是非润湿的，而化工中填料与液体一般是润湿的。

（5）系统操作条件不同。化工过程要求高的传质效率和大的流通量，而高炉中渣铁的空炉速度极低，大约仅 0.08mm/s，而且温度和压力也比各种化工单元操作高。

自 1980 年开始，学者们对高炉下部的气液两相流动现象进行过大量研究，但主要是从宏观角度进行定性探讨[35~41]，没有精确测定过液体滞留量，所建立的关系式中很少适用于计算高炉下部的液体滞留量[42,43]。此外，这些关系式中的大多数仅仅在气体速度低于载点气速时才能使用。

2.3.3　高炉下部液体滞留量的实验测定及关系式建立

2.3.3.1　实验装置与流程

高炉填料床流体力学性能实验装置及流程如图 2-34 所示[44~46]。实验装置主要包括填料床称量部分、液体循环部分、气体供给部分和信号采集处理部分。

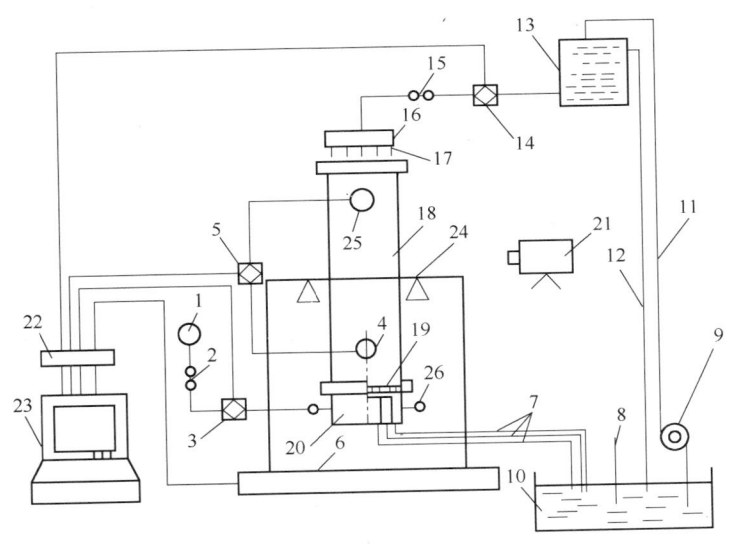

图 2-34　实验装置及流程

1—叶氏风机；2—空气调节阀；3—气体流量计；4—下测压孔；5—差压变送器；6—电子天平；
7—排液管；8—温度计；9—水泵；10—循环水箱；11—上升管；12—溢流管；13—稳压水箱；
14—液体流量计；15—液量调节阀；16—分液槽；17—毛细管；18—有机玻璃管；
19—支撑栅板；20—排液/进气槽；21—数码摄像机；22—数据采集卡；
23—计算机；24—支承架；25—上测压孔；26—进风孔

填料装在内径 120mm、长 1000mm 的透明有机玻璃管里，玻璃管通过一个框架放在电子秤上。液体储存在循环水箱里，液体用水泵循环。液体通过上升管装入恒压水箱，溢流管的作用是保持恒压水箱中的水位稳定，以保证流入玻璃管中填料层的液体流速恒定不变。液体分配器由分液槽和若干根毛细管组成，从填料层中流出的液体经过排液管流进循环水箱。气体由鼓风机供给。液体流量和气体流量用流量调节阀进行调节。测量的气体流量、液体流量和填料层重量通过信号采集系统进行储存和显示。

在一定的操作条件下，当液体流量达到稳定时，填料层中滞留的液体量即为总滞液量。之后停止供气和供液，再次测量填料层中滞留的液体量，得到静态滞液量。总滞留量减去静态滞留量得到动态滞留量。下文中这三种滞留量的单位均为单位体积填料层中的液体比例。

2.3.3.2　相似条件

彼此相似的现象必定具有数值相近的相似准数，为了保证模型实验与高炉内渣铁流动的动力学相似，首先要决定实验条件，即相似准数的实验范围。

在滴落带渣铁流主要受到以下六种力的作用：

重力　　　　　　　　　　$f_g \propto \rho_1 g d_p^3$　　　　　　　　　　　　　(2-31)

惯性力　　　　　　　　　$f_i \propto \rho_1 v_1^2 d_p^2$　　　　　　　　　　　　(2-32)

黏性力　　　　　　　　　$f_v \propto \mu_1 v_1 d_p$　　　　　　　　　　　　　(2-33)

表面张力　　　　　　　　$f_s \propto \sigma d_p$　　　　　　　　　　　　　　(2-34)

固液界面张力　　　　　　$f_{sl} \propto \sigma d_p (1 + \cos\theta)$　　　　　　　(2-35)

料床内气体所受阻力　　　$f_p \propto (\Delta p / \Delta L) d_p^3$　　　　　　　(2-36)

通过任意力的组合可以决定相似准数，但为了与以前的研究保持一致，选取以下四个相似准数：

雷诺数　　　　　　　$Re = f_i / f_v = \rho_1 v_1 d_p / \mu_1$　　　　　　(2-37)

伽利略数　　　　　　$Ga = f_i f_g / f_v^2 = \rho_1^2 g d_p^3 / \mu_1^2$　　　(2-38)

表面张力数　　　　　$Cp = f_g / f_s = \rho_1 g d_p^2 / \sigma$　　　　　(2-39)

界面张力数　　　　　$Nc = f_{sl} / f_s = 1 + \cos\theta$　　　　　　(2-40)

式中　ρ_1——液体的密度；

　　　v_1——液体的流速；

　　　μ_1——液体的黏度；

　　　d_p——固体颗粒的直径；

　　　σ——表面张力；

　　　g——重力加速度。

图 2-35 所示为根据我国 46 座 1000m³ 以上高炉 2003 年的技术经济指标[47]计算得到的铁水和炉渣的平均空炉速度。由图可见，铁水的平均流速大多为 0.09～0.10mm/s，炉渣的平均流速大多为 0.07～0.08mm/s。并根据燃料比估算，炉腹煤气的空炉速度大约在 0.6~1.5m/s 范围内。

实验中分别使用几种不同液体来模拟液体炉渣：最常用的水、高密度的ZnCl₂水溶液和高黏度的甘油水溶液。分别选用比重较大的玻璃球、比重适中的塑料球和比重较小的空心球模拟焦炭作为固体填充物。考虑填料形状的影响还使用了裹蜡的碎焦，它是将高炉用焦炭经破碎、筛分之后进行涂蜡处理得到。为了

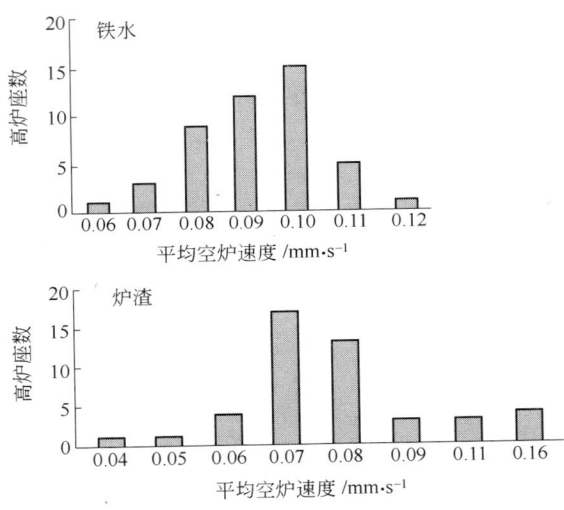

图 2-35　渣铁流的空炉流速

使焦炭保持表面粗糙，涂层很薄。所用固体填充料的粒度范围为 11～27mm。为了尽量贴近高炉内的实际条件，选用液固相的密度比最大达到 9（ρ_{ZN}/ρ_{Hs}），液体的黏度最高为 1Pa·s。由于高炉内渣铁流速较低，因此实验中液体的空塔速度范围仅为 0.02～0.14mm/s。实验所用的固体填充料、液体及高炉渣铁液的物理性质见表 2-5 和表 2-6，其中填料的物性参数及液体的密度、黏度和表面张力均为实测结果，铁水和炉渣的性质及所有接触角来自于文献资料。

表 2-5　床层特性参数

填料名称/代号	平均直径/mm	密度/kg·m⁻³	孔隙度	形状系数
玻璃球/Gs	15.7	2527	0.4091	1
裹蜡碎焦/Cc	11.0	1214	0.5096	0.6060
塑料球/Ps	21.6	896	0.4326	1
空心球/Hs	27.0	190	0.4652	1

注：平均直径、密度和孔隙度均测定 3 次，经计算取其平均值。

表 2-6　渣铁液和实验用液体的物理性质

液体/代号	密度/kg·m⁻³	黏度/Pa·s	表面张力/N·m⁻¹	接触角/(°)
铁水/HM	6600	0.005	1.1	125
炉渣/SL	2600	0.4	0.47	105～160
水/WA	998	0.001	0.0705	92.6～105.6
ZnCl₂溶液/ZN	1700	0.0175	0.0517	84.5～97.9
甘油/GL	1338	0.1	0.0412	88.1～96.6

众所周知，在高炉内，特别是在高炉的下部，煤气和液体渣铁的流速无论在高度方向上，还是在半径方向上，都极不均匀，而且随高炉容积增加，这种不均匀性越趋严重。Gupta 等人应用 X 射线技术观察了颗粒充填床内的液体流动现象并测定了液体流速的分布[35]，发现在回旋区的干区的上方，存在一个液体滞留率很大的区域，液体在此区域的停留时间比在死料柱中的停留时间要长。宝钢 3 号高炉流场数学模型[48]的计算结果表明，高炉内气体流速的峰值最高达平均值的 6 倍左右，而液体流速的峰值最高可达平均值的 2 倍左右。据此，实验中假定高炉内炉渣流量分布的最大不均匀系数（为液体空炉最大流量与平均流量之比）为 2。

取炉腹焦炭的平均直径为 35mm，计算得到了实验与高炉的相似准数范围，见表 2-7。可以看出，不同相似准数的值基本上都处于同一数量级，考虑到实际高炉生产条件的变化及炉内流体分布不均匀的特点，实验设计的无因次数值范围较宽，因此尽管实验是在室温下进行的，但实验条件是相似的，实验结果适用于分析高炉下部的流动状况。

表 2-7　相似准数的比较

液体/代号	Re	Ga	Cp	Nc
铁水/HM	2.56~10.76	7.33×10⁸	72.10	0.43
炉渣/SL	0.013~0.10	4.16×10⁴	66.48	0.06~0.74
实验液体	0.035~37.72	0.23×10⁴ ~ 1.93×10⁸	16.84~235.16	0.73~1.10

2.3.3.3　静态滞留量

根据试验结果，建立了静态滞留量和无因次表面张力准数的如下关系式：

$$h_s = 16.77 Cp_s^{-0.38} \qquad (2\text{-}41)$$

式中　　Cp_s——修正的表面张力准数：

$$Cp_s = \rho_1 g d_p^2 \varphi^2 / [\sigma (1-\varepsilon)^2]$$

ε——填充床的孔隙度。

回归关系式（2-41）的相关系数等于 0.73，大于置信度 95% 时要求的 0.576。将本研究的实测值与不同研究者所建立关系式的计算值显示在图 2-36 中。由图 2-36 可知，本研究建立的关系式的计算值与实测值（包括实验室实验和工厂实验）的符合程度令人满意。

2.3.3.4　动态滞留量

总滞留量减去静态滞留量得到动态滞留量。对试验结果进行分析，发现动态滞留量的主要影响因素和静态滞留量的影响因素相同。

化工行业中经常采用 Otake 关系式[49]计算液体的动态滞留量，但将其用于处理模拟高炉条件的气液两相流动试验结果，发现仅适用于水—球形体系，而对于水

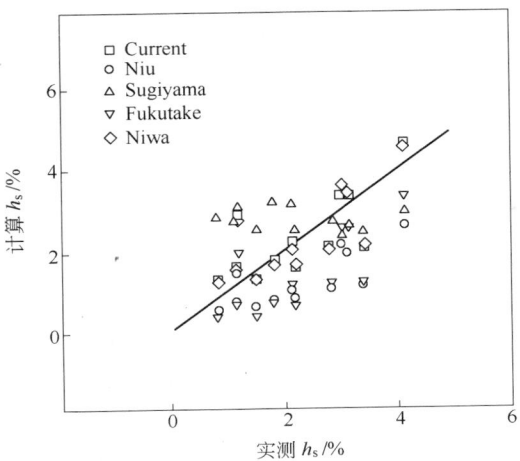

图 2-36 h_s的实测值和本研究所建立关系式的计算值的比较

—碎焦、甘油—碎焦和氯化锌—碎焦体系，误差高达±(30% ~ 300%)。这说明，Otake 关系式对于高炉中的非球形填料和高黏度、高密度液体体系完全不适用。

为此，又尝试了建立 Billet 类型的关系式[50]：

$$h_d = \left[12 \frac{\mu_1 (1 - \varepsilon)^2 a^2 v_1}{\rho_1 g} \right]^{\frac{1}{3}} S^{\frac{2}{3}} \tag{2-42}$$

$$S = C Re_1^{0.15} Fr_1^{0.1} \tag{2-43}$$

式中 C——特性参数，不仅与填料特性有关，而且与液体性质，主要是液体的黏度和密度有关，以水为参考液体，将 C 表示为：

$$C = \frac{(\mu_1 / \mu_w)^a}{(\rho_1 / \rho_w)^b} C_w \tag{2-44}$$

C_w——填料特性参数，当所用液体为水时，特性参数 C 等于填料特性参数 C_w；

a, b——常数；

Fr——弗劳德数。

根据实测数据，计算得到的特性参数 C 和常数 a、b 的值见表 2-8 和表 2-9。

表 2-8 特性参数 C

填 料 名 称	水	甘 油	$ZnCl_2$溶液
玻璃球	0.842	1.161	0.295
碎 焦	0.337	0.434	0.237
塑料球	1.393	1.166	0.433
空心球	1.359	1.242	0.148

表 2-9 常数 a 和 b

填 料 名 称	a	b
玻璃球	0.296	3.571
碎　焦	0.147	1.456
塑料球	0.153	3.026
空心球	0.371	6.181

将实测值与式（2-42）的计算值进行比较，如图 2-37 所示。87%的计算值在实测值的±20%范围内，而且随着 h_d 值的增加，计算值的相对误差降低。当 $h_d >$ 1%时，计算值的平均误差仅为 8.3%。

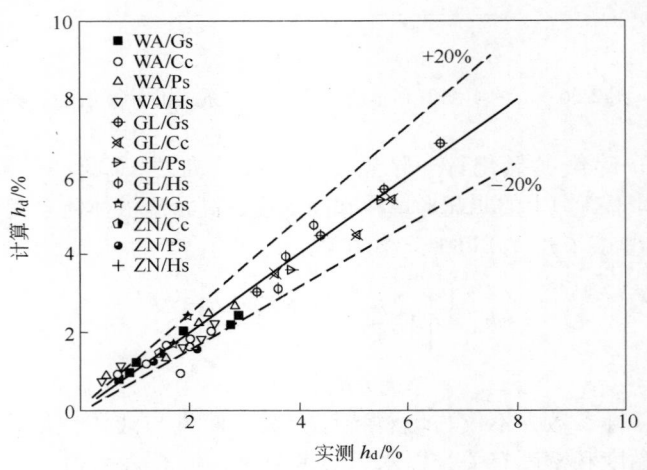

图 2-37 h_d 的实测值和计算值的比较

2.3.3.5 总滞留量

将不同液体流速下 h_t 随 v_g 的变化关系汇总在图 2-38 中。由图 2-38 可以看出，在 v_g 数值小的情况下，h_t 基本上不变，而当 v_g 增加到某一数值，h_t 迅速增加。因此，h_t 计算时应该分成两段：低于载点作为一段，载点和泛点之间作为一段。

当低于载点气体流速时，气体和液体之间的交互关系很弱，彼此之间的影响可以忽略不计。因此，总滞留量可以简单地表示为静态滞留量和动态滞留量之和：

$$h_{t,S} = h_s + h_d \tag{2-45}$$

载点到泛点之间液体的总滞留量 $h_{t v_g > v_{g,S}}$ 采用以下经验方程[50]计算：

$$h_{t v_g > v_{g,S}} = h_{t,S} + (h_{t,F} - h_{t,S}) \left(\frac{v_g}{v_{g,F}} \right)^2 \tag{2-46}$$

式中　$h_{t,S}$——载点总滞留量；
　　　$h_{t,F}$——泛点总滞留量；
　　　$v_{g,S}$——载点气速；
　　　$v_{g,F}$——泛点气速。

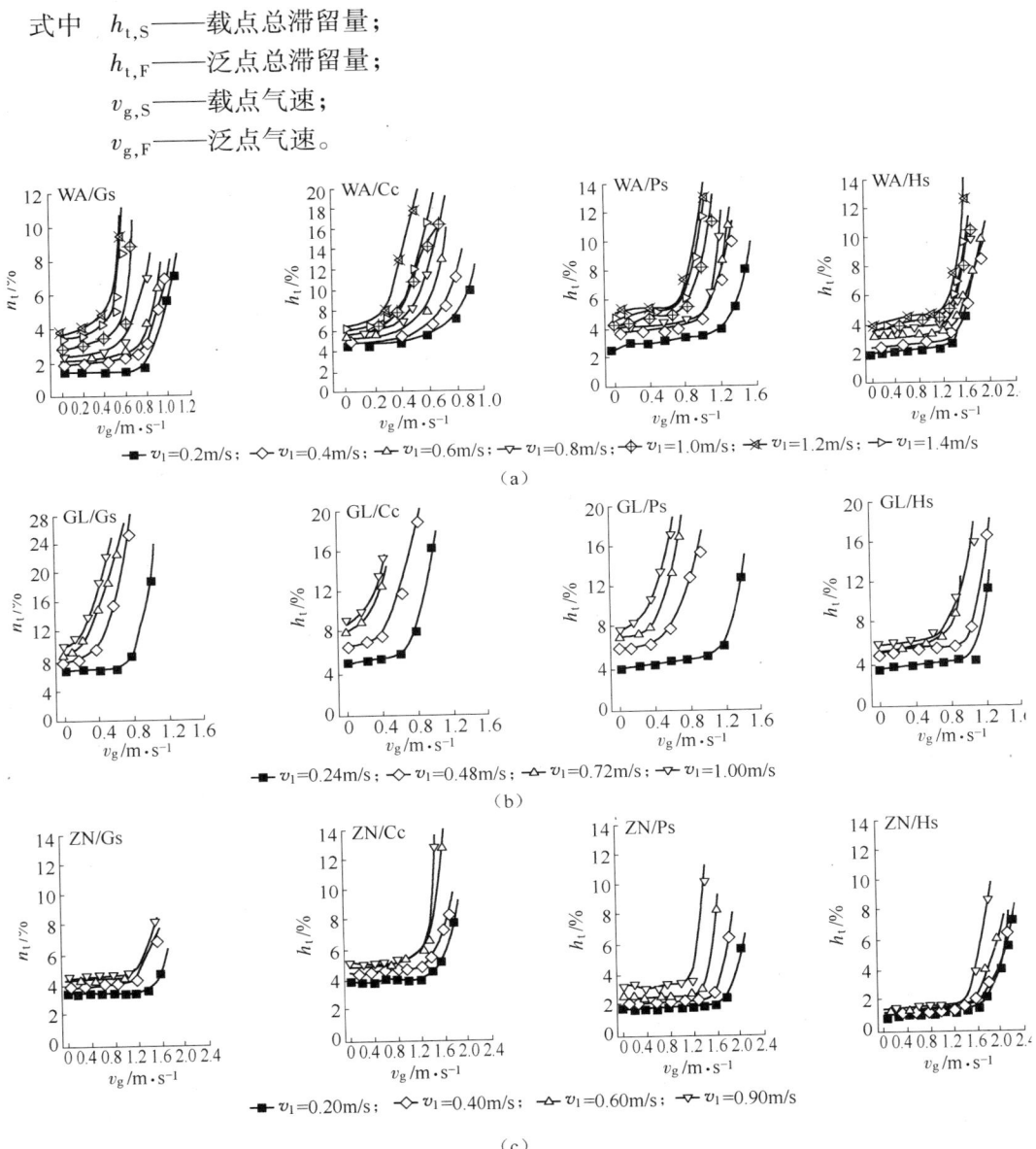

图 2-38　不同液体流速下 h_t 随 v_g 的变化曲线

　　在载点以上，气相中的剪切力逐步支持液膜，滞留量明显增加直到达到泛点时的最大滞留量 $h_{t,F}$，这时气体流速的略微增大都会导致液体被托住而很难下流。由于两相流动的复杂性及实验技术上的困难，很难准确得到气速刚刚达到泛点时的总滞留量 $h_{t,F}$。可认为泛点滞留量 $h_{t,F}$ 近似等于 1.4 倍的载点滞留量

$h_{t,S}$，即：

$$h_{t,F} = 1.4h_{t,S} \qquad (2\text{-}47)$$

由式（2-46）和式（2-47）得：

$$h_{tv_g > v_{g,S}} = h_{t,S}\left[1 + 0.4\left(\frac{v_g}{v_{g,F}}\right)^2\right] \qquad (2\text{-}48)$$

式（2-48）的计算值和实测值的对比如图 2-39 所示。

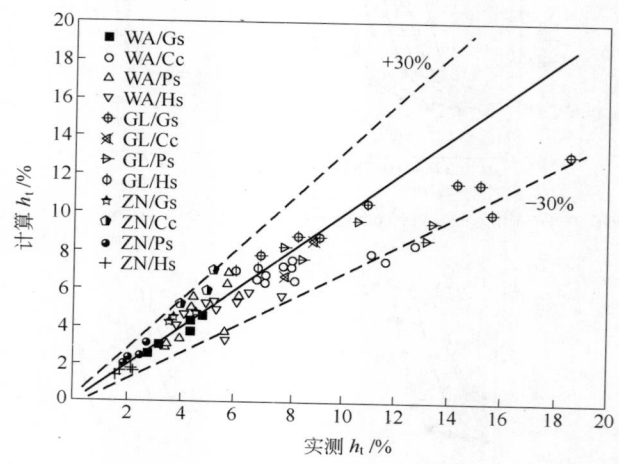

图 2-39　h_t 的实测值和计算值的比较

由图 2-39 可以看出，气速大于载点气速时，液体总滞留量的实测值与模型计算值的比较，约 90% 的计算值在实测值的 ±30% 范围内（85 个数据点），计算值的平均误差为 11.6%。

2.4　高炉大量喷煤条件下初渣性能的实验研究

2.4.1　高炉造渣过程

高炉炼铁实质上是矿石中铁氧化物的还原以及生成的铁水与炉渣分离的过程。为了使高炉稳产、高产，并生产出优质铁水，需要有一个适当的炉渣形成过程，即要求炉渣具有良好的性能。高炉中炉渣的形成经历滴落初渣、炉腹初渣、风口渣、终渣共四个阶段。有的著作中也将炉腹初渣和风口渣称为"中间渣"，本书则将"滴落初渣"和"炉腹初渣"统称为"初成渣"或"初渣"。

矿石在高炉内下降的过程中，温度逐渐升高，还原度逐渐增大，并承受料柱的压力。当温度达到一定程度时初渣开始形成，之后随着温度提高矿石体积逐渐缩小，初渣量逐渐增多，最终初渣将和熔铁一起或单独滴落下来。滴落初渣中含有较多的 FeO 和 MnO，这是因为由矿石中 Fe_2O_3、Fe_3O_4 还原生成的 FeO 和由矿石

中 MnO_2、Mn_2O_3、Mn_3O_4 还原生成的 MnO 容易与 SiO_2 结合生成低熔点的硅酸铁和硅酸锰。矿石的还原性越差，或矿石在高炉上部的还原程度越低，滴落初渣中的 FeO 含量就越高。初渣形成过程的特点通常用开始软化温度、开始滴落温度、矿石层的透气性等表征。一般希望矿石的开始软化温度要高，软熔区间（开始滴落温度和开始软化温度的差值）要窄，透气性要好，以利于高炉的强化冶炼。

在软熔带以下、风口水平以上处于滴落过程中的炉腹初渣，其成分不断发生变化：渣中 FeO、MnO 因为被还原而逐渐减少，碱度因 CaO、MgO 溶入而不断升高，结果导致初渣的流动性逐渐变差。在大量喷煤的高炉中，一部分未燃煤粉将卷入初渣中，对初渣的流动性也可能产生负面影响。初渣能否顺利滴落通过焦炭层，取决于原料成分和炉温的稳定性。使用天然矿石冶炼时，尤其是在矿石成分波动大时，大量石灰石直接入炉，往往产生炉温和炉腹初渣成分的激烈波动，造成炉腹初渣熔化性和黏度的激烈变化，导致炉况不顺、难行、悬料、崩料甚至结瘤。使用成分稳定的自熔性熟料或使用高碱度熟料加酸性料冶炼时，只要注意保持炉温的稳定及炉料和煤气流的合理分布，就可以基本排除以上弊病。焦炭是滴落带中唯一的固态骨架物料，因而焦炭的冷态强度和热态强度是保持炉腹初渣顺利滴落的基本条件。

风口前燃烧的焦炭、煤粉中的灰分会形成风口渣，当从风口喷入铁矿石、熔剂粉末时，这些粉末所带入的组分也进入风口渣。一般的风口渣中 Al_2O_3、SiO_2 含量很高，主要由在风口区燃烧的焦炭和煤粉释放出的灰分所构成。

初渣在到达风口平面以后将与风口渣混合而形成终渣，一般泛称的高炉渣就是指从炉缸中排放的终渣。高炉操作者必须通过合理的配料，保证终渣具有适宜的成分和性质。终渣与初渣在化学成分上的区别主要是 FeO 含量，Al_2O_3 含量和碱度的高低，因此，终渣的流动性与初渣的流动性有很大区别，一般前者较好而后者较差。

2.4.2 初渣研究的意义

初渣滴下以后，将穿过焦炭颗粒之间的空隙向下流动，与此同时，在风口燃烧带产生的高温煤气也将穿过焦炭颗粒之间的空隙向上流动。液体渣铁与气体的正常对流运动是维持炉况顺行的关键。在某些情况下，这种气液对流运动可能遭到破坏，其表现形式有两种：一是流态化，即焦炭颗粒停止了向下的缓慢移动而处于悬浮状态甚至向上运动；二是液泛，即大量液体停止了向下流动而滞留在焦炭颗粒之间的空隙中甚至像河流泛滥一样向上喷溅。在液泛发生以前要经历一个酝酿阶段，此时气体的压降随气体流速的变化率不再是常数，而是开始随气体流速的增大而不断增大，这个酝酿阶段称之为"阻塞"。本章作者的早期研究发现[45,51~53]，影响高炉下部正常对流运动的限制性因素是液泛（具体讲是阻塞）

而不是流态化。由提出的阻塞线方程得知，除了减少炉腹煤气量、增大高炉下部焦炭的粒度和料层孔隙度、改善煤气流控制等措施以外，降低初渣黏度和减少初渣量也是推迟阻塞现象发生的有效手段。

如何在大量喷煤条件下实现高炉强化冶炼，是我国乃至世界炼铁界的共同课题。强化冶炼和提高煤比，都将增大炉内煤气与液体渣铁的流速，加剧焦炭的粒度降级，诱发焦炭层中的局部阻塞现象而影响高炉顺行。由此可见，无论是提高冶炼强度，还是增加煤比，维持高炉顺行都是前提。由于模拟高炉内初渣行为难度很大，迄今对高炉渣性能的研究多集中于终渣[58~63]，而对影响炉况顺行的初渣研究较少[54~57]，对大量喷煤高炉的初渣研究更少。因此，有必要深入研究不同炉料结构的初渣形成过程，搞清大量喷煤条件下初渣的流动性及稳定性与初渣化学成分的关系，明确初渣性能的优化方法，为确定合理的炉料结构提供理论依据，并形成操作高炉的新理念。

2.4.3 初渣性能的实验研究及结果

2.4.3.1 实验装置及流程

图 2-40 所示为初渣形成热模拟实验炉的结构。用硅钼棒作为发热元件，球

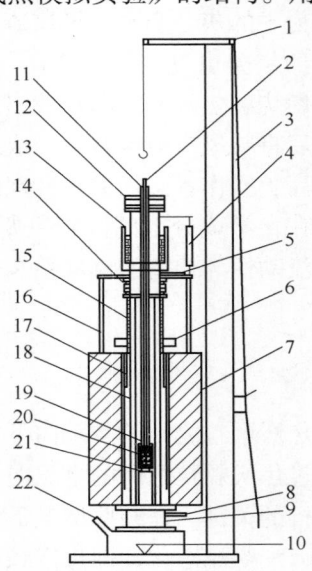

图 2-40 初渣形成实验炉的结构

1—提升装置；2—料面钨铼热电偶；3—支柱；4—电感位移计；5—出气口；6—铝片；7—电炉；
8—N₂入口；9—还原气体入口；10—取样用坩埚；11—压杆；12—砝码；13—水封装置；
14—保护管；15—耐火棉；16—小支柱；17—U形硅钼棒；18—刚玉管；
19—石墨坩埚；20—实验用样；21—石墨底座；22—滴落报警装置

状 Al_2O_3 作为保温层，最高炉温可达 1550℃，温度用 32 段可编程温度控制仪控制，可按设定的升温程序进行升温。试样的上表面温度由钨铼热电偶测定。温度、压差、试样高度等检测数据由计算机进行采集。根据实测的高炉内温度和煤气成分的分布[64,65]，设计了初渣形成的实验条件，参见表 2-10。根据武钢的高炉生产实际，制定了初渣形成实验的炉料试样方案见表 2-11。

表 2-10 初渣形成实验条件

温度/℃	气体成分（CO/N_2）			升温速度/℃·min^{-1}	荷重/kg·cm^{-2}
	%	L/min	m^3/h		
399~499	0/100	0/8	0/0.48	10	0
500~799	26.4/73.6	3.25/9.05	0.195/0.54	10	1.5
800~899	34.5/65.5	4.24/8.06	0.26/0.48	10	2.0
900~1299	43.0/57.0	5.29/7.01	0.32/0.421	5	2.0
1300~1600	43.0/57.0	5.29/7.01	0.32/0.421	3	2.0

表 2-11 初渣形成实验的炉料试样配比

试样编号	配比/%			
	烧结矿	酸性球团矿	澳大利亚块矿	海南块矿
1 号	—	100		
2 号	—	—	100	
3 号	75	15	5	5
4 号	65	25	5	5
5 号	55	35	5	5
6 号	45	45	5	5
7 号	35	55	5	5
8 号	100	—		

采用旋转柱体法测定初渣的黏度（图 2-41），采用投影观测法测定初渣的熔点（图 2-42）。

实施高炉喷煤后，煤粉燃烧产生的煤灰，一部分与燃烧焦炭中的灰分一起形成风口渣，其余部分在随煤气上升的过程中被初渣吸收；而未燃烧的煤粉在随煤气上升的过程中有四个去向[66]：（1）初渣吸收，参与造渣和 FeO、SiO、MnO 等的还原；（2）熔铁吸收，参与渗碳反应；（3）与煤气中的 CO_2 发生碳的溶损反应；（4）从高炉炉顶随煤气逸出。炉况正常时即使喷煤量超过 200kg/t Fe，从高炉炉顶逸出的未燃煤粉量也只有 1.3%~1.6%，因此一般可忽略从炉顶逸出的未燃煤粉量。按照文献[67]的方法计算进入初渣的未燃煤粉量和已燃烧煤粉中

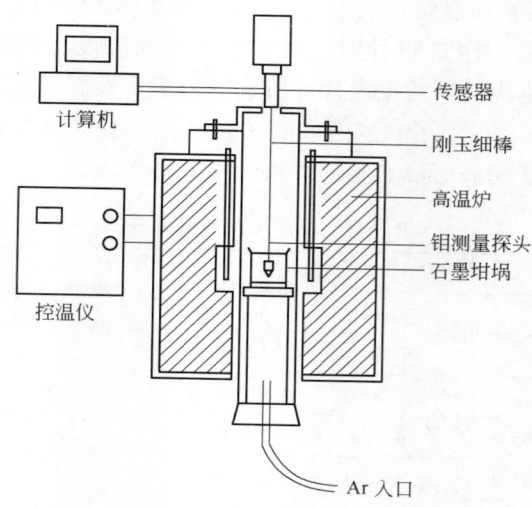

图 2-41　黏度仪示意图

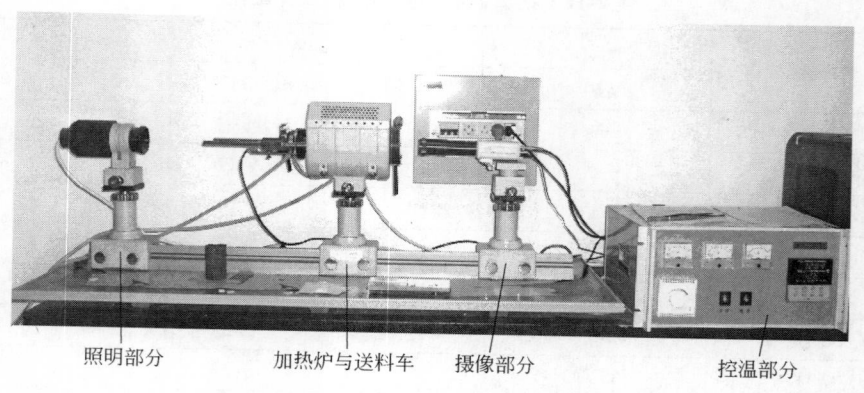

图 2-42　熔点测试仪设备图

的灰分量，具体公式如下：

$$U_b = Q(1 - \eta)(1 - U_a)(1 - U_c) \tag{2-49}$$

式中　U_b——与高炉初渣接触的未燃煤粉量，kg/t Fe；

　　　η——喷煤量，kg/t Fe；

　　　U_a——进入高炉终渣未燃煤粉的百分比，本书取 $U_a = 50\%$；

　　　U_c——参加直接还原与气化反应的未燃煤粉量，本书取 $U_c = 50\%$。

$$A_c = 0.5Q\eta A_d \tag{2-50}$$

式中　A_c——与高炉初渣接触的煤粉中的灰分，kg/t Fe；

　　　A_d——所喷吹煤粉中灰分含量，%。

首先按照初渣形成试验得到的初渣成分配制初渣；然后将初渣与未燃煤粉和煤灰按比例称取并混匀，再放入黏度测定仪的坩埚中随炉升温，以使未燃煤粉均匀地混入初渣中；最后用初渣炉制取初渣试样并分析化学成分，初渣中$w(FeO)$ = 3%~8%，远远低于一般熔滴炉试验的结果[68]。由于$w(FeO)$较低，故在测定初渣黏度时仍采用石墨坩埚。

2.4.3.2 初渣形成过程

为了深化对初渣形成过程的认识，对 3 号试样进行了解剖实验研究。方法是在铁矿石样品加热和还原的过程中，当样品温度到达预先规定的温度（1169℃、1313℃和1453℃，分别对应于综合炉料的软化开始温度、软化结束温度和滴落温度）时停止试验，通氮气保护冷却到室温，取出坩埚，将坩埚锯开后拍照、然后送去做各种微观分析。

A 铁矿石样品的外观和形貌

将切成两半的石墨坩埚中的样品进行拍照，得到了 3 个不同温度下的铁矿石样品的外观照片，如图 2-43 所示。

         (a)   (b)   (c)

图 2-43 不同温度下的炉料外观

（a）到达软化开始温度；（b）到达软化结束温度；（c）到达滴落温度

用金相显微镜对解剖样品进行了岩矿相分析，如图 2-44 所示，图中白色部分为金属铁，灰色部分为浮氏体为主的氧化铁，黑色部分为孔洞。由图 2-44（a）看出，当温度到达软化开始温度时，在矿石颗粒的表面上以及部分气孔（开气孔）的内壁上，氧化铁被 CO 还原生成了星点状金属铁，同时产生许多大的孔洞。金属铁长大呈蠕虫状，在局部地区连成一片，未见软熔状的渣相生成。当温度升高到软化结束温度时，不仅在矿石颗粒的表面上和气孔壁上，同时还在矿石颗粒的内部都发生了比较充分的还原反应，金属铁生成量大量增加，基本上连成了一片网状（图2-44（b））。当温度继续升高到滴落温度时，矿石中的氧化铁大部分已经被还原成金属铁，而脉石中有些可能因为 CaO 含量较高还没有熔化（图 2-44（c）），但是大部分已经形成了熔渣并分布于半熔融状态的金属铁之间（图 2-44（d））。

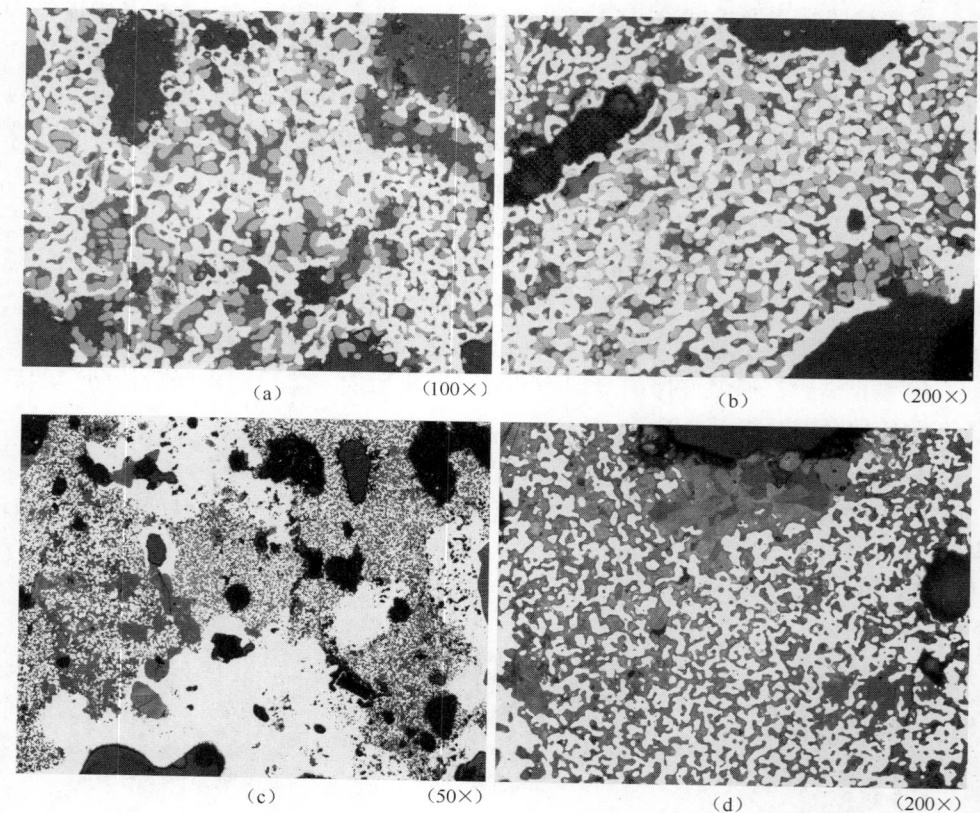

图 2-44 不同温度下的炉料岩矿相结构
(a) 到达软化开始温度; (b) 到达软化结束温度; (c), (d) 到达滴落温度

B 铁矿石样品的化学成分

对解剖样品进行能谱分析,研究了初渣形成过程中金属相和渣相的化学成分的变化。图 2-45 显示在软化开始温度下生成的金属铁纯度很高(图中的 Au 为准备的 SEM 样品上镀的金膜),说明还没有溶入 C、Si、Mn 等元素。

在初渣形成过程中,不同温度下的铁矿石样品中都含有数量不等的未充分还原的氧化铁颗粒(图 2-46),氧含量 8% ~ 11%,某些氧化铁颗粒中还含有 Mg(2% ~ 17%)和 Mn(8% 左右)。温度越高,未还原氧化铁颗粒越少、颗粒越细小。

对照图 2-47 和图 2-48 可以看出,初渣成分随温度变化显著,O、Mg、Al、Si、Ca、Fe 这 6 个元素的含量(wt)分别从 15.80%、1.99%、1.22%、19.80%、26.45%、34.73% 变为 18.06%、9.43%、9.93%、7.43%、15.50%、39.65%,这意味着初渣中溶入的 MgO、Al_2O_3 量增加而 CaO、SiO_2 量减少,氧化

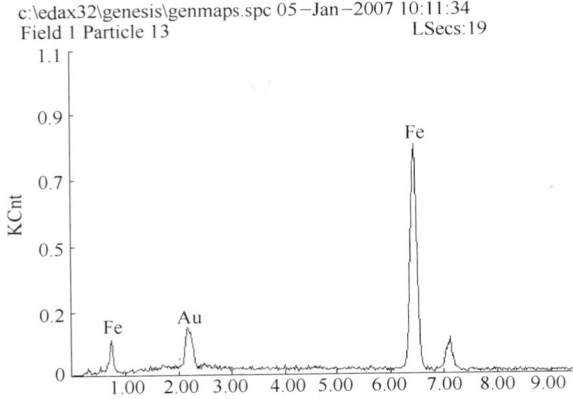

图 2-45　到达软化开始温度时金属相的能谱分析结果

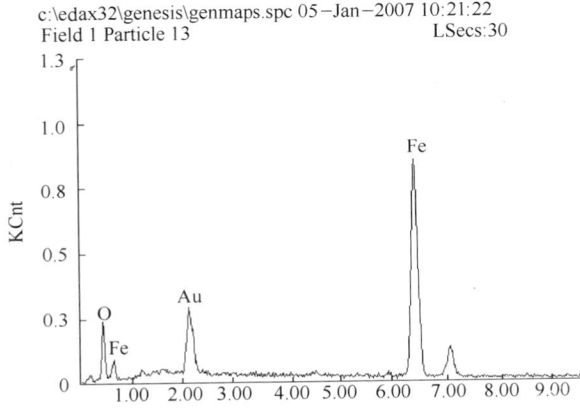

图 2-46　到达滴落温度时的氧化铁能谱分析结果

铁含量稍有增加。然而，当温度继续升高到滴落温度时，初渣中所含元素如图 2-49 所示，Fe 含量明显减少，甚至完全不含 Fe，O、Mg、Si、Ca 含量（wt）分别为 25.65%、7.14%、22.19%、45.01%。

C　初渣形成过程的特征指标

初渣形成过程用以下几种特征指标进行表征：

T_A——试样被压缩 10% 时对应的温度，称为矿石的软化开始温度，℃；

T_B——试样被压缩 40% 时对应的温度，称为矿石的软化结束温度，℃；

T——试样开始滴落时的温度，称为矿石的滴落温度，℃；

矿石软化温度区间——等于矿石的软化结束温度减去矿石的软化开始温度，即 $T_B - T_A$；

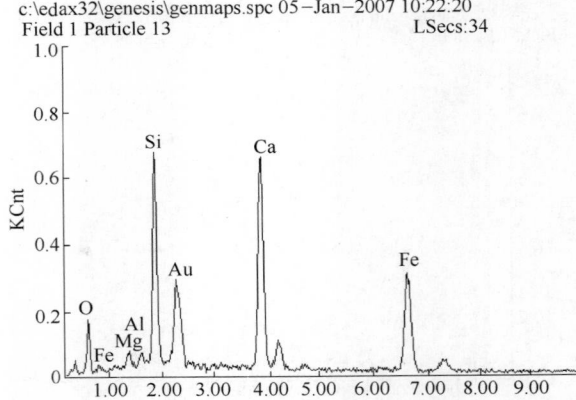

图 2-47 到达软化开始温度时六元素渣相的能谱分析结果

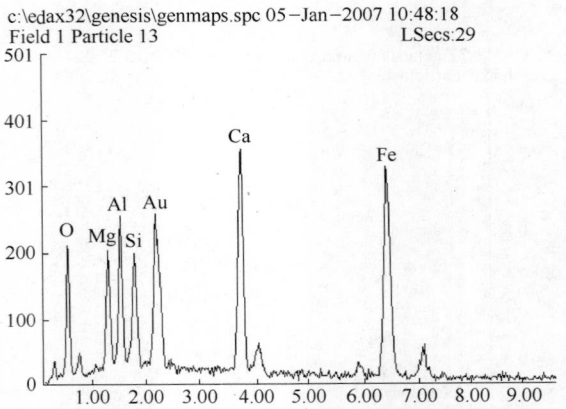

图 2-48 到达软化结束温度时六元素渣相的能谱分析结果

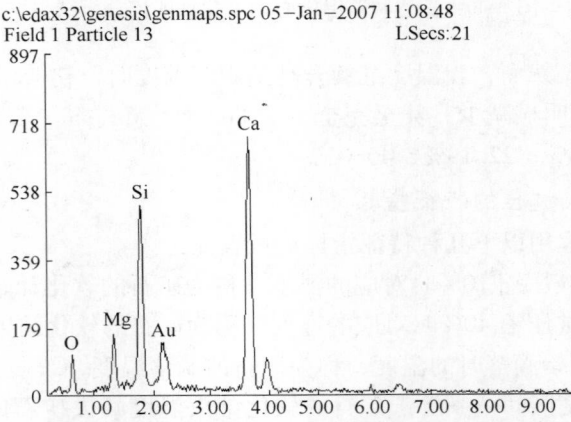

图 2-49 到达滴落温度时不含铁初渣的能谱分析结果

矿石的软熔温度区间——等于矿石的滴落温度减去矿石的软化结束温度，即 $T-T_B$；

透气性指标 S 值——等于从压差开始上升至滴下开始的温度区间内压差的积分值，kPa·℃。

不同炉料结构的初渣形成过程有明显区别。表 2-12 为武钢 8 种炉料结构的初渣形成过程特征值。由表 2-12 可知，纯球团矿的软熔温度太低，软化区间太宽；纯天然块矿的 S 值太大；纯高碱度烧结矿的软化区间和软熔区间都太宽，而且试验中整个软熔阶段的压差比配加了球团矿和天然块矿的炉料的波动大得多，对比图 2-50 和图 2-51。因此，它们均不适合在高炉中单独使用。

表 2-12　8 种炉料的初渣形成过程特征值

炉料编号	软化开始温度 T_A/℃	软化结束温度 T_B/℃	滴落温度 T/℃	软化温度区间/℃	软熔温度区间/℃	S/kPa·℃
1 号	1108	1267	1372	159	105	165.3
2 号	1179	1317	1370	138	53	371.5
3 号	1169	1313	1453	144	140	137.38
4 号	1141	1267	1427	126	160	240.08
5 号	1138	1274	1407	136	133	130.27
6 号	1132	1270	1396	138	126	179.28
7 号	1115	1244	1392	129	148	206.73
8 号	1150	1302	1469	152	167	141.65

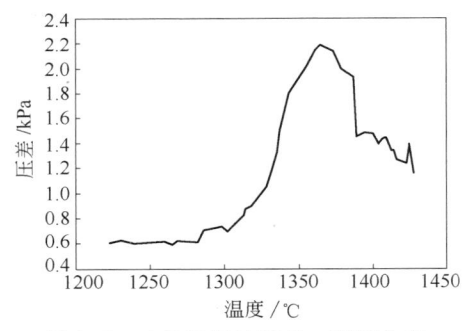

图 2-50　4 号炉料的压差—温度曲线

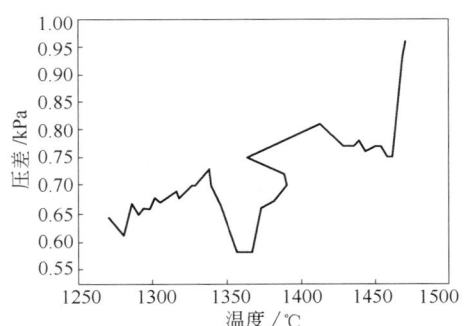

图 2-51　高碱度烧结矿的压差—温度曲线

如图 2-52 所示，球团矿配比对炉料软熔温度有重要影响。增加球团矿配比一般将使软化开始温度、软化结束温度和滴落温度降低，S 值增大但软化区间变窄。对软熔区间的影响比较复杂，与 3 号炉料相比，球团矿配比增加较少或增加过多时，软熔区间都变宽，而在合理范围内增加球团矿配比时（增加量 20%～30%），软熔区间反而变窄。熔滴性能随球团矿配比增加变差的原因，主要是因为多使用酸性球团矿会使综合炉料的碱度下降。

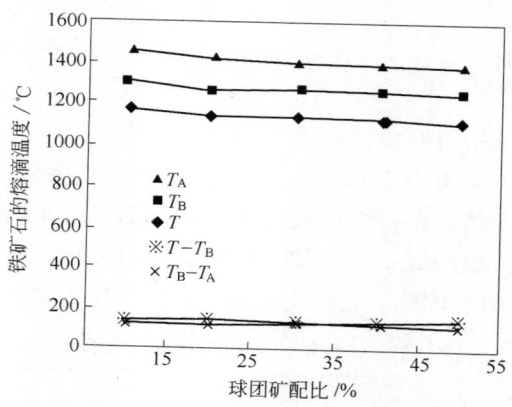

图 2-52　球团矿配比对炉料软熔温度的影响

　　呈熔融状态滴落的初渣和熔铁的化学成分与炉料结构也有密切的关系。表 2-13 和表 2-14 中分别列出了除纯澳大利亚块矿和纯烧结矿以外的其他 6 种炉料形成的初渣和熔铁的成分，这是因为纯澳大利亚块矿和纯烧结矿产生的滴落物渣铁无法分离的缘故。

表 2-13　滴落初渣的化学成分　　　　　　　　（%）

实验编号	化学成分及其含量/%								
	TFe	FeO	SiO_2	Al_2O_3	CaO	MgO	MnO	S	P
1 号	4.82	6.22	43.61	29.41	9.99	7.80	3.68	0.055	0.009
3 号	3.47	3.89	32.07	15.26	39.19	8.87	1.24	0.113	0.077
4 号	2.95	3.63	33.55	12.17	38.49	9.82	1.72	0.107	0.101
5 号	2.88	3.72	34.10	15.73	36.71	9.58	1.77	0.112	0.101
6 号	4.36	5.58	34.46	13.27	33.81	9.43	2.12	0.099	0.165
7 号	5.91	7.62	35.70	13.29	32.14	9.36	2.34	0.086	0.126

表 2-14　滴落熔铁的化学成分　　　　　　　　（%）

实验编号	化学成分及其含量/%							
	TFe	C	Si	Mn	Ti	S	P	V
1 号	96.30	2.40	0.046	0.39	0.023	0.047	0.037	0.015
2 号	96.43	2.80	0.037	0.29	0.013	0.044	0.059	0.004
3 号	94.92	3.80	0.50	0.42	0.026	0.065	0.049	0.009
4 号	97.31	2.42	0.1	0.32	0.019	0.045	0.047	0.007

实验编号	化学成分及其含量/%							
	TFe	C	Si	Mn	Ti	S	P	V
5 号	97.94	2.30	0.025	0.12	0.012	0.056	0.055	0.007
6 号	96.81	2.70	0.077	0.15	0.011	0.20	0.049	0.003
7 号	96.18	2.56	0.16	0.16	0.024	0.15	0.06	0.006
8 号	96.30	3.50	0.093	0.35	0.023	0.026	0.078	0.018

由表 2-13 可知，随着球团矿配比的增加，初渣中的 CaO 含量逐渐减少、SiO_2 含量和 MnO 含量逐渐增加，MgO 含量增大，Al_2O_3 含量均减小（5 号初渣除外）。球团矿配比较少时，FeO 含量略有减小；球团矿配比较大时，FeO 含量明显增大（比 3 号初渣增加大约 2%~4%），这可能是因为酸性球团矿的高温还原性比高碱度烧结矿差的缘故。

滴落初渣中 FeO 的含量是炉料中温还原性和高温还原性好坏的综合指标，初渣中 FeO 含量低的炉料还原性较好，高炉燃料比较低。因此，除了特征温度、透气性指数以外，建议在评价炉料初渣形成过程特征的指标中增加一项"滴落初渣 FeO 含量"。

值得注意的是，初渣试验的煤气还原能力远远高于一般熔滴试验（CO 含量等于 43%对 30%），因此两种实验得到铁矿石的熔滴性能差异非常明显。与文献 [69] 和文献 [70] 报道的数据比较，初渣实验测定的各种炉料的滴落温度普遍较低，其中酸性炉料下降非常明显（130℃左右），而高碱度烧结矿则略有下降（约 14℃）。这可能意味着高炉内软熔带的实际位置比一般熔滴试验测定的结果要高一些而厚度要薄一些。

2.4.3.3 初渣流动性

初渣在从软熔带滴落到达风口平面的整个过程中，流动性都在不断变化，其原因不仅由于 FeO 含量减少、CaO 和 MgO 含量增加，而且因为卷入了一部分随煤气上升的未燃煤粉。为了模拟研究未燃煤对初渣流动性的影响，采用了在初渣黏度样品中混入不同数量未燃煤粉的方法。

设定煤比为 180kg/t，煤粉燃烧率各取 60%、70%、80%和 100%，在表 2-13 所列 6 种初渣中按照 6.58%、5%、3.38%和 0%共 4 种比例加入未燃煤粉，同时按照 2.08%、2.46%、2.85%和 3.66%的 4 种比例加入煤灰，制得黏度试验的炉渣样品。图 2-53 所示为 1 号初渣的黏度—温度曲线，由图 2-53 可知，混入的未燃煤粉量较少时初渣的黏度增大，随着未燃煤粉混入的数量增加，初渣的黏度逐渐增大，这可能是因为 1 号初渣是由纯酸性球团矿生成的碱度只有 0.23 的初渣，其流动性很差，混入未燃煤颗粒对硅氧四面体网络有破坏作用而使初渣流动性改善。图 2-54~图 2-58 所示分别为 3 号~7 号初渣的黏度—温度曲线，图中 UPC 代表未燃煤含量。从这 6 张图可清楚地看出，不含未燃煤的初渣其黏度曲线总是位于图中的左下方，这说明对于碱度较高的初渣（它们的碱度分别为 1.22、1.15、1.08、0.98、0.90），卷入未燃煤粉使初渣黏度明显增大。其原因可能是因为卷入初渣的碳是以固体状态存在，在炉渣中形成了非均匀相，从而对熔体的黏度产生强烈的影响[71]。

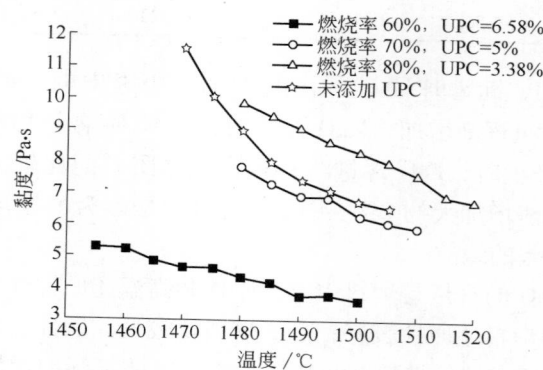

图 2-53   未燃煤含量对 1 号初渣黏度的影响

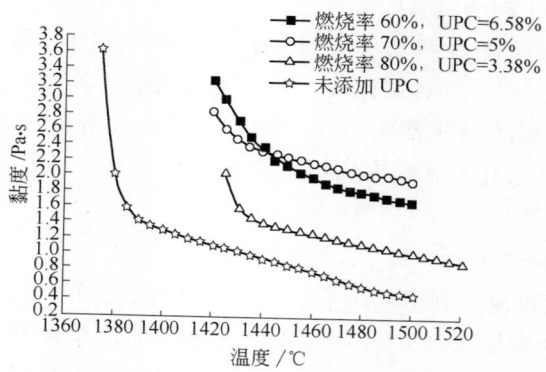

图 2-54   未燃煤含量对 3 号初渣黏度的影响

图 2-59 所示为未燃煤含量对初渣在 1450℃下的黏度值的影响。以 4 号初渣为例，未燃煤粉配比等于 6.58% 时的黏度值比不含未燃煤粉时增大了 2.5 倍，达到 2.24Pa·s 的水平。由图 2-59 还可以看出，当未燃煤粉含量相同时，几种初渣之中 3 号初渣的黏度差不多总是最高的。图 2-60 所示为未燃煤含量对初渣自由流动温度的影响。由图 2-60 看出，3 号初渣的自由流动温度差不多也总是最高的，而 3 号初渣是由球团矿配比最少的炉料产生的，这说明适当增加球团矿配比对改善初渣的流动性是有利的。

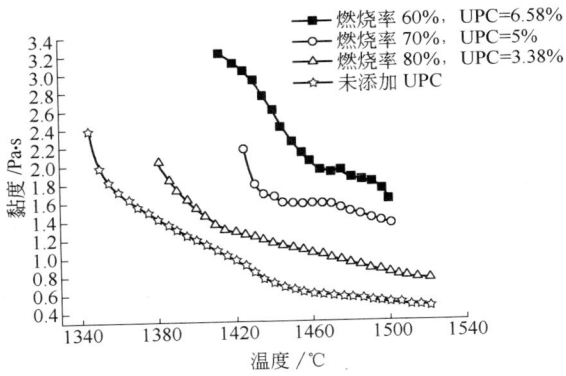

图 2-55　未燃煤含量对 4 号初渣黏度的影响

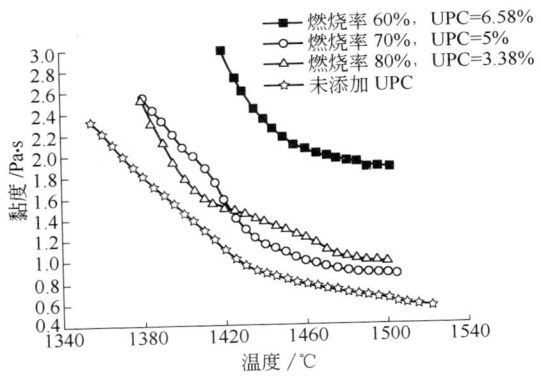

图 2-56　未燃煤含量对 5 号初渣黏度的影响

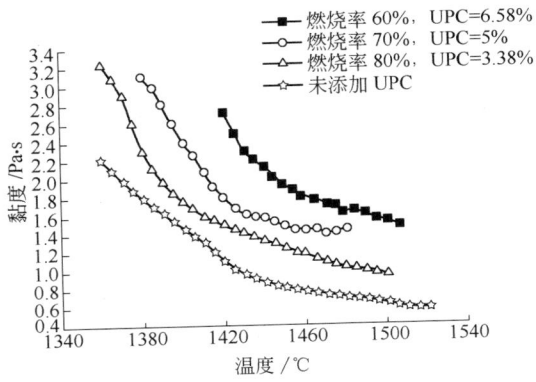

图 2-57　未燃煤含量对 6 号初渣黏度的影响

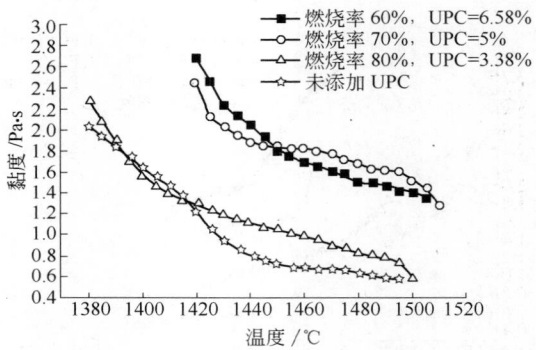

图 2-58   未燃煤含量对 7 号初渣黏度的影响

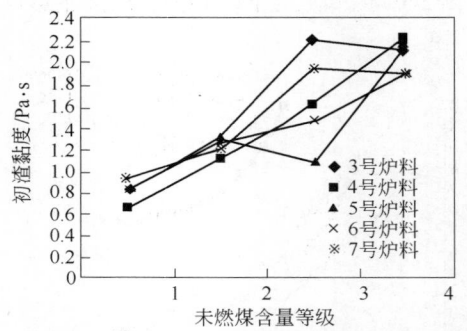

图 2-59   未燃煤含量对 1450 ℃下的初渣黏度的影响

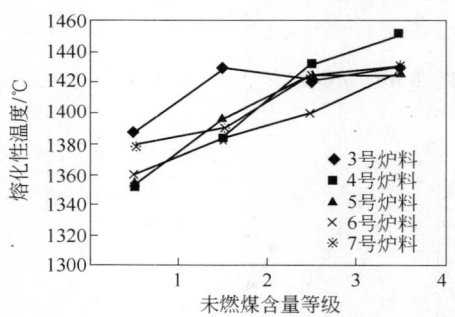

图 2-60   未燃煤含量对初渣熔化性温度的影响

此外，如图 2-59 所示，在未燃煤粉含量较低时，球团矿配比的多少对初渣黏度影响较小；但是当初渣中含有大量未燃煤粉时，增加球团矿的配比对初渣黏度的影响则非常显著；未燃煤粉含量为 5% 时，5 号初渣（球团矿配比 35%）的黏度最低，而未燃煤粉含量为 6.58% 时，6 号、7 号初渣（球团矿配比分别为45% 和 55%）的黏度最低。这说明在高炉煤比提高时应相应地增加球团矿的用量，以改善高炉顺行状况。

　　熔点对初渣的流动性也有影响，熔点过低的初渣容易在高炉温度波动的情况下发生再凝固而引起炉况不顺。为此，又测定了各种初渣试样的熔点，结果如图 2-61 所示。由图可知，各种初渣的熔点在未燃煤配比 5.00% 时均降低到了谷点；未燃煤配比不超过 5% 的时候，增加未燃煤配比使初渣的熔点下降；未燃煤配比超过 5% 的时候，增加未燃煤配比使初渣的熔点增加，但增加的幅度不大。整体看来，加入未燃煤后初渣熔点的变化量不大，大约 4~24℃。从图 2-61 还可以清楚地看出，无论有没有卷入未燃煤和卷入多少未燃煤，球团矿配比最低的 3 号初渣的熔点都是最高的；而且基本上是球团矿的配比越高，初渣的熔点越低。这说明在大量喷煤的时候，扩大球团矿用量有利于降低初渣的熔点，对改善高炉顺行状况有好处。

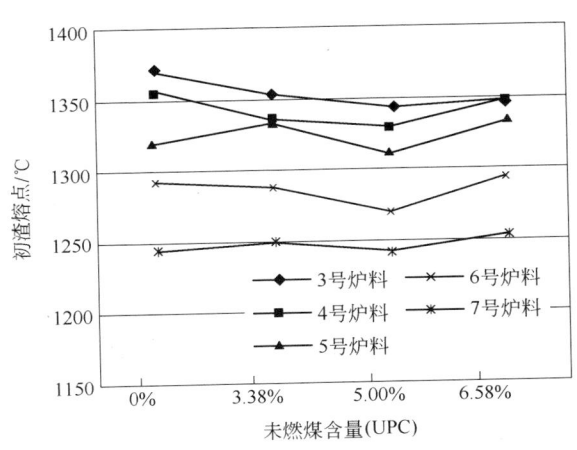

图 2-61　未燃煤含量对初渣熔点的影响

　　文献中未见碳含量对高炉渣熔点影响的报道，但可参考碳含量对连铸保护渣熔点影响的报道[72]进行讨论分析。表 2-15 显示，当 C 含量从 3.7% 增加到 5.5% 时，保护渣的半球温度和流动温度均升高了 55℃。如此看来，添加未燃煤到底是提高还是降低炉渣的熔点，不仅与炉渣本身性能有关，而且与未燃煤添加量多少有关。这个问题今后需要进一步深入研究。

表 2-15　韩国光阳钢厂保护渣的熔化特性

保护渣	化学成分/%						熔化特性/℃		
	CaO	SiO$_2$	Al$_2$O$_3$	Na$_2$O	F	C	软化温度	半球温度	流动温度
A	30.8	29.5	6.1	12.9	8.1	3.7	1045	1050	1055
B	35.5	32.4	3.2	10.8	5.8	5.5	1075	1105	1110

2.4.3.4　对高炉合理炉料结构的讨论

A　从初渣角度分析

含铁炉料在高炉内的行为是由构成炉料的各种矿石的性能及其相互作用所共同决定的，而且与煤气成分、炉温水平等冶炼条件有密切关系[73]。合理炉料结构的标准应该是：（1）初渣的形成温度较高而形成时间较短，形成过程中矿石层的气流阻力较小；（2）在有未燃煤粉存在时有良好的流动性；（3）滴落初渣中的FeO含量较低；（4）初渣量较小。对照以上标准，发现球团矿配比在35%～45%范围的炉料其综合性能最好，这是因为，与球团矿配比15%的炉料结构比较：（1）软化结束温度下降较少而且软熔区间变窄，S值变化不大；（2）在有未燃煤存在的条件下，熔点降低（大约50℃）、低温和高温黏度下降（最多下降了1Pa·s以上）、自由流动温度降低（最多达43℃）；（3）滴落初渣中的FeO含量保持在3%～4%的较低水平；（4）初渣量减少（减少40.62～61.88kg/t）。

B　从保证高炉脱硫能力角度分析

计算表明，增加球团矿配比使终渣量减少，碱度下降，不利于高炉脱硫。为了保证铁水质量，需要在入炉矿以外补加一定数量的碱性熔剂。补加方式有两种：一种是提高烧结矿的碱度；另一种是从风口随煤粉喷入[74~76]。但如烧结矿碱度过高，可能因不同炉料间碱度相差过大而使初渣的碱度下降，降低初渣的化学稳定性和热稳定性，所以球团矿配比不宜增加太多。

综合考虑通过优化初渣形成特性及流动性保证炉况顺行和保证铁水脱硫两方面的要求，在武钢生产条件下宜将球团矿配比控制在25%～35%范围，即从现有的15%水平再提高10%～15%。

2.4.4　武钢高炉增加球团矿配比的工业试验

根据以上实验室研究的结果，2006年武钢炼铁厂在5号高炉生产中进行了提高球团矿配比的工业试验。与2005年比较，球团矿用量从284.9kg/t增加到336.7kg/t。实验期高炉稳定顺行，生铁产量全年增加了74984t，煤比从151.4kg/t增加到178.9kg/t，焦比从387.1kg/t下降到350.5kg/t。虽然球团矿的价格比烧结矿和天然块矿高，但提高球团矿配比以后，5号高炉2006年全年仍然产生了将近1000万元的经济效益，经济效益表现在：（1）高炉在大喷煤比的前提下，稳定性与顺行性好，提高了高炉产量，单位生铁固定成本降低。（2）煤比增加，焦比（含焦丁比）下降，以比较廉价的煤粉代替比较昂贵的焦炭，从而降低生铁的燃料消耗成本。（3）球团矿相对价格较高，使高炉配矿成本升高。与此同时，高炉容积和指标水平与5号高炉相近的武钢6号、7号高炉，同期也改善了炉料结构，扩大了球团矿用量，经济效益也与此相近。

此外，2006年10月15日到2007年1月14日，在5号高炉上还做了改变球团矿配比的冶炼试验[77]。试验结果证实，武钢高炉可以使用20%~40%的鄂州球团矿，当球团矿配比为20%左右时，高炉稳定顺行，产量提高，煤比增加，燃料比下降，生铁成本降低；球团矿配比提高到35%~40%，特别是40%时，炉况变化明显，料柱透气性变好，但煤气利用率下降，产量降低，休风率上升。工业试验结果与实验室研究结果基本符合。

目前武钢高炉实际生产中，1号、2号、4号、5号高炉的球团矿配比一般为20%，6号、7号高炉的球团矿配比提高到25%，在炉子顺行状况较差的时候，短期内将球团矿配比提高到了30%的水平。在扩大球团矿用量的同时，对海南块矿的配比进行了调整，使高炉终渣的化学成分始终处于合适的范围，保证和提高了高炉的脱硫能力。

2.5 基于高炉下部气体力学的产量模型研究

2.5.1 基于高炉气体力学的二维产量模型

考虑到高炉下部的液体渣铁滞留可能对炉况产生较大影响，利用在2.3节中建立的定量关系式以及在2.4节得到的定性关系，在高炉流场模拟模型[17]的基础上，开发了一个基于高炉气体力学的产量数学模型。

模拟计算条件详见表2-16，式（2-41）用于计算不同生产条件下的静态滞留量，式（2-45）用于计算载点以下的动态滞留量，式（2-48）用于计算载点以上的动态滞留量。模型计算的气流分布如图2-62所示。

表 2-16　模拟计算条件

高炉炉容/m^3	4350
利用系数/t · $(m^3 \cdot d)^{-1}$	2.0
风温/K（℃）	1423（1150）
富氧/%	1.5
鼓风湿度（标态）/$g \cdot m^{-3}$	30
矿石批重/t	102.8
焦炭批重/t	26.96
炉料堆密度/$t \cdot m^{-3}$	1.94
焦炭堆密度/$t \cdot m^{-3}$	0.50
烧结矿:球团矿:块矿/%	75:15:10
喷煤比/$kg \cdot t^{-1}$	100
焦比/$kg \cdot t^{-1}$	400

由表2-17可知，煤气流的径向分布几乎不受滞留的熔融渣铁的影响，但其

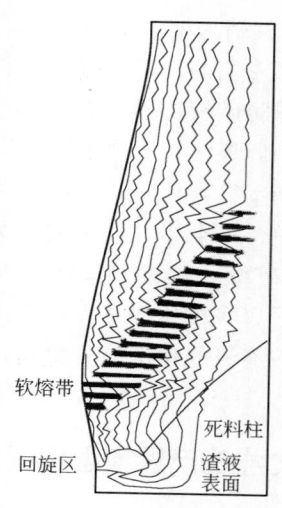

图 2-62   模拟的高炉内气体流场

对压差的影响却比较大。表中的边缘气流指数是炉墙附近气体流量与炉子中间点的气体流量的比值，而中心气流指数是中心气体流量与炉子中间点的气体流量的比值。高炉全压差的增大是由中、下部压差增大所引起的，块状带的压差变化很小。下部压差增大了 10.98kPa，为不考虑液体滞留时的 2 倍左右。如此，滞留量就成为影响高炉透气性的一种主要因素。

表 2-17   煤气流和压差的变化

模拟条件	煤气流指数		压差/kPa		
	边缘	中心	下部	中部	总压差
考虑渣铁滞留	1.2088	0.2541	22.04	77.11	117.17
不考虑渣铁滞留	1.2108	0.2552	11.16	60.60	90.75

从表 2-18 可以看出，与静态滞留量比较，动态滞留量几乎可以忽略不计，原因是炉渣和铁水的流速太低。其结果，当气体和液体间的相互作用比较弱的时候，总滞留量只取决于静态滞留量。死料柱表面上液体渣铁流速增加会引起动态滞留量的增大，但绝对值仍然很小。

表 2-18   高炉渣铁滞留量

渣铁参数	滴落带	死料柱
	熔　　渣	
h_s	2.96	4.45
h_d	0.40	0.47

续表 2-18

渣铁参数	滴落带	死料柱
铁　　水		
h_s	1.67	2.50
h_d	0.04	0.05
熔渣和铁水		
$h_{t,S}$	5.07	7.47
$h_{t,F}$	7.10	10.46

将方程式（2-41）改写为方程式（2-51），发现液体性质对静态滞留量的影响顺序如下：密度、表面张力、黏度。因为和熔铁相比熔渣的密度较小而黏度较大，熔渣的滞留量比熔铁大 80%：

$$h_s = 0.0971\rho_1^{-0.4047}\mu_1^{0.1096}\sigma^{0.2951}\left(\frac{\varphi d_p}{1-\varepsilon}\right)^{-0.7546} \quad (2\text{-}51)$$

焦炭层性质（包括粒度、形状系数和孔隙度）对静态滞留量的影响远远超过液体性质的影响。形状系数和孔隙度可表示为粒度的函数，由此得到以下关系式：

$$h_s = C(30.7 - 943d_p + 9171d_p^2) \quad (0.02m<d_p<0.05m) \quad (2\text{-}52)$$

式中　　C——$C = 0.0971\rho_1^{-0.4047}\mu_1^{0.1096}\sigma^{0.2951}$，由渣铁的物理性质决定。

可以看出，静态滞留量随焦炭粒度减小而增大。焦炭粒度减小 5mm，h_s 增大 20% 左右。粒度越小，增加的幅度越大。

总滞留量随煤气流速而增大。当煤气流速接近泛点速度时，滞留量几乎达到最大的液泛滞留量。渣的密度小而黏度大，流动性很差，所以一般是渣相先于铁水发生液泛。在死料柱中，渣的液泛滞留量可能达到 7%，但因该处气体流速很小，估计难以达到这么高的滞留量。滴下带的液泛滞留量接近 5%。考虑到焦炭粒度的不均匀分布，在风口附近或炉腹下部的中心部位，渣的滞留量有可能达到此数值。

在大量喷吹煤粉时，渣和铁水的滞留量会因焦炭料层孔隙度变小而增大。为了提高利用系数，首先应该保证焦炭的质量，特别是焦炭的机械强度和反应性。其次，应该采用合适的造渣制度，以控制合理的初渣生成和炉渣成分。还应考虑炉渣、铁水和焦炭之间的交互作用。目前对造渣制度的控制因素尚未进行深入研究，期望将来能建立起指导制定合理造渣制度的定量规则。

2.5.2 基于高炉气体力学的多项式产量模型

认为气液两相流达到载点时的产量是高炉在一定条件下所能达到的最大产

量。基于 2.3 节中的试验数据，通过整理计算建立了液泛线方程和阻塞线方程[45,78]，其中阻塞线方程如多项式方程（2-53）所示：

$$\log cf = -1.2072867 - 1.0387473\log fr - 0.2547832\,(\log fr)^2 \qquad (2\text{-}53)$$

式中　cf——阻塞因子，与气体流速、焦炭粒度、料层孔隙度、液体黏度以及两相的密度比值有关；

fr——流量比，与液体流速、气体流速以及两相的密度比值有关。

　　运用液泛线方程和阻塞线方程将高炉工作状态划分为可操作区、危险区和不可操作区，通过观察工况点所处位置，对高炉的顺行状态进行评估。还可以运用阻塞线方程研究操作条件的改变对高炉产量的影响，其方法是首先假定初始工况点刚好落在阻塞线上，当某个或某一组操作条件发生变化时，利用阻塞线方程通过迭代计算寻找能够使新工况点重新回到阻塞线上的高炉风量。该阻塞线方程曾用于预测风口喷吹熔剂对高炉产量的影响，预测结果与瑞典实验高炉的实验结果基本符合[68]。一般说来，高炉增产和增加煤比的限制条件基本上相同，所以阻塞线方程实际上也可以用于分析操作条件对煤比的影响。

2.5.2.1　对武钢 5 号高炉实际炉况的分析

　　为了反映气流和液流不均匀分布对高炉产量的影响，在计算流量因子和阻塞因子时引入了不均匀系数的概念，即假定炉内不同部位有不同的气流不均匀系数和液流不均匀系数，用于计算该处的实际气流速度和液流速度。与此同时，在计算实际气流速度时，还要考虑煤气温度和压力的影响。这样，阻塞线方程就可用于有关鼓风条件和炉顶压力对炉子顺行状况影响的研究。

　　采用实测操作数据计算了武钢 5 号高炉的工况点，结果如图 2-63 所示。图

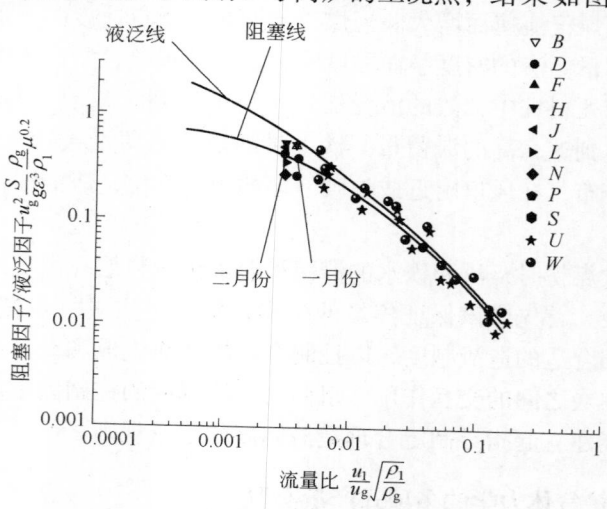

图 2-63　武钢 5 号高炉的工况点

中的 U 点和 W 点为冷模型试验点。在图 2-63 中，B、D 和 S 点为 2009 年 1 月份的工况点，F、H、J、L、N 和 P 点为 2009 年 2 月份的工况点。其中，B、F、H 和 J 点处于危险区，而其余各点均处于可操作区。处于危险区的工况点，计算时取液流不均匀系数等于 1.85（可能的最大值），炉腹焦炭的平均粒度取 24mm（可能的最小值），渣黏度取 0.6Pa·s（维持炉渣正常流动的最大值）。

两个刚好位于阻塞线上的工况点，左边的 P 点与 2 月份对应，右边的 S 点与 1 月份对应。计算时 1 月份的焦炭粒度取 30mm，2 月份取 28mm。这意味着，在 2 月份，即使焦炭质量稍差，由于富氧率提高、燃料比降低（相应地煤气量和渣量减少），高炉产量仍然可能超过 1 月份。

2.5.2.2 关于提高高炉效率技术措施的分析

以图 2-63 中的 P 点为基准，应用阻塞线方程计算了焦炭粒度、焦炭料层孔隙度、炉腹初渣黏度、渣量、富氧率、液流不均匀系数对高炉产量的影响，结果分别显示在图 2-64~图 2-69 中。

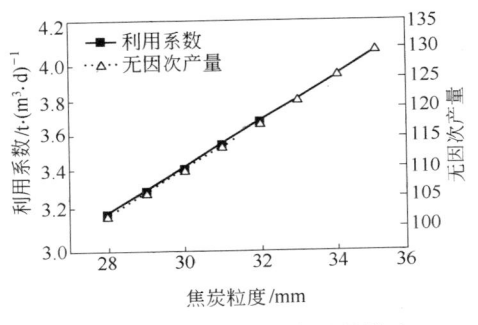

图 2-64 焦炭粒度对产量的影响

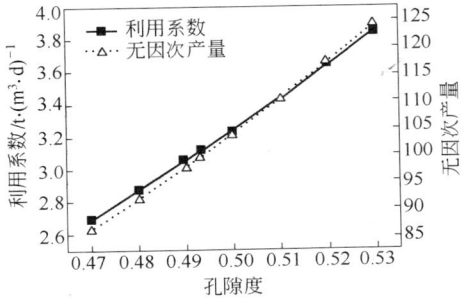

图 2-65 料层孔隙度对产量的影响

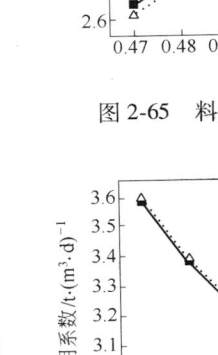

图 2-66 富氧率对产量的影响

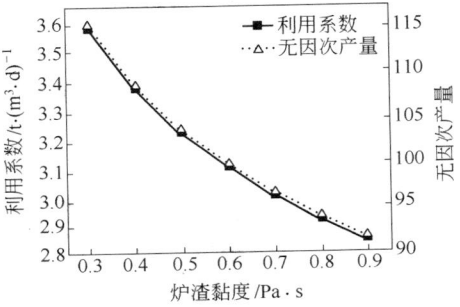

图 2-67 炉渣黏度对产量的影响

由图 2-64 和图 2-65 可以看出，高炉产量与焦炭粒度、料层孔隙度的关系基本上是线性的：粒度每增大 1mm，产量大约可提高 4.3%；孔隙度每增加 0.01，产量大约可提高 6.9%。适当增大从炉顶装入的焦炭的粒度，提高焦炭的冷强度特别是热强度，能够增大炉腹焦炭的粒度。而高炉下部焦炭料层的孔隙度，不仅与焦炭粒度有关，而且与炉渣成分和炉温有关，还与喷煤量和风口前煤粉的燃烧率有关。通过增大炉腹焦炭的粒度，改善炉渣的流动性，控制较高的炉温，减少未燃烧煤粉生成量，都可以增加下部料层的孔隙度。

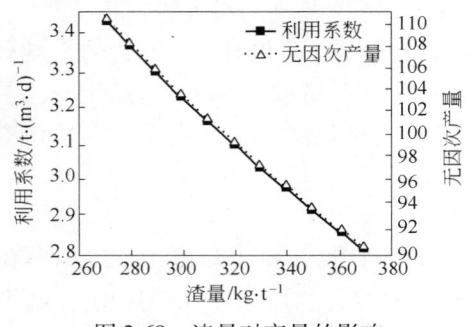

图 2-68　渣量对产量的影响

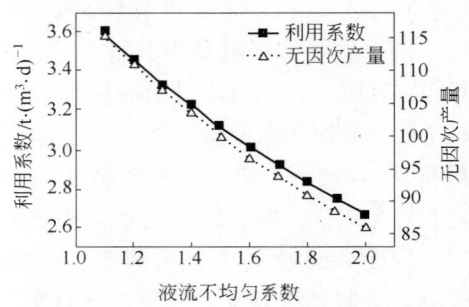

图 2-69　熔渣不均匀流动对产量的影响

　　由图 2-67 和图 2-68 可以看出，减小初成渣的黏度或降低渣量对提高产量有利。渣量对产量的影响基本上是线性的，而黏度的影响在高黏度时较小，而在低黏度时变大。黏度每减小 0.1Pa·s（即 1P），产量可提高 2.2%~6.4%；渣量每降低 10kg/t，产量大约可提高 2%。初成渣的黏度不仅与炉料结构和温度有关，还与渣中卷入的未燃煤粉量有关[39]。在现有铁矿石和冶金用煤资源的条件下，尽可能提高综合炉料的含铁品位，提高矿石的还原性，减少焦炭和喷吹煤的灰分，有利于减少炉腹部位的初成渣量；而提高风温和适当富氧，有利于减少未燃煤生成量，这些措施都有利于减小初成渣的黏度。

　　由图 2-66 可以看出，增加富氧率时高炉产量呈直线增长。富氧率每增加 1%，产量大约提高 0.7%。一般认为，富氧率每增加 1% 高炉增产 2%~3%，这是在假定高炉风量能够维持不变时得出的结论，比由气液对流动力学控制的增产效果大。

　　由图 2-69 可知，减小熔渣的不均匀流动有利于高炉增产，而且效果非常明显。高炉滴下带内初成渣的流动受焦炭料柱透气性和透液性分布的影响，缩小死料柱的体积，增大炉腹焦炭的粒度，以及改善初成渣的流动性，对减少熔渣的不均匀流动大有好处，而这些都可以通过合理的上、下部调剂和优化炉料结构来实现。

参 考 文 献

[1] 章天华，鲁世英. 炼铁 [M]. 北京：冶金工业出版社，1986.
[2] 项钟庸，王亮，邹忠平，等. 克服冶炼强度负面影响的新指标 [J]. 炼铁，2012，31

（6）：1.

［3］LKAB PRODUCTS，1992：14.

［4］傅世敏，刘子久，安云沛. 高炉过程气体力学［M］. 北京：冶金工业出版社，1990.

［5］Standish N. Blast Furnace Aerodynamics［M］. Australian Institute of Mining and Metallurgy，1975：137.

［6］Ergun S. Fluid flow through packed columns［J］. Chem Eng Progr.，1952，48（2）：89.

［7］Maeda H. Nippon Steel Technical Report［R］. 1987：19.

［8］杨永宜，杨天钧. 高炉风口回旋区及高炉下部煤气运动特性及煤气分布的研究［J］. 金属学报，1982，18（5）：519.

［9］福武刚，冈部侠儿. 高炉滴下带の気—液向流領域におけるガス圧力損失と液ホールドアップの実験式［J］. 鉄と鋼，1980，66（13）：1947.

［10］柴田耕一朗，清水正賢，稲葉晉一，と. 高炉融着带近傍における粉体の2次元流動特性の解析［J］. 鉄と鋼，1991，77（8）：1267.

［11］陆金甫，关治. 偏微分方程数值解法［M］. 北京：清华大学出版社，1987.

［12］王勖成，邵敏. 有限单元基本原理与数值方法［M］. 北京：清华大学出版社，1988.

［13］甘舜仙. 有限元技术与程序［M］. 北京：北京理工大学出版社，1988.

［14］李开泰，黄艾香. 有限元方法及其应用（Ⅰ）［M］. 西安：西安交通大学出版社，1984.

［15］工藤純一，八木順一郎. 有限要素法と特性曲線法による高炉のガス流れと伝熱の同時解析［J］. 鉄と鋼，1987，73（15）：2020.

［16］工藤純一，八木順一郎. 2次要素近似を用いた有限要素法による高炉内ガス流れの解析［J］. 鉄と鋼，1986，72（15）：2032.

［17］Bi X G，Qiu J，Wang W，et al. Influences of Scaffold and Coal Injection on Gas/Liquid Flow Distributions in Blast Furnace［J］. Ironmaking and Steelmaking，2001，28（1）：27.

［18］丁金发，毕学工. 无钟炉顶布料模型发展现状及有关问题［J］. 河南冶金，2005，13（6）：7.

［19］刘云彩. 高炉布料规律［M］. 4版. 北京：冶金工业出版社，2012.

［20］西尾浩明，等. 带料钟和可调炉喉保护板的高炉炉料分布模拟模型［J］. 国外钢铁，1988，（4）：1.

［21］周勇，毕学工，涂春林. 焦炭坍塌理论在钟式高炉炉顶炉料分布模型中的应用［J］. 钢铁研究，2004，32（1）：124.

［22］The Iron and Steel Institute of Japan. Blast Furnace Phenomena and Modeling［M］. Elsevier Applied Science Publishers Ltd.，1987：9，25，29，320.

［23］Kodoh M，Koitabashi T，Okabe K，et al［J］. Trans. ISIJ，1980，20：B-251.

［24］Mio Hiroshi，Komatsuki Satoshi，Hidaka Jusuke，et al. Analysis of Particle Size Segregation at Bell-less Top of Blast Furnace by Discrete Element Method［C］. Proceedings of the 5th International Congress on the Science and Technology of Ironmaking，Shanghai，2009：1125.

［25］Liu S D，Zhou Z Y，Yu A B，et al. Numerical Investigation of Burden Distribution in a Blast Furnace Bell-less Top［C］. Baosteel BAC，2013：A-266.

［26］ Takeshi Sato, Michitaka Sato, Kanji Takeda, et al. Desirable Blast Furnace Operation Conditions and Burden Quality for Reduction of Exhaust CO_2 ［C］. ICSTI' 06, Osaka, 2006: A224.

［27］ 蓝荣宗, 王劲松, 韩毅华, 等. 高还原势气氛下烧结矿低温还原粉化试验研究 ［J］. 有色金属科学与工程, 2012, 3 (1): 5.

［28］ Sugiyama T, Sato H, Nakamura M, et al ［J］. Tetsu-to-Hagane, 1980, 66: 1908.

［29］ 斧胜也. 高炉软化熔融带的反应及研究 ［R］. 包头钢铁公司, 1980: 24, 59.

［30］《杨永宜论文集》编辑委员会. 杨永宜论文集 ［M］. 北京: 冶金工业出版社, 1997.

［31］ 秦民生, 杨天钧. 炼铁过程的解析与模拟 ［M］. 北京: 冶金工业出版社, 1991.

［32］ Dong X F, Yu A B, Yagi J, et al ［J］. ISIJ Int., 2007, 47 (11): 1553.

［33］ Austin P R, Nogami H, Yagi J ［J］. ISIJ Int., 1998, 38 (3): 246.

［34］ Chew S J, Zulli P, Yu A B ［J］. ISIJ Int., 2001, 41 (10): 1112.

［35］ Gupta G S, Litster J D, Rudolph V R, et al ［J］. ISIJ Int., 1996, 36 (1): 32.

［36］ Liu D Y, Wijeratne S, Litster J D ［J］. Scand. J. Metall., 1997, 26 (2): 79.

［37］ Li M, Bando Y, Tanigawara R, et al ［J］. J. Chem. Eng. Jpn., 2001, 34 (7): 948.

［38］ Eto Y, Takeda K, Miyagawa S, et al ［J］. ISIJ Int., 1993, 33 (6): 681.

［39］ Usui T, Masamori K, Kawabata H, et al ［J］. ISIJ Int., 1993, 33 (6): 687.

［40］ Niu M, Akiyama T, Takahashi R, et al ［J］. Aiche Journal, 1996, 42 (4): 1181.

［41］ Husslage W M, Steeghs A G S, Heerema R H ［C］. 60th Ironmaking Conf. Proc., 2001: 323.

［42］ Fukutake T, Rajakumar V ［J］. Tetsu-to-Haganes, 1980, 66 (13): 1937.

［43］ Sugiyama T, Nakagawa T, Sibaike H, et al ［J］. Tetsu-to-Haganes, 1987, 73 (15): 2044.

［44］ 熊玮, 毕学工, 周国凡, 等. 高炉滴下带气液对流现象的实验研究 ［C］. 2003 中国钢铁年会论文集 (第 2 卷), 2003: 415.

［45］ Bi X G, Fu L C, Xiong W, et al. The Counter-Current Flow Phenomena in the Lower Blast Furnace and Its Impact on Productivity and Pulverized Coal Injection Rate ［C］. Proceedings of the International Workshop on Modern Science and Technology, 2004: 69.

［46］ Xiong W, Bi X G, Wang G Q, et al. Calculation and Analysis of Liquid Holdup in Lower Blast Furnace by Model Experiments ［J］. Metallurgical and Materials Transactions B, 2012, 43B: 562~570.

［47］ 全国炼铁信息网. 全国高炉技术装备状况及近年主要生产技术指标调查汇编 ［G］. 2003: 1~235.

［48］ 傅世敏, 毕学工, 陈星, 等. 宝钢高炉炉墙结厚与气液流分布关系的模型研究 ［J］. 炼铁, 1998, 17 (5): 27~30.

［49］ Perry R H. Perry's Chemical Engineers' Handbook ［M］. New York: McGraw-Hill, 1997.

［50］ Billet R. Packed Column Analysis and Design ［M］. Germany: Ruhr University Press, 1989.

［51］ 熊玮, 毕学工, 周国凡, 等. 高炉下部的液泛和流态化 ［J］. 过程工程学报, 2006, 6 (增刊 1): 8.

［52］ 熊玮, 毕学工, 周国凡. 适用于高炉条件的新液泛图 ［J］. 钢铁研究学报, 2006, 18

（6）：1.

[53] 熊玮，毕学工，周国凡. 高炉焦炭层区渣、铁滞留特性的冷态模拟 [J]. 过程工程学报，2006，6（3）：347.

[54] 许莹，胡宾生，吴复尧，等. 未燃煤粉对攀钢高炉炉渣冶金性能的影响 [J]. 材料与冶金学报，2005，4（3）：1.

[55] 周莉英，赵甲虎. 未燃煤粉对炉渣黏度的影响 [J]. 安徽工业大学学报，2004，21（1）：1.

[56] 朱子宗，张丙怀，邱贵宝. 未燃煤粉对高钛炉渣性能的影响 [J]. 钢铁研究学报，1999，11（4）：1.

[57] Dimitri Papanastassiou. 高炉中 Al_2O_3 和 MgO 含量对渣特性的影响 [J]. 世界钢铁，2001，（3）：20.

[58] Young Seok Lee, Joo Hyun Park, Dong Joon Min. Modeling the Viscosity of Blast Furnace Slags Containing FeO [C]. The Iron and Steel Society. 61st Ironmaking Conference Proceedings, Nashvile Tennessee, USA. 2002：155~165.

[59] Gudenau H W. Exogenous and Endogenous Influences on the Cohesive Zone in the Blast furnace [C]. The Ironmaking Division of the Iron & Steel Society. 42nd Ironmaking Conference Proceedings. 1983：607~613.

[60] Mitsutaka Hino. Simulation of Primary-Slag Melting Behavior in the Cohesive Zone of a Blast Furnace, Considering the Effect of Al_2O_3, Fe_tO, and Basicity in the Sinter Ore [J]. Metallurgical and Materials Transactions B: Process Metallurgy and Materials Processing Science, 1999, 30（4）：671~683.

[61] Joo Ro KIM, Young Seok LEE, Dong Joon MIN. Effect of MgO and Al_2O_3 on the Viscosity of CaO-SiO_2-Al_2O_3-MgO-FeO Slag [C]. The Iron and Steel Society. ISSTech 2003 Conference Proceedings. 2003：515~526.

[62] Tanskanen P A, Huttunen S M. Experimental Simulation of Primary Slag Formation in Blast Furnace [J]. Ironmaking and Steelmaking, 2002, 29（4）：281~286.

[63] 李秀兵. 喷吹煤气后高炉炉料物理化学变化过程的实验研究 [D]. 唐山：河北理工大学，2005.

[64] Bonte L, Vervenne R, Stas F, et al. Process Control Techniques for the Realization of High Hot Metal Quality, High Productivity and High Pulverized Coal Injection at the Sidmar Blast Furnaces [C]. The Ironmaking Division of the Iron & Steel Society. 2nd International Congress on Science and Technology of Ironmaking, Ironmaking Conference Proceedings. 1998：257~278.

[65] Tor Borinder, Xuegong Bi. Softening – melting Properties of Pellets under Simulating Blast Furnace Conditions, Scandinavian Journal of Metallurgy [J]. 1989, 18（6）：280~287.

[66] 李荣壬，徐万仁，钱晖. 高炉大量喷煤时煤粉在炉内利用状况的研究 [J]. 宝钢技术，2000，（2）：27~31，40.

[67] 杜鹤桂，聂大志，刘新. 高炉喷吹煤粉燃烧率测定的研究 [J]. 东工科技，1984，（4）：23~28.

[68] 傅连春，毕学工，周国凡，等. 从风口喷吹熔剂对炉料软熔性能和初渣性能的影响 [J]. 钢铁，2009, 44 (2): 23~27.

[69] 杨佳龙，谭穗勤，王朝平，等. 增加球团矿用量以优化高炉炉料结构 [J]. 钢铁, 2005, 40 (10): 13~17.

[70] 岑明进，叶兵. 武钢一烧烧结矿冶金性能及炉料结构研究 [J]. 炼铁技术通讯，2004, (9): 7~11.

[71] 王筱留. 钢铁冶金学 [M]. 北京: 冶金工业出版社, 1991: 116.

[72] 卢盛意. 连铸板坯保护渣的选用 [J]. 连铸, 2002, (3): 29~32.

[73] Hallin Mats. Development of Iron Material in Europe [C]. The Chinese Society for Metals. The 5th International Congress on the Science and Technology of Iron-making (ICSTI' 09). 2009: 96~102.

[74] 山口一良. 添加造渣剂改善高炉底部透气性的有效方法 [J]. 谢德, 译. 现代冶金, 2001, (2): 18~26.

[75] Peter Sikström, Lena Sundqvist Ökvist, Jan-Olov Wikström. Injection of BOF Slag through Blast Furnace Tuyeres-Trails in an Experimental Blast Furnace [C]. The Iron and Steel Society. 61st Ironmaking Conference Proceedings. 2002: 257~266.

[76] 毕学工，张寿荣. 高炉造渣过程的优化与提高喷煤量的关系 [C]. 中国金属学会. 2003 中国钢铁年会论文集（第 2 卷）. 2003: 405~411.

[77] 杨志泉. 武钢高炉增加球团矿配比的操作实践 [C]. 中国金属学会. 2007 中国钢铁年会论文集. 2007: 1~6.

[78] 傅连春，毕学工，饶昌润，等. 高炉高效冶炼的理论分析 [C]. 2010 年全国炼铁生产技术会议暨炼铁学术年会文集（上）. 2010: 80~85.

3 高炉高效冶炼的冶金物理化学基础及其应用与分析

高炉冶炼是将铁矿石及燃料和熔剂在高炉内还原成金属铁，并将形成的钢铁初级产品——生铁与矿石中的脉石组成的炉渣分离的过程。原燃料自高炉炉顶加入到从铁口放出产品，在高炉内经历了复杂的物理的和化学的变化，很长一段时间里高炉炼铁是靠生产者的经验。自从 19 世纪开始至 20 世纪 30 年代，人们逐渐将物理化学的原理引入钢铁冶金，后来又将传输原理应用于冶炼过程，从而形成了钢铁冶金的工艺原理。冶金过程的物理化学包括了冶金过程热力学、冶金过程动力学以及冶金熔体。热力学是以化学热力学原理为基础研究分析冶金反应过程的可能性（反应的方向）和反应达到平衡的条件，以及在达到平衡时的最低消耗量和最大产出率。动力学是以化学动力学原理为基础，并应用传输原理（物质、热能、动量传输）研究分析冶金过程的速率和机理，寻找过程速率的限制性环节，从而得出提高反应速率，缩短冶炼周期，增加生产率的途径。冶金熔体研究熔体（铁液、炉渣）的相平衡、结构、物理化学性质以及它们对冶金反应过程的影响。冶金物理化学常被称为钢铁冶金原理，它是炼铁工艺原理的重要组成部分。

本章应用冶金物理化学来分析高炉高效冶炼过程中的铁矿石还原，其影响因素以及提高还原速率和降低能耗以提高冶炼效率的途径。

3.1 高炉内铁矿石还原的热力学基本规律

铁矿石是用现代技术可以经济地提炼出金属铁的含铁岩石，它由有用矿物（铁氧化物、锰氧化物等）和脉石组成，在高炉内用还原剂碳（C）、一氧化碳（CO）和少量氢（H_2）将有用矿物全部或部分还原成元素熔融成生铁，没有还原的氧化物则与脉石组成炉渣。铁矿石中的矿物基本上是元素氧化物，它们在高炉冶炼的温度条件下用上述三种还原剂还原到元素。所能达到的还原程度和还原先后顺序是由化学热力学原理的氧化物标准生成自由能或氧势决定的。高炉冶炼工艺原理应用的是埃林哈姆（Ellingham）创立后经理查德森（Richardson）完善了的氧化物标准生成自由能（氧势）图（图 3-1），所以有时被称为埃林哈姆图，或被称为理查德森图。

由图 3-1 可知，高炉使用铁矿石中氧化物还原难易程度分为三类，易还原、

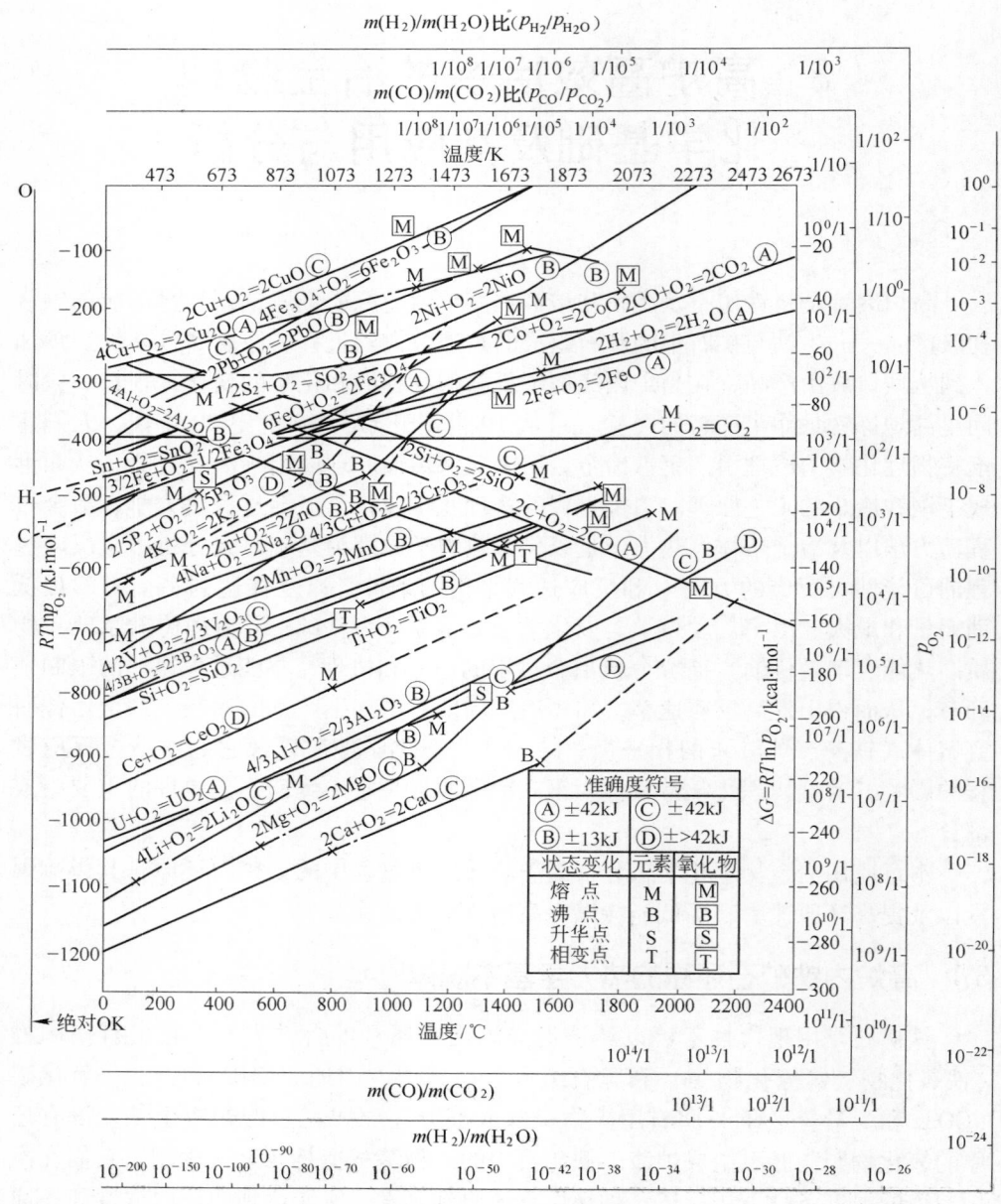

图 3-1　氧化物标准生成自由能（氧势）图

难还原和不能还原。

（1）易还原氧化物。它们的氧势线在 CO_2 和 H_2O 氧势线之上，在高炉冶炼的温度和煤气组成条件下极易被煤气中的 CO 和 H_2 还原为金属。100% 被还原而且溶入铁水的有 Cu、Co、Ni 等，而不溶入的则有 Pb，由于它的密度大于 Fe，因此常聚集于炉缸铁水层之下。

（2）难还原氧化物。它们的氧势线在 CO_2 和 H_2O 氧势线之下，但与 CO 氧势线交于较高的温度，因此在高炉冶炼的温度条件下可被固体碳还原。有的可 100% 还原，例如 Fe、P、K、Na、Zn。有的能部分被还原，例如 Cr、Mn、V、Ti 和 Si，Cr 的还原率在 90% 以上，Mn 为 50%~85%，V 为 80%，Si 为 5%~70%，Ti 为 1%~5%。它们的还原率随冶炼条件而变化，而造成氧化物生成自由能与标准生成自由能的差异（或正或负）。

（3）不能还原的氧化物。它们的氧势线处于 CO 氧势线以下，在高炉冶炼的温度条件下，两氧势线不能相交（相交温度在 2000℃ 以上），所以认为它们在正常的高炉冶炼条件下基本上不能被还原。这类氧化物主要有 CaO、MgO 和 Al_2O_3 等。

按照高炉内铁矿石还原所用的还原剂不同，可将还原过程分为 3 类：

（1）用固体碳（C）作为还原剂的还原称为直接还原；

（2）用可燃气体（CO、H_2）作还原剂的还原称为间接还原；

（3）用已还原生成的元素（Si、Mn 等）作为还原剂的还原称为渣铁液态还原。

前两类还原是高炉内的主要还原反应，称为基本还原反应或主还原反应，第三类称耦合还原反应或次还原反应（辅还原反应）。

3.1.1 铁矿石内铁氧化物还原的热力学规律

铁氧化物是铁矿石中最主要的有用矿物，它有三种：Fe_2O_3、Fe_3O_4、Fe_xO。前两种是有固定成分的，分别是赤铁矿、磁铁矿，而最后一种是没有固定成分的方铁矿。它们的特征列于表 3-1。

按照热力学规律，铁氧化物与还原剂反应后是逐级由高价氧化物到低价再到金属铁，但由于浮氏体在 570℃ 以下不能稳定存在，因此有以下两种情况：

高于 570℃ 时　　　　　$Fe_2O_3 \rightarrow Fe_3O_4 \rightarrow Fe_xO \rightarrow Fe$

低于 570℃ 时　　　　　$Fe_2O_3 \rightarrow Fe_3O_4 \rightarrow Fe$

在实验室中，将还原过程中的赤铁矿球在中性或者惰性气氛中急速冷却，然后切开观察其断面，可发现鲜明的层状结构，矿球的中心是未反应的 Fe_2O_3，其外是一层 Fe_3O_4，再外面是一薄层浮氏体，最外层是随反应进行而逐渐增厚的金属铁。高炉解剖时由炉内取出的半还原铁矿石样品，同样具有上述壳层结构。根据这种特征，我们在研究铁矿石还原规律时可分别研究各种典型铁氧化物的还原规律而后进行综合分析。

表 3-1　三种铁氧化物的特征

名　称	赤铁矿（Hematite）	磁铁矿（Magnetite）	方铁矿（浮氏体，Wustite）
分子式	Fe_2O_3	Fe_3O_4	Fe_xO 或 $Fe_{0.95}O$ 或 $FeO_{1.05}$
原子比 O/Fe	3/2 = 1.50	4/3 = 1.33	1/0.95 = 1.05
理论含氧量/理论 含铁量/%	30.06/69.94	27.64/72.36	23.16~25.6/76.84~74.4
相对含氧量/%	100	88.9	约 70
比容/$cm^3 \cdot g^{-1}$	0.190（α 型）	0.193	0.176
结晶结构	菱形晶系刚玉型	立方晶系尖晶石型	立方晶系氧化钠型 Fe^{2+} 缺位晶体
不同温度下的 形态变化	高于 1457℃ 分解为 $Fe_3O_4 + O_2$	高于 800℃ 有溶解氧或 $Fe_2 +$ 缺位现象	温度低于 570℃ 分解为 $Fe_3O_4 + \alpha$-Fe

注：1. 在工业生产中将浮氏体的分子式视为 FeO，原子比 O/Fe = 1.0，理论含氧量 22.28%，理论含
　　　铁 77.72%。

　　2. 元素周期表上铁的原子量为 55.84，氧的原子量为 15.999，碳原子量为 12.011 等，在我国的
　　　工程计算中常采用四舍五入的原则，将铁的原子量视为 56，氧的为 16，碳的为 12 等。但国外
　　　学者常采用各元素的真实原子量计算，因此文献中可能出现不同的计算结果。例如，按元素周
　　　期表原子量计算 C/Fe = 12.011/55.84 = 0.215，而在我国的工程计算中会出现 C/Fe = 12/56
　　　= 0.214。

3.1.1.1　铁氧化物的间接还原

高炉是逆流式的反应器和热交换器，从炉顶装入的铁矿石，下降过程遇到风口燃烧带内燃料燃烧产生的上升煤气（它由 CO、H_2 和 N_2 组成），相互接触，发生典型的气—固相还原反应，它们是：

$$3Fe_2O_3 + CO = 2Fe_3O_4 + CO_2 \tag{3-1}$$

$$Fe_3O_4 + CO = 3FeO + CO_2 \tag{3-2}$$

$$FeO + CO = Fe + CO_2 \tag{3-3}$$

和

$$3Fe_2O_3 + H_2 = 2Fe_3O_4 + H_2O \tag{3-4}$$

$$Fe_3O_4 + H_2 = 3FeO + H_2O \tag{3-5}$$

$$FeO + H_2 = Fe + H_2O \tag{3-6}$$

根据热力学规律，生成自由能负值越大（或氧势越低）的氧化物，其稳定性越大。从 Ellingham 图（图 3-2）上显示，Fe_2O_3 的负值最小，曲线位置最高，最不稳定，Fe_3O_4 次之，FeO 最稳定。就还原角度而言，还原剂的生成自由能线与铁氧化物生成自由能线的交点的温度越低，则越易被还原。而还原剂之间，它们的交点（图中曲线簇交叉点）温度称为其还原能力的强弱分界点，从图上可以看出，在低于 950K 时由 CO 还原生成的 CO_2 最稳定，即 CO 还原能力最强，其次为 H_2，而高于 950K 时则相反。

但是高炉的还原实际条件与上述标准生成自由能的状态有差别。标准生成自

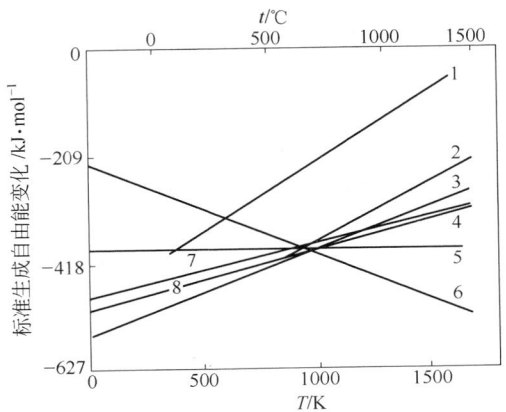

图 3-2 铁氧化物及还原剂的 Ellingham 图

$1—4Fe_3O_4+O_2=6Fe_2O_3$；$2—6FeO+O_2=2Fe_3O_4$；$3—2CO+O_2=2CO_2$；$4—2Fe+O_2=2FeO$；

$5—C+O_2=CO_2$；$6—2C+O_2=2CO$；$7—2H_2+O_2=2H_2O$；$8—3Fe+2O_2=Fe_3O_4$

由能是在标准状态（101.3kPa）或反应进行场所 $\dfrac{\varphi(CO_2)}{\varphi(CO)}=\dfrac{\varphi(H_2O)}{\varphi(H_2)}=1$ 的气氛下

进行，而高炉内反应气体的压力并不是 101.3kPa，反应处的 $\dfrac{\varphi(CO_2)}{\varphi(CO)}$ 和 $\dfrac{\varphi(H_2O)}{\varphi(H_2)}$

远低于 1.0。高温区 CO_2、H_2O 不能稳定存在，比值为 0，而高炉中上部比值为

$1/10 \sim 1/5$，这些变化造成氧化物的生成自由能发生变化：

$$\Delta G = \Delta G^{\ominus} + RT\ln\frac{p_{CO_2}}{p_{CO}} \quad 或 \quad \Delta G = \Delta G^{\ominus} + RT\ln\frac{p_{H_2O}}{p_{H_2}} \quad (3-7)$$

由于 p_{CO_2}/p_{CO} 或 p_{H_2O}/p_{H_2} 小于 1.0，因此 $\Delta G < \Delta G^{\ominus}$，$\Delta G$ 的负值更大，使 $CO \rightarrow$
CO_2、$H_2 \rightarrow H_2O$ 的生成自由能曲线发生顺时针旋转，而其交点则在更高的温度
1083K，因此还原能力分界点的温度由 950K 提高到 1083K（810℃）（图 3-3）。

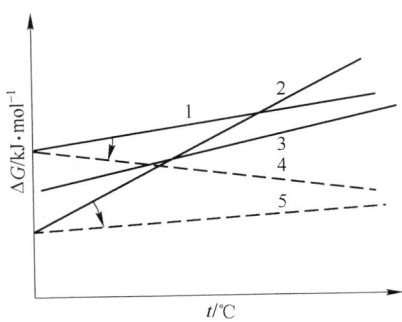

图 3-3 非标准状态下 CO_2 和 H_2O 生成自由能变化示意图

$1—H_2+O=H_2O$；$2—CO+O=CO_2$；$3—Fe+O=FeO$；$4—H_2+O=H_2O$；$5—CO+O=CO_2$

高炉内气固反应的另一共同特点是反应前后铁氧化物及其产物都为固相，而还原剂反应前后均仍为气体，而且分子数（即体积）不变，在不同温度和气相成分下，反应既可向生成低价或金属铁的方向进行，也可以向低价氧化物或金属铁被 CO_2 和 H_2O 氧化的方向进行，即反应是可逆的。可逆反应达到平衡时，气固相成分与温度的关系列于表 3-2，而根据这些数据做的图如图 3-4 所示。

表 3-2　铁氧化物还原反应的平衡气相组分　　　　　　（%）

反应式	成分	成 分 含 量									
		600℃	700℃	800℃	900℃	1000℃	1100℃	1200℃	1300℃	1350℃	1400℃
$Fe_3O_4+CO =$	CO_2	55.2	64.8	71.9	77.6	82.2	85.9	88.9	91.5	0	93.8
$3FeO+CO_2$	CO	44.8	35.2	28.1	22.4	17.8	14.1	11.1	8.5	0	6.2
$FeO+CO =$	CO_2	47.2	40.0	34.7	31.5	28.4	26.2	24.3	22.9	22.2	0
$Fe+CO_2$	CO	52.8	60.0	65.3	68.5	71.6	73.8	75.7	77.1	77.8	0
$Fe_3O_4+H_2 =$	H_2O	30.1	54.2	71.3	82.3	89.0	92.7	95.2	96.9	0	98.0
$3FeO+H_2O$	H_2	69.9	45.8	28.7	17.7	11.0	7.3	4.8	3.1	0	2.0
$FeO+H_2 =$	H_2O	23.9	29.9	34.0	38.1	41.1	42.6	44.5	46.2	47.0	0
$Fe+H_2O$	H_2	76.1	70.1	66.0	61.9	58.9	57.4	55.5	53.8	53.0	0

由铁氧化物还原反应热力学的图 3-2、图 3-4 和表 3-2 的数据可以看出：

（1）Fe_2O_3 极易还原，无论用 CO 或 H_2 还原，其平衡常数都很大（K 在 $10^3 \sim 10^4$ 数量级），也即平衡气相成分中 CO_2 和 H_2O 几乎达到 100%，所以图 3-4 和表 3-2 中均无 Fe_2O_3 间接还原曲线和数据。

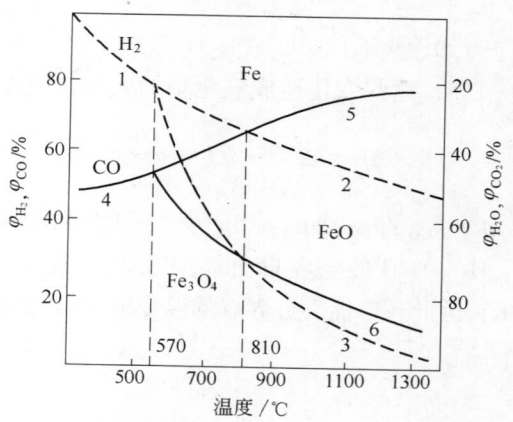

图 3-4　不同温度下 CO、H_2 还原铁
氧化物的平衡气相成分

1—$Fe_3O_4+4H_2 = 3Fe+4H_2O$；2—$FeO+H_2 = Fe+H_2O$；
3—$Fe_3O_4+H_2 = 3FeO+H_2O$；4—$Fe_3O_4+4CO = 3Fe+4CO_2$；
5—$FeO+CO = Fe+CO_2$；6—$Fe_3O_4+CO = 3FeO+CO_2$

（2）随着还原反应的推进，氧含量高的高价铁氧化物转化为氧含量低的低价铁氧化物，还原反应需要的还原剂数量越来越多，而由 FeO→Fe 这一步最为困难，要求的还原剂数量最多，以保证反应向生成金属铁的方向进行。这一步骤成为高炉高效生产（高炉生产率和耗碳量）的关键。

（3）图 3-4 中的 CO 曲线 5 的斜率走向表明，随着温度的升高，放热反应（3-3）平衡气相中还原剂 CO 含量也升高，曲线上升，相应地，反应生成物中 CO_2 浓度越来越低，意味着高炉内煤气中 CO 不可能全部转化为 CO_2，而且随着温度的升高，转化成 CO_2 的数量越来越少，煤气中 CO 利用率 $\left(\eta_{CO} = \dfrac{CO_2}{CO + CO_2}\right)$ 越来越低，这成为决定间接还原碳消耗量（或燃料消耗量）的关键，实际间接还原反应的反应方程式要写成：

$$Fe_3O_4 + nCO \longrightarrow 3FeO + CO_2 + (n-1)CO \tag{3-8}$$

$$FeO + nCO \longrightarrow Fe + CO_2 + (n-1)CO \tag{3-9}$$

$$Fe_3O_4 + nH_2 \longrightarrow 3FeO + H_2O + (n-1)H_2 \tag{3-10}$$

$$FeO + nH_2 \longrightarrow Fe + H_2O + (n-1)H_2 \tag{3-11}$$

反应式中的 n 称为还原剂过剩系数，其值随温度而变，它可以通过各温度下的反应平衡常数 K 值或反应平衡状态下煤气中反应生成物的含量求得：

$$n = \frac{1}{\eta_{CO}} \quad 或 \quad n = 1 + \frac{1}{K} \tag{3-12}$$

例如，在 1000℃下反应式（3-9）达到平衡状态，$\eta_{CO} = 0.284$，$n = 3.52$，$K = \dfrac{\varphi(CO_2)}{\varphi(CO)} = \dfrac{28.4}{71.6} = 0.3966$，$n = 1 + \dfrac{1}{K} = 3.52$。它表明在高炉内炉身部位 1000℃ 处用 CO 完全还原矿石中 FeO 到金属 Fe，56kg Fe 最少需要 $3.52 \times 12 = 42.24$kg C，即还原 1kg Fe 需要 0.754kg C。那么还原 1t 含 Fe 94.5% 的生铁将耗碳 712.53kg，以制造所需的最低 CO 量，折合成燃料比将达到 712.53/0.80 = 890.66kg/t。显然它远远高于实际生产的 480～520kg/t。计算分析表明，高炉内铁矿石中铁氧化物还原并不是在 100% 的间接还原下完成的。

3.1.1.2 直接还原

铁矿石在下降过程与焦炭中的碳或未燃煤粉中的碳接触发生直接还原，直接还原反应式为：

$$3Fe_2O_3 + C \longrightarrow 2Fe_3O_4 + CO \tag{3-13}$$

$$Fe_3O_4 + C \longrightarrow 3FeO + CO \tag{3-14}$$

$$FeO + C \longrightarrow Fe + CO \tag{3-15}$$

上述反应的还原剂是固定碳，产物为 CO，产生的 CO 随煤气离开还原进行的场所，所以直接还原反应是不可逆反应。它不需要过剩的还原剂来平衡，还原剂消耗量低，还原 56kg Fe 只需要 12kg C，即还原 1kg Fe 消耗碳为 0.215kg，比 1000℃下间接还原要低 3.5 倍。在高炉内两个固相（矿石与燃料）接触的条件极差，不足以维持可以觉察到的反应速度，实际的直接还原反应是借助于碳的溶解损失反应（$C+CO_2 \Longleftrightarrow 2CO$）和水煤气反应（$C+H_2O \rightarrow H_2+CO$）与间接还原反应两个气固相反应叠加而实现的，即：

CO 间接还原反应　　　　$FeO + CO \Longrightarrow Fe + CO_2$

+）碳的溶解损失反应　　$CO_2 + C \Longrightarrow 2CO$

$$FeO + C \Longrightarrow Fe + CO$$

H_2 间接还原反应　　　　$FeO + H_2 \Longrightarrow Fe + H_2O$

+）水煤气反应　　　　　$H_2O + C \Longrightarrow H_2 + CO$

$$FeO + C \Longrightarrow Fe + CO$$

　　直接还原反应的特点之一是强烈的吸热，热效应高达 2717kJ/kg，为了保证反应的进行，高炉炼铁必须在风口燃烧带燃烧更多的碳来供应热量。2717kJ/kg 热量需要风口前燃烧碳 0.277kg/kg，这样直接还原 1kg Fe 要消耗 0.215+0.277 = 0.492kg C，相当于冶炼 1t 生铁消耗 0.492/0.80 = 0.615kg/t 燃料，显然这也远远高于现代高炉炼铁的燃料比。因此，高炉内也不是 100%直接还原。

　　研究分析表明，在高炉冶炼生产条件下只有直接还原与间接还原合理搭配，才能达到碳消耗量最低。国内外生产实践表明，20%~30%的直接还原与 80%~70%的间接还原搭配，将获得最低燃料消耗（见 3.1.4 节）。

　　铁氧化物直接还原的另一种方式是溶入炉渣中的浮氏体（Fe_xO）与燃料中焦炭或同样进入炉渣的未燃煤粉的碳接触，或溶入铁水的饱和碳发生反应：（FeO）+C→Fe+CO。

　　熔融还原，例如 COREX 法的下部熔融气化炉内就有这种终还原存在，高炉内这种直接还原进行的数量是很少的，它不影响冶炼过程的进行。

3.1.2　铁矿石中少量元素氧化物还原规律

　　高炉冶炼使用的铁矿石中有一些特殊矿石，例如中国攀枝花的含钒钛磁铁矿，包头的含 Nb、稀土的复杂共生矿，南方大宝山含有 Pb、As 以及一些有色金属的矿石。近年来进口的某些低品位矿（东南亚、非洲等地）含有 Ni、Cu、Cr、V、Ti 氧化物，印尼、新西兰等地的海砂矿含 Ti、Mn 氧化物等。还有铁矿石中的磷、硅氧化物，它们都是在高炉冶炼过程全部或部分或少量被还原。有的还原后溶入生铁（P、As、Nb 等），有的不溶而沉积在炉底（例如 Pb）或炉墙（例如 Zn）。搞清这些元素氧化物的还原，有利于控制它们进入铁水的数量和延长高炉一代寿命。

3.1.2.1　高炉内能全部还原的氧化物的还原

前面已述的易还原元素氧化物（Cu、Ni 等）和部分较难还原元素氧化物

（P 等）属于这种类型。这些元素氧化物生成自由能线位于铁氧化物生成自由能线之上或处于相同水平面，且与 CO_2、H_2O、CO 生成自由能线交于高炉冶炼温度的范围内。在高炉内，它们有的在铁氧化物还原前就已还原，有的在铁的浮氏体被 C 还原的同时也被还原。这样要控制这些元素对生铁质量和高炉行程的影响，只有通过配矿来限制它们的入炉量。

A Ni 的还原

Ni 的氧化物有 Ni_2O_3、Ni_3O_4、NiO，Ni_2O_3 和 Ni_3O_4 分别在 800℃ 和 450℃ 分解为 NiO，NiO 在 270℃ 被 H_2 还原，在 300℃ 时可被 CO 还原，在 600℃ 可被 C 还原。矿石中的硅酸镍（$2NiO \cdot SiO_2$）也能在 300℃ 被 H_2 还原，在 400℃ 时被 CO 还原，还原出来的金属 Ni 与煤气中的 CO 反应形成 $Ni(CO)_4$，它在 430℃ 升华为气体。在高炉冶炼中，在炉顶温度较低的情况下，有 10%（相对）的 Ni 以 $Ni(CO)_4$ 形态随煤气逸出高炉，其余部分均溶入铁水。国内有些小高炉用贫红土矿冶炼含 Ni 生铁作为不锈钢冶炼的母液。

B Cu 的还原

铜的氧化物有 CuO 和 Cu_2O，它们很容易被 CO、H_2 还原，还原后的平衡气相成分几乎全是 CO_2 和 H_2O。矿石中的硅酸盐 $Cu_2O \cdot SiO_2$ 和 $2Cu_2O \cdot SiO_2$ 也分别在 147℃ 和 180℃ 被 H_2 和 CO 还原，所以矿石中的 Cu 是 100% 被还原而进入生铁。

C Zn 的还原

天然矿中的 Zn 含量很少，大都以 $Zn_2SiO_4 \cdot H_2O$ 的形式赋存，也有一些是 ZnS。目前高炉冶炼炉料带入 Zn 的主要是烧结矿和球团矿，它们配料中使用了高炉布袋灰、转炉和电炉污泥，使大量的 Zn 进入了成品烧结矿和球团矿。烧结矿和球团矿中的 Zn 大部分是以 $ZnO \cdot Fe_2O_3$ 和 Zn_2SiO_4 形态赋存，进入高炉后，它们分别在 800℃ 左右被 H_2 和 C 还原成蒸气，而分解出来的固态 ZnO 在 450~600℃ 被 H_2 和 CO 还原成蒸气，也可在 700~800℃ 被 C 还原成 Zn 蒸气。

Zn 与 Fe 可形成 $FeZn_2$ 和 $FeZn_3$，它们分别于 662℃ 和 773℃ 熔化，所以随煤气上升的 Zn 蒸气可少部分地溶入铁中，部分 Zn 则被 CO 和 CO_2 氧化成 ZnO，ZnO 在 1000~2000℃ 升华成蒸气，一部分 ZnO 随煤气逸出，一部分黏附在炉料上随炉料下降而被还原、汽化形成循环，给高炉行程和寿命带来不利影响。

D P 的还原

磷的氧化物有 P_2O_5、PO_2、P_2O_3，还有 12 种气态氧化物 PO、PO_2、P_2O_3、P_2O_4、P_2O_5、P_3O_6、P_4O_5、P_4O_6、P_4O_7、P_4O_8、P_4O_9 和 P_4O_{10}。对高炉冶炼来说，重要的是 P_2O_5。铁矿石中磷以磷酸盐与结晶水或卤化钙结合状态赋存，例如 $Fe_3(PO_4)_2 \cdot 8H_2O$、$Fe_2O_3 \cdot P_2O_5 \cdot 7H_2O$、$Cu(PO_4)_2 \cdot CaF$、$Ca_3(PO_4)_2 \cdot CaCl_2$。

铁矿石被加热后，上述磷酸盐分解出 P_2O_5、$Ca(PO_4)_2$ 等，又在 800~1000℃

开始被 CO 和 H_2 还原。但是在高炉内，磷是在高温下被 C 还原成元素，而且有时还以蒸气状态随煤气流上升。磷在 1050℃ 的固态铁中的溶解度为 2.8%，但是它与 Fe、Mn 等亲和力很强，可以形成多种磷化物，例如 FeP_3、FeP、Fe_2P、Fe_3P、MnP_3、MnP、Mn_2P、Mn_3P，所以铁矿石中的磷几乎全部被还原而进入生铁。只是在冶炼磷铁和磷锰铁时，有少量的磷（入炉量的 4%~8%）进入炉渣。因此在冶炼炼钢铁和铸造铁时，只有通过配矿控制生铁中的磷。

E　Pb 的还原

自然界中的铅多以硫化物或硫酸盐状态存在，铁矿石中的铅主要以方铅矿（PbS）、铅黄（PbO）和铅矾（$PbSO_4$）存在，而在烧结矿和球团矿中它以硅酸盐（$PbO \cdot SiO_2$、$2PbO \cdot SiO_2$）形态存在。铅与氧的化合物有 PbO_2、Pb_3O_4 和 PbO 三种，但前两种不稳定，很容易分解成 PbO。而 PbO 在 800℃ 左右开始升华为气态，PbO 在较低温度（400℃ 左右）下就能被 CO 和 H_2 还原，到达 500℃ 时 Pb 就可被 C 还原。Pb 在铁中的溶解度极小，冶炼中进入生铁和炉渣的铅约为 0.09% 和 0.04%。由于铅的密度大于铁水，所以还原出来的铅大部分沉积在炉底，也有一定数量的铅进入炉尘和布袋灰中。

3.1.2.2　高炉内只能部分还原的氧化物的还原

前述较难还原元素氧化物，例如常见的 Mn、Si、Cr、V、Ti 等氧化物属于这种类型，这些元素的高价氧化物具有易还原的特性，但是它们的低价氧化物生成自由能在理查德森图上位于铁氧化物 Fe_xO 的生成自由能线之下，即它们的负值大于 Fe_xO 的生成自由能。它们与 CO 的生成自由能线的交点（即被 C 还原的开始温度）处于高炉冶炼可能达到的温度范围之内。这些氧化物被还原的数量取决于冶炼条件的变化。由于这些元素的高价氧化物已在较低温度的块状带内还原到最低价氧化物，最后一步的直接还原实际上是在溶入炉渣的最低价氧化物与碳之间进行的，而还原消耗的碳可以是埋入炉渣中的焦炭的碳，也可以是溶入铁水中的碳，反应式为：

$$（MO）+ C = [M] + CO \tag{3-16}$$

反应的平衡常数：

$$K_M = \frac{a_{[M]} p_{CO}}{a_{(MO)} a_C} \tag{3-17}$$

式中　K_M ——元素还原反应平衡常数；

　　　p_{CO} ——CO 分压；

　　　$a_{[M]}$ ——被还原元素在铁液中的活度，$a_{[M]} = f_M w[M]$；

　　　$a_{(MO)}$ ——被还原低价氧化物在炉渣中的活度，$a_{(MO)} = \gamma_{MO} x(MO)$；

　　　a_C ——参与反应的碳的活度，它或是铁水饱和碳或是焦炭中的固体碳，根据热力学规律 $a_C = 1$。

这样就可以导出还原元素在铁水与炉渣之间的分配比：

$$L_M = \frac{w[M]}{x(MO)} = K_M \frac{\gamma_{MO}}{f_M} \frac{1}{p_{CO}} \tag{3-18}$$

式中 $w[M]$ ——铁水中元素 M 的含量（wt）；

$x(MO)$ ——渣中 M 氧化物的含量（wt）；

f_M ——M 元素在铁液中的活度系数；

γ_{MO} ——M 氧化物在炉渣中的活度系数；

p_{CO} ——渣—铁液界面的氧势。

此式是少量元素还原反应的重要热力学公式，通过它可以控制难还原元素氧化物的还原。L_M 越大，从炉渣中还原成元素而进入铁水的浓度越大。影响 L_M 的因素主要有：（1）温度，由于用碳还原的直接还原均为吸热反应，提高温度使 K_M 增大，被还原元素的浓度增加。（2）炉渣碱度，由于 γ_{MO} 增大有利于 L_M 的提高，而 γ_{MO} 与炉渣碱度有关，对于酸性氧化物的还原，降低碱度，γ_{MO} 增大；对于碱性氧化物的还原，则提高碱度有利于 γ_{MO} 的增大。（3）f_M 的降低也有利于 L_M 的提高，当还原元素进入铁水形成碳化物或与 Fe 形成化合物，则 f_M 降低。（4）p_{CO} 的降低也有利于 L_M 的提高，p_{CO} 代表着炉缸渣—铁界面的氧势，高炉内铁—渣界面上形成 CO 气泡的分压约为热风压力的 40%，对生产中的高炉来说，在 $1.5×10^5$Pa 左右基本稳定，在计算中可视为常数。

A Mn 的还原

锰的氧化物有 MnO_2、Mn_2O_3、Mn_3O_4 和 MnO，它们的还原顺序是由高价到低价到金属逐级进行。MnO_2 和 Mn_2O_3 被 CO 和 H_2 还原，产物中 CO_2 和 H_2O 的平衡成分几乎接近 100%，而 Mn_3O_4 被 CO 还原达平衡时平衡气相成分中 CO<10%，远低于高炉内块状带煤气中 CO 含量。所以它们在高炉炉身部位即可还原成 MnO，而 MnO 不可能被 CO 和 H_2 还原，而是进入炉渣以后被碳还原：

$$(MnO) + C \Longrightarrow [Mn] + CO \tag{3-19}$$

其分配系数为： $$L_{Mn} = \frac{w[Mn]}{x(MnO)} = K_{Mn} \frac{\gamma_{MnO}}{f_{Mn}p_{CO}} \tag{3-20}$$

饱和碳铁液中 f_{Mn} 波动在 0.8 左右，K_{Mn} 随着炉缸温度的高低而变，γ_{MnO} 则随炉渣碱度的高低变化。总的规律是随炉缸温度和炉渣碱度的提高，进入铁水的锰量越多。

应当指出的是，在冶炼锰铁时，炉内温度很高，Mn 会挥发并在 600~700℃时氧化成 MnO 和 Mn_3O_4，并随煤气逸出高炉。在冶炼锰铁时挥发量在 8%~15%，而在炼镜铁时挥发量约为 5%。炉渣中的硅酸锰 $MnSiO_3$、Mn_2SiO_4 在 1300℃ 时也完全由碳还原成 Mn，在有 CaO 和金属铁时加速了它们的还原。在 1100℃ 以上还原出来的 Mn 与碳形成 Mn_3C。在现代高炉中进入铁水的锰为炼钢铁 50%~70%，铸造铁 65%~80%，镜铁 80%~85%，锰铁 85%~90%。

B Si 的还原

从 SiO_2 还原到 Si 而溶入铁水存在两种情况：冶炼低硅含量的普通炼钢铁和冶炼高硅铸造铁以及硅铁。

硅的氧化物有 SiO_2 和 SiO（气）。在冶炼低硅生铁时，焦炭和煤粉灰分中的 SiO_2 在炉缸高温区还原到气态 SiO，随煤气上升的 SiO 进一步被还原成 Si 溶入生铁，反应式为：

$$SiO_{2焦灰} + C_焦 \longrightarrow SiO_气 + CO \tag{3-21}$$

$$SiO_气 + [C] \longrightarrow [Si] + CO \tag{3-22}$$

$$SiO_气 + Fe \longrightarrow [Si] + FeO \tag{3-23}$$

$$SiO + CO \longrightarrow [Si] + CO_2 \tag{3-24}$$

有的研究者认为，在炉缸高温及 C 过剩的条件下 $SiO_气$ 也能由 SiC 反应生成：

$$SiC + CO \longrightarrow SiO_气 + 2C \tag{3-25}$$

$$2SiO_2 + SiC \longrightarrow 3SiO_气 + CO \tag{3-26}$$

还有的研究者认为，在高温下焦炭灰分中的 SiO_2 还原生成的 $SiO_气$ 与焦炭中的硫反应生成 $SiS_气$，它随煤气流上升进入金属铁：

$$CaS_焦 + SiO_气 \longrightarrow SiS_气 + CaO \tag{3-27}$$

$$SiS_气 \longrightarrow [Si] + [S] \tag{3-28}$$

在冶炼高硅铸造生铁和铁合金硅铁时，生铁中的含 Si 量远超过焦炭和煤粉灰分中 SiO_2 还原出的 Si。因此必然存在渣中（SiO_2）被碳还原为 [Si] 进入生铁，一般都认为反应式如下：

$$(SiO_2) + 2[C] \Longrightarrow [Si] + 2CO \tag{3-29}$$

其分配系数为：

$$L_{Si} = \frac{w[Si]}{x(SiO_2)} = K_{Si} \frac{\gamma_{SiO_2}}{f_{Si}} \frac{1}{p_{CO}^2} \tag{3-30}$$

利用渣中 SiO_2 活度系数 γ_{SiO_2} 和 $f_{Si}p_{CO}^2$ 与碱度的关系及 $f_{Si} = 15$，可预测不同操作条件下的生铁含硅量，如图 3-5 和图 3-6 所示。

C Ti 的还原

钛有多种氧化物，它们还原的顺序为 $TiO_2 \rightarrow Ti_2O_5 \rightarrow Ti_2O_3 \rightarrow TiO \rightarrow Ti$。$TiO_2$ 的稳定性与 SiO_2 相似，这从它们的生成自由能比较可以看出，但 TiO_2 比 SiO_2 更稳定。

$$Si(s) + O_2 \Longrightarrow SiO_2(s) \quad \Delta G^\ominus = -906442.20 + 175.85T \tag{3-31}$$

$$Ti(s) + O_2 \Longrightarrow TiO_2(s) \quad \Delta G^\ominus = -944123.40 + 179.20T \tag{3-32}$$

一些学者认为，TiO_2 在高炉内的还原行为也与 SiO_2 相似。其实 TiO_2 与 SiO_2 还原还是有差别的，首先至今未发现 TiO_2 被还原成类似 SiO（气）的低价氧化物，其次 Ti 在炼钢铁中的溶解度很低，仅 0.09% 左右，未发现 Ti 与 Fe 形成类似于 FeSi 化合物而溶于铁水中，铁水中含 Si 可高达 80% 以上，相反 TiO_2 在还原过程

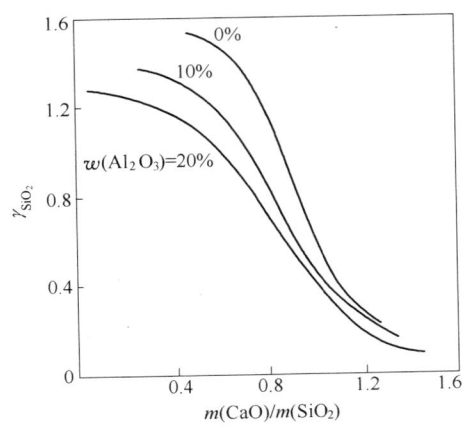

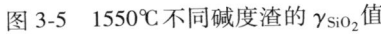

图 3-5 1550℃不同碱度渣的 γ_{SiO_2} 值

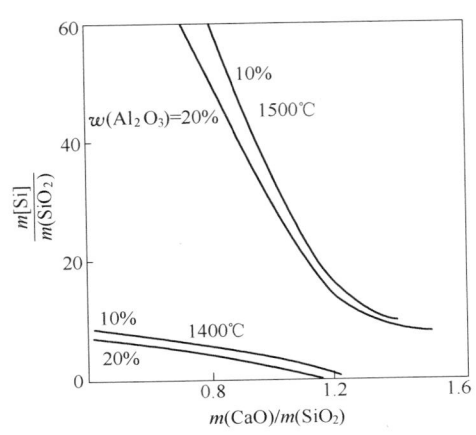

图 3-6 Si 分配系数与炉渣碱度的关系

中形成熔点很高的 TiC、TiN 及它们的固溶体（TiCN）而悬浮在铁水和炉渣中，给高炉生产带来很大的困难：

$$TiO_2 + 0.5N_2 + 2C \Longrightarrow TiN + 2CO \tag{3-33}$$
$$TiO_2 + 3C \Longrightarrow TiC + 2CO \tag{3-34}$$

在用钒钛磁铁矿冶炼的高炉上，要采取技术措施控制 TiO_2 的还原，例如限制 TiO_2 在渣中的含量，选择合理的操作制度，保持 [Ti]%＋[Si]%＝0.50%（即"低硅钛"制度）。

目前，使用普通矿冶炼的高炉，在需要时采用含钛物料护炉，在炉料中加含钛球或含钛烧结矿或含钛块矿，使渣中 TiO_2 还原成 Ti、TiC、TiN 进入铁水，使铁水含钛 0.15%±0.05%。为提高护炉的效果，一般应将铁水中的 [Si] 适当提高到 0.5%~0.6%。

D V 的还原

钒有 4 种氧化物：V_2O_5、VO_2、V_2O_3、VO，高价氧化物呈酸性，低价氧化物呈碱性，在高炉内高价氧化物可被 CO 和 H_2 还原成低价的 V_2O_3、VO，而低价氧化物又能被 C 还原。在有 Fe 和它的氧化物存在时，V_2O_5 在 1520℃左右也能直接还原到金属钒。冶炼炼钢铁时，钒的回收率在 80%以上，高时可达90%~94%。

E Cr 的还原

铬有多种氧化物：CrO_3、CrO_2、Cr_2O_3、Cr_3O_4 和 CrO，其中 Cr_2O_3 和 CrO 最稳定。CrO_3、CrO_2 和 CrO 可以气态存在。高价氧化物可被 CO 和 H_2 还原到 CrO，在炉渣中它被 C 还原到 Cr。在用 C 还原 Cr 的过程中会形成不同组分的碳化铬，在 1400℃以下主要形成 Cr_3C_2，在有金属铁和碱金属存在时，CrO 的还原速度加快，而提高温度和碱度能使 CrO 的还原增加。在高炉冶炼中炉料带入的 Cr 有

90%以上（高时达 98%）被还原进入生铁。

3.1.3　高炉炉缸内的耦合反应

高炉冶炼过程中，当铁滴穿过炉缸积存的渣层时，铁液与炉渣间发生反应，铁中含较高的［Mn］、［Si］时，发生［Mn］和［Si］氧化为［MnO］和［SiO₂］的反应，而将其他氧化物还原为元素或将［S］迁移到渣中形成 CaS。发生的这类伴随反应称为耦合反应。主要涉及的元素有 Si、Mn、S 以及少量的 Fe、Ti、V、Cr 等。

3.1.3.1　与［Mn］有关的耦合反应

它发生在渣中（FeO）、（MnO）及铁中［Si］含量较低时，主要是［Mn］代替了［C］或焦炭中的 C 进行了脱 S 反应。在铁滴穿过渣层，或炉缸中渣铁界面上发生的脱 S 反应主要是：

$$(CaO) + [S] + C \longrightarrow (CaS) + CO \qquad (3-35)$$

而在铁液中［Mn］很高或在出铁口通道以及主沟中，没有大量的 C，则发生伴随耦合反应：

$$(CaO) + [S] + [Mn] \longrightarrow (CaS) + (MnO) \qquad (3-36)$$

对于反应式（3-35），反应达到平衡时：

$$K_S = \frac{a_{(CaS)} p_{CO}}{f_S w(S) a_{(CaO)}}$$

由此得出硫的分配系数：

$$L_S = K_S' f_S \frac{\gamma_{CaO}}{\gamma_{CaS}} \frac{w(CaO)}{p_{CO}} \qquad (3-37)$$

对于反应式（3-36），反应可以看作［S］+（CaO）=（CaS）+［O］和［Mn］+［O］=（MnO）耦合而成。这时这两反应的平衡常数：

CaS 生成反应 $\qquad K_S = \dfrac{a_{(CaS)}}{a_{(CaO)} a_{[S]}}$

MnO 生成反应 $\qquad K_{Mn} = \dfrac{a_{(MnO)}}{a_{[Mn]}}$

而反应式（3-36）的平衡常数为：

$$K_{S-Mn} = \frac{a_{(CaS)} a_{(MnO)}}{a_{(CaO)} a_{[S]} a_{[Mn]}} = \frac{a_{(CaS)}}{a_{(CaO)} a_{[S]}} \frac{a_{(MnO)}}{a_{[Mn]}} = K_S K_{Mn} \qquad (3-38a)$$

$$K_{S-Mn} = \frac{\gamma_{(CaS)} x(S)}{\gamma_{(CaO)} x(CaO) f_S w[S]} \frac{\gamma_{(MnO)} x(Mn)}{f_{Mn} w[Mn]} \qquad (3-38b)$$

从平衡常数 K_{S-Mn} 可以看出，硫的分配系数 L_S 与锰的分配系数 L_{Mn} 相关联，如将高炉炼铁中的已知数据 $f_{Mn}=8$，$f_S=7$，$\lg K_{Mn}=-\dfrac{15090}{T}+10.970$ 及通过实验

测得 γ_{CaO} 和 γ_{CaS} 等，代入式（3-38a）、式（3-38b）得出：

$$\lg\left(\frac{w(S)}{w[S]}\frac{w(MnO)}{w[Mn]}\right)=\frac{9080}{T}-5.203+\lg w(CaO) \tag{3-39}$$

图 3-7 所示为 L_S 与 $L_{Mn}w(CaO)$ 的关系。

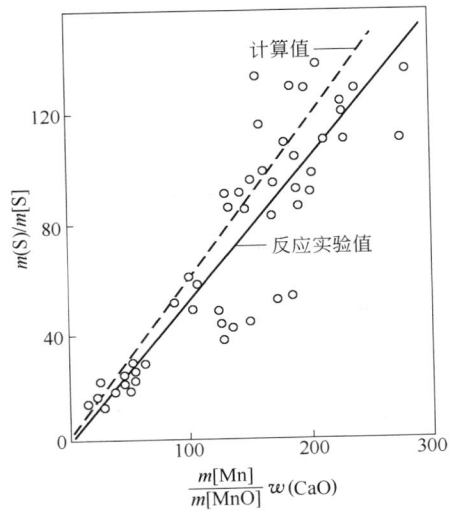

图 3-7　Mn-S 耦合反应值与理论值比较

3.1.3.2　与［Si］有关的耦合反应

渣铁之间的耦合反应主要是铁水中［Si］参与形成的：

氧化还原反应　　$2(MnO)+[Si]=\!=\!=2[Mn]+SiO_2 \tag{3-40}$

$$(TiO_2)+[Si]=\!=\!=[Ti]+SiO_2 \tag{3-41}$$

$$2(V_2O_3)+3[Si]=\!=\!=4[V]+3(SiO_2) \tag{3-42}$$

$$2(CrO)+[Si]=\!=\!=2[Cr]+(SiO_2) \tag{3-43}$$

脱硫反应　$2[S]+2(CaO)+[Si]=\!=\!=2(CaS)+(SiO_2) \tag{3-44}$

创造条件发展上述与［Si］有关的耦合反应是降低生铁含硅量冶炼低硅生铁的途径之一，同时也是影响 Ti、V、Cr 等元素还原和脱硫反应的因素。从上述诸耦合反应的平衡常数可推导出 Si 的分配系数与 Mn、Ti、V、Cr 的分配系数的关系：

$$L_{Mn}=K'_{Mn-Si}/L_{Si} \tag{3-45}$$

$$L_{Ti}=K_{Ti-Si}L_{Si} \tag{3-46}$$

$$L_V=\frac{w[V]^4}{x(V_2O_3)^2}=K_{V-Si}L_{Si}^3 \tag{3-47}$$

$$L_{Cr} = \frac{w[Cr]}{x(CrO)} = K'_{Cr-Si} L_{Si} \tag{3-48}$$

式中的平衡常数 K 或 K'（将活度系数 f 和 γ 并入的修正平衡常数）一般都通过实验测定，例如（MnO）被［Si］还原的 K'_{Mn-Si} 测得为：$\lg K'_{Mn-Si} = 2.8R - 1.16$（$R$ 为炉渣的三元碱度）。

对于脱硫来说，常将硫的分配系数 L_S 与硅的分配系数联在一起得出类似于 L_S 与 L_{Mn} 的计算式：

$$\lg \frac{w(S)}{w[S]} \left(\frac{w(SiO_2)}{w[Si]} \right)^{1/2} = \frac{9080}{T} - 5.832 + \lg w(CaO) + 1.396R \tag{3-49}$$

式中　R——炉渣三元碱度。

由于渣中的 CaS 的活度难以测定，人们常将 L_S 与生铁中的［Si］含量的经验式来计算，例如：

对炼钢铁　$L_S = 10.9w[Si]R + 21.7R + 1.8w[Si] - 16.2 \tag{3-50}$

对铸造铁　$L_S = 36.9w[Si]R - 23.7w[Si] + 6.7 \tag{3-51}$

式中，R 为炉渣的二元碱度。

从炉缸中存在的耦合反应，可以得出：

（1）耦合反应将参与反应元素的分配系数 L 联系在一起，利用测得的平衡常数 K，可由一个已知元素的分配系数求得另一个元素的分配系数和预测元素在生铁中的含量。

（2）从参与元素的分配系数之间的关系，可以判别一些因素对生铁中少量元素还原趋势，例如 L_{Ti} 与 L_{Si} 成正比，温度升高，还原的 Si 和 Ti 量大幅度增加。对 V 和 Cr 也存在同样的趋势，而 L_{Si} 和 L_{Mn} 的增加，L_{Si} 也增加。

3.1.4　高炉内铁矿石还原能达到的煤气利用率 η_{CO} 和 η_{H_2}

铁矿石在高炉内还原的热力学决定着各可逆还原反应发生区域的 η_{CO} 和 η_{H_2}，图 3-4 和表 3-2 中列出了不同温度下 Fe_3O_4 和 FeO 可逆还原反应的平衡气相成分。根据这些平衡气相成分可算出该温度条件下的还原性气体的极限利用率，由于 Fe_2O_3 还原为不可逆，还原 Fe_3O_4 后的煤气继续上升，可不受限制地将 Fe_2O_3 还原到 Fe_3O_4 后，高于 Fe_3O_4 后还原进行区域的极限利用率，所以炉顶煤气中的 η_{CO} 和 η_{H_2} 进一步提高。

高炉冶炼过程中还原性气体 CO 和 H_2 来源主要来自风口前燃料燃烧产生。在少量元素直接还原和铁的直接还原过程中产生一部分 CO，如果这个组成的混合还原性气体在上升时正好满足铁矿石中铁氧化物间接还原进行区域所要求的平衡气相成分，这时 η_{CO} 和 η_{H_2} 达到最佳值。获得这个最佳值时，煤气中 CO_2 来自部分 Fe_2O_3 还原到 Fe_3O_4，在从 Fe_3O_4 还原到 FeO 和 $(1-r_d)$FeO 还原到金属 Fe。因此生产高炉内的最佳 η_{CO} 受到铁矿石中铁氧化物氧化程度和最佳 r_d 的影响。铁矿石中铁的氧化程度与矿石中 Fe_2O_3 有关，因为它是氧化程度最高的，而最佳 r_d 则由还原剂消耗和热消耗的最佳配合决定。由于直接还原是大量的吸热反应，在 $r_d=0$ 时，热消耗最低，为供热风口前燃烧的碳量减少，但是由此产生的 CO 和 H_2 却满足不了保证高炉各部位可逆还原反应所需的还原剂，风口前仍要燃烧更多的碳来制造还原剂。随着 r_d 的升高，冶炼热消耗增加，风口前为供热燃烧的碳量增加，但同时也制造出更多的还原剂 CO 和 H_2。最佳的 r_d 是在风口前燃烧碳量供热的同时，产生的还原剂 CO 数量与直接还原产生的 CO 之和正好满足上部间接还原正常进行所需要的数量。

A. H. 拉姆教授在设定铁矿石中 Fe_2O_3 占的份额为 γ，不入 Fe_3O_4 的 FeO（例如烧结矿中的硅酸铁内的 FeO）的份额为 β，则以 Fe_3O_4 形态存在的份额为 $(1-\beta-\gamma)$。而煤气中 H_2/CO 的体积比为 n。并设定在 Fe_2O_3 完全还原为 Fe_3O_4 后 Fe_3O_4 开始还原，同样 Fe_3O_4 还原完即为 FeO 还原开始。由于煤气利用率与间接还原夺取的氧量成正比，则在逆流式还原中，在 Fe_3O_4 和 FeO 间接还原上下边界处，η_{CO} 和 η_{H_2} 间存在下列关系：

$$\frac{\eta_{CO/Fe_3O_4} + \eta_{H_2/Fe_3O_4}}{\eta_{CO/FeO} + \eta_{H_2/FeO}} = \frac{(4-\beta)/3 - r_d}{1 - r_d} \tag{3-52}$$

在 $\beta=0$（矿石中无硅酸铁之类的 FeO）和 $r_d=0$，该比值为 $4/3$，而在 $r_d=0.5$ 该比值为 $5/3$。

在一定的 H_2/CO 比值和 r_d 的情况时，某温度 θ 下，在 FeO 和 Fe_3O_4 还原后，η_{CO} 和 η_{H_2} 可能同时达到平衡时的数值 $\eta_{CO/Fe_3O_4 \to FeO}$、$\eta_{CO/FeO \to Fe}$、$\eta_{H_2/Fe_3O_4 \to FeO}$、$\eta_{H_2/FeO \to Fe}$。在温度低于 θ 时，煤气最高利用率由 Fe_3O_4 还原到 FeO 决定，而在温度高于 θ 时，则由 FeO 还原到金属 Fe 决定。从图 3-4 中可以看出，在用单一 CO 还原时，温度高于 570℃，Fe_3O_4 还原的 η_{CO} 上升，而 FeO 还原的 $\eta_{CO/FeO \to Fe}$ 降低，所以 570℃ 是 Fe_3O_4 还原最有利的温度。Fe_3O_4 还原终了时，将获得最高的煤气利用率。在用单一 H_2 还原时，高于 570℃，$\eta_{H_2/Fe_3O_4 \to FeO}$ 和 $\eta_{H_2/FeO \to Fe}$ 继续提高。在用 CO 和 H_2 的混合煤气还原时，在 $n=H_2/CO<1.25$，Fe_3O_4 最佳开始还原温度仍保持在 570℃。这样最高煤气利用率是由煤气离开可逆还原反应区时 CO 和 H_2 还原 Fe_3O_4 的平衡气相成分决定。

A. H. 拉姆教授通过上述分析后，计算出 Fe_3O_4 可逆还原反应的 η_{CO}、η_{H_2} 与 r_d 的关系，其结果如图 3-8 所示。从图上看出，在 FeO 全部进入 Fe_3O_4（即不存在 $2FeO \cdot SiO_2$ 之类矿物 $\beta=0$）和不同 H_2/CO 比值时，r_d 的范围由 0 到 0.4，H_2/CO 比值 n 的范围由 0 到 1 时最高的 η_{CO} 和 η_{H_2} 分别达到 0.58~0.64 和 0.37~0.52。

考虑铁矿石中的 Fe_2O_3 通过间接还原到 Fe_3O_4，全炉 η_{CO} 可通过下式计算：

$$\frac{\eta_{CO/Fe_2O_3}}{\eta_{CO/Fe_3O_4}} = 1 + \frac{\gamma}{8 - 2\beta - 6r_d} \qquad (3\text{-}53)$$

如果铁矿石中的 Fe 都以 Fe_2O_3 赋存（例如 100% 球团矿），则 $\gamma = 1$，$\beta = 0$。在 $r_d = 0 \sim 0.4$ 时上述 η_{CO} 的比值可达 $1.125 \sim 1.18$，这时全炉煤气利用率 η_{CO} 可达 $0.65 \sim 0.75$。

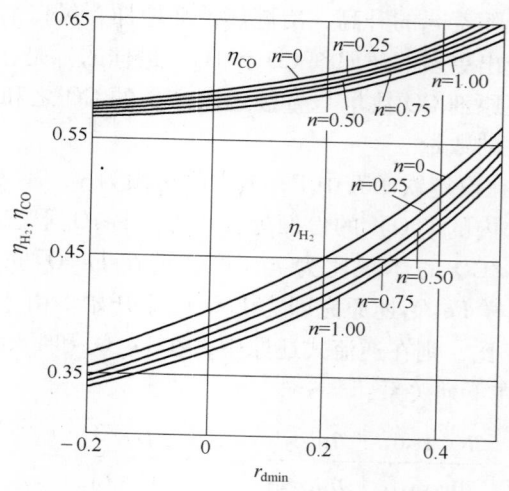

图 3-8　η_{CO} 和 η_{H_2} 最高利用率与直接还原度的关系

3.2　高炉内铁矿石还原的动力学基本规律

高炉内铁矿石还原热力学规律能确定铁矿石中各元素氧化物还原的可能性、还原先后顺序、保证还原反应向获得元素方向进行的条件以及还原限度和还原剂的最高利用率等，但它不能确定反应进行的速率。这是因为反应可能进行并不等于实际反应进行的速率快，有些反应的吉布斯自由能负值很大，但反应速率很低，对生产无实际意义。因此，为了提高高炉生产效率，必须对铁矿石是如何还原的（即还原反应机理）和如何加快反应速率的进行研究分析，这就是铁矿石还原动力学研究的内容。

从 20 世纪 20 年代起人们就对铁矿石还原机理开展了研究，经过几十年几代人的努力，对铁矿石还原的过程已取得共识。根据热力学上铁氧化物的还原顺序，单个矿石颗粒还原过程出现断层状结构以及中心未反应核渐缩等事实，以及自然界中的客观存在的扩散、传质的现象和规律，人们确认铁矿石还原过程是由一系列串联且相互衔接的次过程组成，它们是：还原性气体穿过边界层的外扩散—还原性气体穿过反应产物层的内扩散—还原性气体在反应界面吸附—界面化学反应—反应产生的氧化性气体解吸—氧化性气体穿过反应产物层的内扩散—氧化性气体穿过边界层的外扩散。

反应进行的推动力是还原性气体在气相内的浓度与平衡浓度之差（$c_0 - c_平$），反应进行过程中每一次过程都有一定的阻力，扩散次过程中的阻力为传质系数（D/δ，即扩散系数与扩散层厚度之比）的倒数，而在化学反应次过程中的阻力为反应速率常数的倒数 $1/k$，反应的总阻力为各次过程阻力之和。还原反应的总速率可通过推动力/总阻力求得，但是反应的限制性环节则由次过程中阻力最大的次过程决定。生产中重要的是确定限制性环节，然后采取技术措施来解决。学者们导出了还原速率方程、还原时间方程、还原剂气体利用率方程等，但导出过程复杂，而且做了许多假设，不宜在本节中详细介绍，现仅就目前认为较成熟和使用性较大的未反应核模型为例做简要介绍。

3.2.1 还原速率的数学模型

为分析影响反应速率的次过程，学者们建立了众多的预测气/固反应速率模型，典型的有密实单体矿球的未反应核模型、多孔固体与气体反应的粒子模型等。下面介绍未反应核模型。

未反应核模型（图3-9）是以单体矿球为对象，在实验室条件下设定温度和还原剂气相组成不变的条件下获得的。该模型以各环节次过程进行的顺序，依次列出每一次过程在单位时间内传输或反应物质的量。

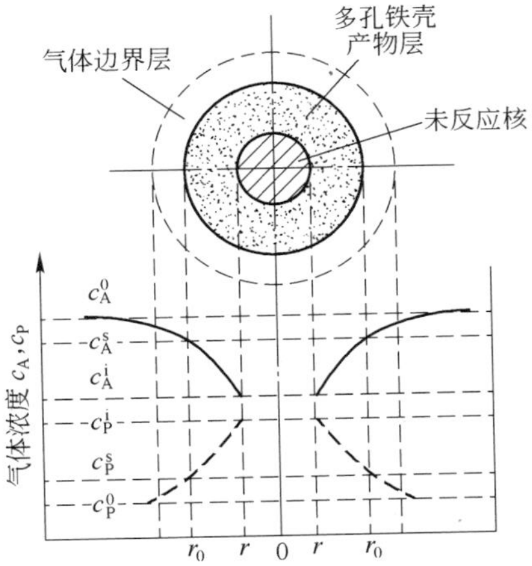

按菲克定律外扩散通量求得外扩散速率：

$$v_1 = 4\pi r_0^2 k_d (c_0 - c_1) \tag{3-54}$$

同样按菲克定律还原产物层内的内扩散通量求得内扩散速率：

$$v_2 = 4\pi D_{有效} \frac{r_0 r}{r_0 - r} (c_1 - c) \tag{3-55}$$

图 3-9 未反应核模型

界面化学反应速率：

$$v_3 = 4\pi r^2 k \left(1 + \frac{1}{K}\right)(c - c_平) \tag{3-56}$$

在这些次过程处于稳定态时，$v = v_1 = v_2 = v_3$，由此消去不能测定的界面浓度 c_1 和 c，得到未反应核模型的速率方程：

$$v = \frac{4\pi r_0^2 (c_0 - c_平)}{\dfrac{1}{k_d} + \dfrac{r_0}{D_{有效}} \dfrac{r_0 - r}{r} + \dfrac{K}{k(1 + K)} \dfrac{r_0^2}{r^2}} \tag{3-57}$$

由于未反应核模型 r 不易直接测定，常用减重法测得的还原率 R 与 r 的关系，将 $r = r_0(1-R)^{1/3}$ 代入式（3-57）得出：

$$v = \frac{4\pi r_0^2(c_0 - c_平)}{\dfrac{1}{k_d} + \dfrac{r_0}{D_{有效}}[(1-R)^{-1/3} - 1] + \dfrac{K}{k(1+K)}(1-R)^{-2/3}} \tag{3-58}$$

在用矿球内氧量变化率表示还原速率时，得出：

$$\frac{dR}{dt} = \frac{3}{r_0\xi_0} \frac{c_0 - c_平}{\dfrac{1}{k_d} + \dfrac{r_0}{D_{有效}}[(1-R)^{-1/3} - 1] + \dfrac{K}{k(1+K)}(1-R)^{-2/3}}$$

分离变量在 $0 \sim t$ 和相应 $0 \sim R$ 界限内积分，得出矿球的还原时间与还原率之间的数学式：

$$t = \frac{r_0\xi_0}{c_0 - c_平}\left\{\frac{R}{3k_d} + \frac{r_0}{6D_{有效}}[1 - 3(1-R)^{2/3} + 2(1-R)] + \frac{K}{k(1+K)}[1 - (1-R)^{1/3}]\right\} \tag{3-59}$$

式（3-59）说明还原时间是还原率的函数：

$$t = \frac{r_0\delta_0}{c_0 - c_平}\frac{R}{3k_d}$$

根据 k_d、$D_{有效}$ 和 k 相对大小，可以得出某限制次过程的速率式：

（1）外扩散限制 k_d、$D_{有效}$ 和 k：

$$t = \frac{r_0\delta_0}{c_0 - c_平}\frac{R}{3k_d} \tag{3-60}$$

（2）内扩散限制 $D_{有效}$、k_d 和 k：

$$t = \frac{r_0\delta_0}{6D_{有效}(c_0 - c_平)}[1 - 3(1-R)^{2/3} + 2(1-R)] \tag{3-61}$$

（3）界面化学反应限制 k、$D_{有效}$ 和 k_d：

$$t = \frac{r_0\delta_0}{c_0 - c_平}\frac{K}{k(1-K)}[1 - (1-R)^{1/3}] \tag{3-62}$$

（4）内扩散与界面反应混合限制 $D_{有效}$、k_d，$D_{有效} \approx k$：

$$t = \frac{r_0\delta_0}{c_0 - c_平}\left\{\frac{1}{6D_{有效}}[1 - 3(1-R)^{2/3} + 2(1-R)] + \frac{K}{k(1-K)}[1 - (1-R)^{1/3}]\right\} \tag{3-63}$$

三个次过程的阻力分别为：

$$f_外 = \frac{1}{k_d} \tag{3-64}$$

$$f_{内} = \frac{r_0}{D_{有效}} \frac{r_0 - r}{r} = \frac{r_0}{D_{有效}} [(1-R)^{1/3} - 1] \qquad (3-65)$$

$$f_{反} = \frac{K}{k(1-K)} \frac{r_0^2}{r^2} = \frac{K}{k(1-K)}(1-R)^{-2/3} \qquad (3-66)$$

过程的总阻力：$\qquad\qquad\qquad \sum f = f_{外} + f_{内} + f_{反}$

各次过程的阻力率为 $f_{外}/\sum f$、$f_{内}/\sum f$、$f_{反}/\sum f$。

还原过程中还原率与阻力率的关系，即还原过程中各次过程阻力变化如图 3-10 所示。

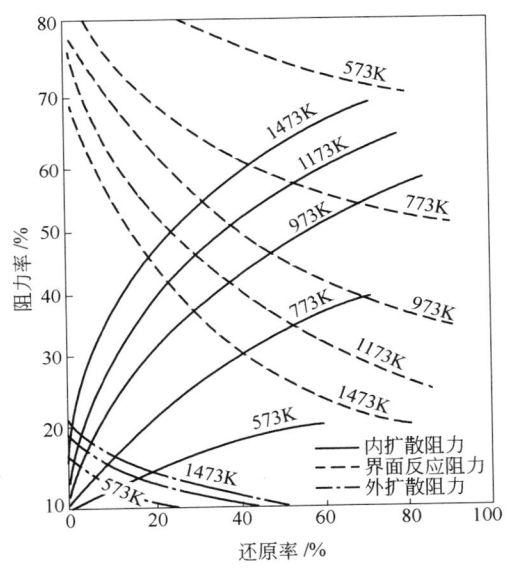

图 3-10　铁矿石球团还原过程中阻力率与还原率的关系

(矿球半径 0.01m，气流速度 0.05m³/s，球孔隙度 0.3)

从图 3-10 可以了解到，还原过程中各次过程对还原速率的影响。低温下和反应初期，界面反应的阻力大，但随着温度和还原率的提高，此项阻力降低。随着还原的进行，还原产物层不断增厚，还原层内扩散阻力成为主导。一般在还原过程中边界层的外扩散阻力都较小，不成为控制性过程。

3.2.2　影响还原速率的因素

还原速率的数学模型与高炉内铁矿石还原的实际有较大差别，高炉内的温度场和还原性气体的浓度场随时间和冶炼工艺参数变化而变化。高炉内矿石呈层状分布，层内相邻矿石颗粒还原相互影响，煤气强制性地在料层中流动，还原过程中矿石颗粒的孔隙度不断变化等影响了模型在生产中的应用，还原速率模型在很多方面有待完善。

但是已有的还原速率方程还是为人们研究提高矿石还原速率提供了指导方向，例如从式（3-54）~式（3-56）可以看出，提高还原性气体浓度，增大扩散系数（$D_{有效}$），缩小矿石粒度（r_0），提高温度，提高反应速率常数 k 和平衡常数都可提高还原反应速率。本节就温度、矿石粒度及孔隙度、矿石的种类和性质、还原煤气成分、压力等方面介绍它们对铁矿石还原速率的影响。

3.2.2.1 温度

从热力学角度分析温度可以提高化学反应速率，使 k 增大，温度提高对各次过程速度提高的程度存在差别。从阿累尼乌斯（Arrhenius）定律知道还原反应速率与 $\exp[E/(RT)]$ 成比例增加，且随反应活化能 E 的增大，温度效应越大（界面反应的 $E = 62.8 \sim 117.2\mathrm{kJ/mol}$，内扩散的 $E = 8.4 \sim 21\mathrm{kJ/mol}$，混合控制 $E = 105 \sim 201\mathrm{kJ/mol}$）。如果还原速率与温度关系成正比关系 $v \propto T^n$，在混合控制时，n 波动在 $0.75 \sim 3.0$ 之间，因此，在生产中要注意中温区温度的变动，温度下降（例如大富氧和高风温冶炼时）将减缓间接还原反应的进行，使炉内的 r_d 升高。同时温度升高引起矿石还原性状的变化，例如复合铁酸钙的出现，使矿石孔隙度改变，也将减缓间接还原进程。一些研究者发现还原过程中在温度段 $770 \sim 850\mathrm{K}$ 和 $870 \sim 1070\mathrm{K}$ 出现还原速率减缓现象。

3.2.2.2 矿石粒度及孔隙度

在一般情况下，反应速率是随着反应物颗粒的增大而减小，尤其是致密的矿石，例如磁铁矿块矿，是所有矿石种类中最致密的，减小它的尺寸，缩小粒度以增加其宏观表面积，有利于反应速率的加快。因此生产中将这类矿石粒度控制在较小的粒度（如 $15 \sim 20\mathrm{mm}$）。多孔矿石（如球团矿），烧结矿的宏观表面积与其孔隙的表面积相比要小得多。矿石和烧结矿中半径小于 $25\mathrm{nm}$ 的孔隙表面积占了内表面积的一半以上，但孔隙的体积总却很小，不同矿石的孔隙的体积和表面积不同，孔隙分布也各异，例如致密的磁铁矿孔隙体积最小（$3 \sim 11\mathrm{mm}^3/g$），球团矿最大（$32 \sim 110\mathrm{mm}^3/g$），而且孔隙的平均半径（$r = 2V_\Sigma/S_\Sigma$）也最大，由于孔隙的存在加大了反应界面，加快了还原反应的速率。在还原反应进入化学反应控制时，孔隙的作用减小，甚至不起作用，而且矿石的孔隙在还原过程中会不断发生改变。随着温度的升高，矿石的矿相组成改变，矿石出现烧结、软化等过程，降低它的孔隙度，矿石的原始状态对还原不再有多大的影响。国产球团矿由于含 SiO_2 较高，在较高温度下，还原出的 FeO 与 SiO_2 作用形成难还原的 $2FeO \cdot SiO_2$，使氧化铁的还原趋势降低，还原变得困难，这是国产球团矿高温还原性差的原因之一。

3.2.2.3 矿石的种类和性质

矿石种类和性质对还原速率的影响主要是两个方面：一方面是矿石的矿物组成和随还原进程发生的变化，另一方面是矿石中脉石存在的氧化物。前者最明显的是赤铁矿与磁铁矿的差别。赤铁矿（Fe_2O_3）是六方晶格，Fe_3O_4 与 FeO 均为立方晶格，还原过程中发生较大变形和畸变，产生多孔的产物层；而磁铁矿（Fe_3O_4）一般原始状态就较致密，还原后由于晶格不变就产生致密的产物层，这是赤铁矿较磁铁矿易还原的原因之一。铁矿石的脉石一般是以硅铝等氧化物为主的酸性脉石，它们或与氧化铁生成复合氧化物，使还原变得困难，若 SiO_2 溶入铁酸钙（例如 SFCA 烧结矿中 80% SiO_2 溶入铁酸钙），其还原性能要比 Fe_3O_4 和 FeO 与 SiO_2 形成的硅酸盐要容易还原。若以自由 SiO_2、Al_2O_3 的单独相存在，则影响还原产物的成核和核心长大，使气孔变得细微，阻碍还原过程。若脉石为碱土金属氧化物 CaO、MgO，它们溶于氧化铁中，就明显加速还原过程。矿石中如有 K、Na 等碱金属氧化物，它们更能加快矿石的还原速度，但过量的 K、Na 氧化物在高炉内循环累积，会给高炉生产带来很大麻烦，所以生产中限制 K_2O、Na_2O 的入炉量不应超过 3.0kg/t。

3.2.2.4　还原煤气成分

高炉内煤气由 CO、H_2、N_2 组成，CO 和 H_2 是还原性气体，N_2 是惰性气体。增加 CO、H_2 浓度，减少 N_2 浓度将加快还原速率，因为还原过程中有一个次过程就是还原性气体在矿石表面的吸附。吸附是发生在脉石表面的活性点上，在活性点一定的情况下，N_2 浓度的降低，减少了 N_2 占据活性点的数量，增加了 CO 和 H_2 吸附，因而反应速率增加。H_2 的密度和黏度都较小，其扩散系数和反应速率常数则较大，$D_{H_2} = 3.74 D_{CO}$，不论反应处于何种控制范围，用纯 H_2 的还原速率均比用纯 CO 时高 5 倍以上，但是在用 CO 和 H_2 的混合气体时，还原速率的提高比纯 H_2 时要低，还原速率基本上与煤气中 $\dfrac{\varphi(H_2)}{\varphi(H_2) + \varphi(CO)}$ 比值呈线性关系。富氧鼓风可增加高炉煤气中的 CO 浓度，而喷吹富 H_2 燃料可增加高炉煤气中的 H_2 的浓度，有关内容请参阅 3.4 节。

3.2.2.5　压力

压力主要是通过还原气体的质量浓度的变化起作用，在界面反应成为限制环节时，压力提高，可提高反应速度，特别是还原气体在微孔隙内以克努生扩散时，作用更大一些。但在扩散成为限制环节时，压力对还原的影响不大，因为扩散系数 D 与压力 p 成反比，$D \propto 1/p$。而在混合控制时，压力与反应速率的关系为 $v \propto p^n$（$n = 0 \sim 1$，一般取 0.5）。此外压力的提高能使碳的溶解损失反应变慢，提高 CO_2 消失的温度区（由 800℃ 提高到 1000℃），有利于高炉内中温区间接还原的发展。

3.3　基于高炉冶炼过程热力学和动力学规律

3.3.1　高炉主要操作指标间的关系

高炉冶炼过程是个复杂的过程，限制高效生产的因素很多，有热力学和动力学方面的，有流体力学方面的，也有冶炼条件方面的。随着冶炼工艺原理的进展，冶炼条件的改善，高炉生产效率逐步提高。至今一座高炉年产 400～500 万吨，任何非高炉冶炼设备都不可能达到。但是并非所有高炉都能达到这么高的生产率。现在我国在国家产业政策允许范围内的高炉，生产率低的年产量仅 60 万吨，而生产率高的接近 500 万吨。因此提高一座高炉的生产效率的途径，首先是在高炉大修时扩容，它不仅使高炉容积扩大，增大其生产效率，同时也使投资占炼铁系统 85% 的附属设施发挥更大的效率。例如宝钢 1 号高炉原建是 4063m³，二次大修后扩容到接近 5000m³，产能由不足 1 万吨/日增加到 1.2 万吨/日，效率增大了 30%～40%。在高炉容积一定的条件下，提高效率的途径从流体力学规律讲就是提高吨铁炉腹煤气量，达到冶炼条件允许的最高值，也就是一昼夜单位炉缸截面积上燃料的燃烧强度和产生的煤气量达到冶炼条件允许的最高值。在我国炼铁界传统概念是提高冶炼强度，即单位容积一昼夜燃烧的燃料量达到冶炼条件允许的最大值，而从热力学和动力学规律讲则要求降低吨铁的燃料消耗量来提高生产效率。从高炉冶炼的三个重要指标的关系可以看出这两个途径的重要意义：

$$\eta_V = \frac{I}{K} \tag{3-67}$$

式中　　η_V——高炉有效容积利用系数，$t/(m^3 \cdot d)$；

　　　　I——冶炼强度，$t/(m^3 \cdot d)$；

　　　　K——燃料比，t/t。

　　在中国炼铁产量提高的历史上，提高冶炼强度以提高高炉生产效率（高炉容积利用系数 η_V 的提高）曾起过重要作用。由于国民经济建设对钢铁的需求很大，而我国的经济基础差（几乎没有废钢），所有需求的钢铁主要依赖高炉和转炉冶炼生产，在生产实践中，在改善原燃料条件的基础上，保持燃料比不升高或略有升高的情况（图 3-11）不断地提高冶炼强度来提高高炉生产效率，企业也因此获得较好的经济效益（图 3-12）。

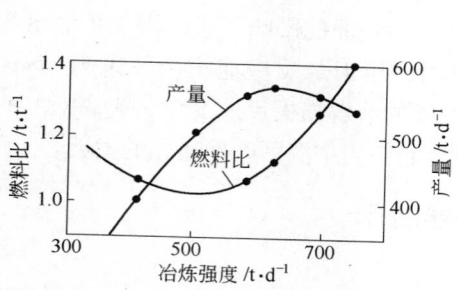

图 3-11　冶炼强度与产量和燃料比的关系

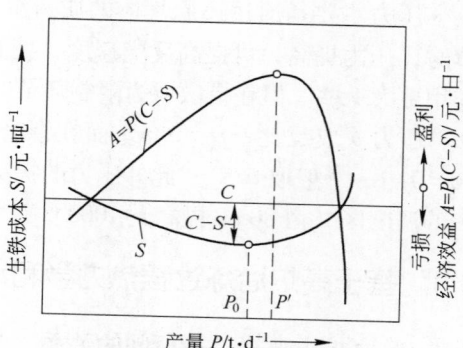

图 3-12　产量（P）对生铁成本（S）和
生产盈利性的影响

几十年来,我国炼铁产能不断增加,满足了国民经济建设对钢铁的需求,但到 2010 年就出现供大于求的局面。这时本应采用维持与冶炼条件相适应的冶炼强度,大力降低燃料比来提高高炉生产效率,但相当多的钢铁企业在原燃料质量劣化的情况下仍然沿着过去的模式组织生产,使一些高炉的冶炼强度达到 $1.5\,t/(m^3 \cdot d)$ 甚至 $1.8\,t/(m^3 \cdot d)$。其直接后果是燃料比居高不下,使中国高炉的燃料比较国外平均水平高 $50 \sim 80kg/t$,有的高炉甚至高出 $100kg/t$ 以上。这不仅造成高碳炼铁的局面,而且 CO_2 排放量和其他能源消耗远超国家允许的标准。这与当前追求的低碳、高效、低排放炼铁背道而驰,应当引起这些企业的高度重视。

3.3.2 高炉炼铁吨铁的碳消耗

要实现降低燃料比以达到高炉的高效生产,首先要清楚知道在现有冶炼条件下生产每吨生铁实际消耗的碳量和可能达到的最低碳消耗,它们两者之间的差距,然后采取技术措施缩小这个差距而实现低碳炼铁。

3.3.2.1 冶炼吨铁的实际碳消耗

现在我国相当多企业统计的生产技术经济指标中燃料比与实际消耗的有相当大的误差,有时可达几十千克。这就掩盖了高碳消耗和高 CO_2 排放,使企业的燃料比居高不下。

冶炼吨铁需要的碳消耗于四个方面:生铁渗碳 C_e、少量元素还原耗碳 $C_{dSi,Mn,P,S\cdots}$、铁直接还原耗碳 C_{dFe}、风口前鼓风中氧燃烧燃料中碳 $C_风 = C_b$,总的碳消耗 $C_总 = C_\Sigma = C_e + C_{df} + C_{dFe} + C_b$,燃料比则为 $C_\Sigma / C_燃$。式中,$C_燃$ 为燃料所含可燃碳量,$C_燃 = KC_固 + MC_M$,K、M 分别为燃料中焦炭所占份额和煤粉所占份额;$C_固$ 为焦炭的固定碳含量,C_M 为煤粉元素分析的碳含量。

A 碳消耗计算法

a 渗碳消耗

在目前冶炼低硅生铁的情况下,铁水含碳波动在 $4.5\% \sim 5.1\%$,也就是冶炼每吨炼钢生铁渗碳消耗 $45 \sim 51kg/t$。生铁饱和含碳与铁水温度高低和生铁中少量元素含量有关,随着温度的升高,铁水中含碳也上升,温度达到 1600℃时,铁水中碳含量可达 5.5%,温度与铁水中碳含量的关系为:

$$[C]\% = 1.34 + 2.54 \times 10^{-3} t_{铁水}$$

生铁中少量元素 V、Cr、Mn、Ti 等能与 C 形成比 Fe_3C 稳定的碳化物,使铁水中含碳量增加,而能与 Fe 形成稳定性比 Fe_3C 更高的化合物的少量元素 Si、P、S 等则降低碳在铁水中的含量。考虑少量元素对铁水含碳量后,得出的铁水饱和含碳量的计算式:

$$[C]_饱 \% = 1.34 + 2.54 \times 10^{-3} t_{铁水} + 0.17[Ti]\% + 0.04[Mn]\% +$$

$$0.09[Cr]\% + 0.13[V]\% - 0.35[P]\% - 0.54[S]\% - 0.30[Si]\%$$

$$(3\text{-}68)$$

在高炉生产中，铁水中含碳达不到100%饱和，大量的统计资料表明，铁水的含碳饱和程度只有90%~92%，它与铁水穿越滴落带的途径和时间有关，实际铁水含碳应为：

$$[C]\% = (0.92 \sim 0.94)[C]_{饱}\%$$

例如武钢8号高炉2012年6月平均生铁含碳4.66%，按式（3-68）计算所得 $[C]_{饱}$ 为5.07%，铁水的饱和度为92%。

b 少量元素还原消耗 C_{df}

按生铁成分及少量元素还原反应式计算：

$$C_{df} = [Si] \times 10^3 \times \frac{24}{28} + [Mn] \times 10^3 \times \frac{12}{55} + [P] \times 10^3 \times \frac{60}{62} + [Cr] \times 10^3 \times \frac{36}{104} +$$

$$[V] \times 10^3 \times \frac{36}{102} + [Ti] \times 10^3 \times \frac{24}{28} + U \times (S) \times 10^3 \times \frac{12}{32} \quad (3\text{-}69)$$

式中 $[Si]$、$[Mn]$等——该元素在铁水中的含量（wt），%；

(S)——硫在渣中的含量（wt），%；

U——渣量，kg/t。

在冶炼低硅生铁的情况下，C_{df} 为 6~12kg/t。

c 铁的直接还原消耗 C_{dFe}

$$C_{dFe} = [Fe] \times 10^3 r_d \times \frac{12}{56} \quad (3\text{-}70)$$

式中 $[Fe]$——铁水中铁的含量（wt），%；

r_d——铁的直接还原度。

中国现在的高炉冶炼 r_d 波动在 0.45~0.55 之间，一般 C_{dFe} 在 85~90kg/t，生产差一点的高炉可达到100kg/t或更多一些。

d 风口前燃烧碳量 C_b

燃料中碳在风口前与鼓风中氧反应生成间接还原还原剂 CO，同时放出热量供炼铁的需要，它可通过吨铁消耗的风量被燃烧 1kg 碳消耗的风量算出。由于进入风口燃烧带的氧只能消耗在燃料中碳的燃烧，别无其他消耗，因此在生产高炉上只要知道吨铁消耗风量就可以算出 C_b，吨铁消耗风量则可由风机风量换算出来。一般值班室显示的是风机输出的冷风量（单位为 m³/min），它与进入风口的实际风量略有差别。冷风从冷风管路进入热风炉加热，然后通过热风管路进入风口沿途会有少量损失，如阀门关不严、换炉放散等。在现代高炉上这种风量损失很小，一般不足3%，而采用先进的换炉技术，不再将送风转燃烧热风炉内的热风当废风放散，而用作另一座燃烧转送风的热风炉充压用，损失更小。吨铁风量

$V_风$可按下式计算:

$$V_风 = V_仪(1 - \alpha) \times 60 \times 24/P \tag{3-71}$$

式中　$V_仪$——仪表显示风机送出的冷风流量,m^3/min;

α——漏风率,可按$2\%\sim3\%$计算;

P——高炉日产量,t/d;

60×24——每天的分钟数。

而风口前燃烧碳量C_b则按下式求得:

$$C_b = V_风 / v_风 \tag{3-72}$$

式中　$v_风$——燃烧$1kg$碳消耗的风量,$m^3/kg\ C$,计算方法为:

$$v_风 = \frac{0.9333}{风中含氧} \tag{3-73}$$

风中含氧——不富氧时,为$(1-\varphi)0.21+0.5\varphi = 0.21+0.29\varphi$,富氧时为$[(1-\varphi)$
　　　　　　$0.21+0.5\varphi](1-A)+AO_2$;

φ——大气湿度,脱湿或加湿鼓风时,为风中的含H_2O,%;

A——富氧率,%,$A = \frac{氧量}{风量 + 氧量}$;

O_2——工业氧中含氧量,%。

e　吨铁耗碳量和燃料比

$$C_\Sigma = C_e + C_{df} + C_{dFe} + C_b \tag{3-74}$$

$$燃料比 = \frac{C_\Sigma}{燃料中含\ C\ 量}, \ kg/t$$

通过以上计算可以得出吨铁实际消耗的燃料量,但是计算中需要知道铁的直接还原度r_d,这在生产现场需要根据历史资料来计算,显得比较麻烦,而用里斯特操作线则可以避免这个问题。

B　里斯特操作线计算法(图3-13)

a　操作线上顶端A点坐标

端点A的纵坐标y_A为铁氧化物还原夺取的氧原子数与铁原子数之比$\frac{n(O)}{n(Fe)}$,也是矿石的氧化程度,通过矿石成分分析的含Fe量与Fe_2O_3和FeO含量求得:

$$y_A = \frac{\dfrac{Fe_2O_3 \times 0.3 + FeO \times 0.222}{16}}{\dfrac{w(TFe)}{56}} \tag{3-75}$$

端点A的横坐标x_A为炉顶煤气中CO_2和$(CO+CO_2)$的比值:

$$x_A = 1 + \frac{CO_2}{CO + CO_2} = 1 + \eta_{CO} \tag{3-76}$$

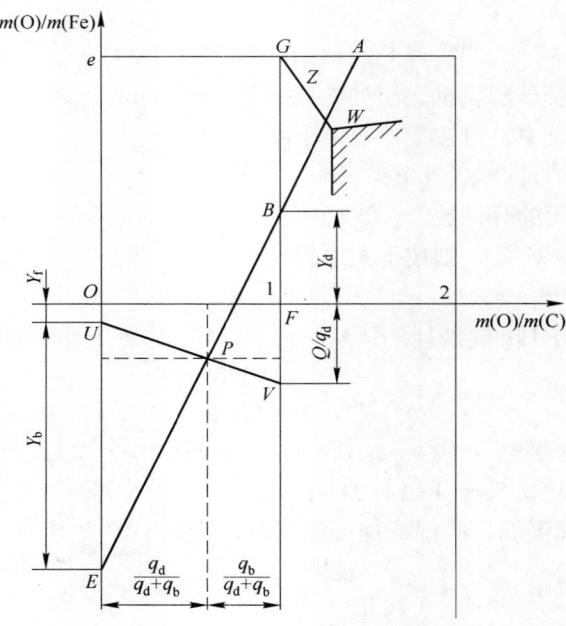

图 3-13 高炉生产的里斯特操作线

b 操作线下末端 E 点坐标

端点 E 的纵坐标为少量元素还原和脱 S 夺取的氧原子数与铁原子数比值 Y_f 和风口前燃烧碳消耗的氧原子数与铁原子数比值 Y_b 之和。$y_E = -Y_f - Y_b$。由这两个反应中夺取或消耗的氧原子数与消耗的碳原子数是相同的，因此 Y_f 和 Y_b 可按以下两式计算：

$$Y_f = \frac{\dfrac{C_{df}}{12}}{\dfrac{[Fe] \times 10^3}{56}} \tag{3-77}$$

$$Y_b = \frac{\dfrac{C_b}{12}}{\dfrac{[Fe] \times 10^3}{56}} \tag{3-78}$$

端点 E 的横坐标为 0。

c 操作线 AE

操作线 AE 的斜率 μ 就是还原一个铁原子消耗的碳原子，经换算就可得出冶炼 1t 生铁消耗的碳量，然后按式（3-74）算出燃料比：

操作线斜率 $$\mu = \frac{y_A + |Y_f + Y_b|}{x_A} \qquad (3-79)$$

消耗碳量 $$C_{总} = \frac{M_C}{M_{Fe}} \times 1000\mu = 215\mu \qquad (3-80)$$

$$燃料比 = \frac{C_{总}}{燃料中碳含量} \qquad (3-81)$$

用里斯特操作线法不仅不需要知道 r_d，而且还可以通过此法求得 r_d：

$$r_d = Y_d = y_B \qquad (3-82)$$

【例题】 计算某厂高炉的实际燃料比。已知条件如下：

混合矿：TFe 60.01%，Fe_2O_3 79.90%，FeO 5.24%。

燃料：焦炭 $C_{固}$ 86.88%，煤粉 $C_{全}$ 72.96%，焦∶煤 = 65.07∶34.93，$C_{燃料}$ 86.88×0.6507+72.96×0.3493 = 82.01%。

鼓风：仪表风量 7000m^3/min，氧量 18000m^3/h = 300m^3/min。

$$富氧率 = \frac{氧量}{风量+氧量} = \frac{300}{7000+300} = 0.041 = 4.1\%，湿度\ 0.011m^3/min。$$

生铁日产量：10610t/d = 442.08t/h = 7.368t/min，渣量 260kg/t。

产品成分如下：

生铁：Fe 94.33%，C 4.9%，Si 0.49%，Mn 0.19%，P 0.056%，S 0.034%；

炉渣：SiO_2 33.60%，CaO 41.10%，MgO 7.07%，Al_2O_3 15.00%，MnO 0.43%，FeO 0.49%，S 0.96%；

煤气：CO_2 23.20%，CO 22.00%，H_2 2.90%，N_2 51.90%。

解1：C-r_d 法

渗碳消耗： $$C_e = [C] \times 10^3 = 4.9\% \times 10^3 = 49kg/t$$

少量元素还原脱 S 消耗：$C_{df} = [Si] \times 10^3 \times \frac{24}{28} + [Mn] \times 10^3 \times \frac{12}{55} + [P] \times 10^3$

$\times \frac{60}{62} + U(S) \times \frac{12}{32} = 0.49\% \times 10^3 \times \frac{24}{28} + 0.19\% \times 10^3 \times \frac{12}{55} + 0.056\% \times 10^3 \times \frac{60}{62} +$

$260 \times 0.0096\% \times 10^2 \times \frac{12}{32} = 6.09kg/t$

铁的直接还原消耗：根据该炉历史资料估算 r_d 在 0.43~0.45，

$$C_{dFe} = [Fe] \times 10^3 r_d \times \frac{12}{56} = 94.33\% \times 10^3 \times 0.43 \times \frac{12}{56} = 86.92kg/t$$

风口前燃烧碳：该炉投产接近 4 年，管道基本无漏风，设漏风率为 1%，风量按（风+氧）/每分钟损失量计算：

$$\frac{V_{风}(7000 + 300) \times 0.99}{7.368} = 980.86m^3/t$$

风中含氧：$[(1-0.011)\times 0.21+0.5\times 0.011]\times(1-0.041)+0.041\times 0.99$
$=0.245\text{m}^3/\text{m}^3$

燃烧 1kg C 消耗风量 $v_风 = \dfrac{\dfrac{22.4}{2\times 12}}{风中含氧} = \dfrac{0.9333}{0.2450} = 3.809\text{m}^3/\text{kg C}$

风口前燃烧碳量 $C_b = \dfrac{V_风}{v_风} = \dfrac{980.86}{3.809} = 257.51\text{kg C/t}$

消耗的总燃烧碳量：

$C_\Sigma = C_e + C_{df} + C_{dFe} + C_b = 49 + 6.09 + 86.92 + 257.51 = 399.52\text{kg C/t}$

燃料比： $(K+M) = \dfrac{C_\Sigma}{燃料中碳含量} = \dfrac{399.52}{0.8201} = 487.16\text{kg/t}$

解 2：里斯特操作线法

A 点坐标 $y_A = \dfrac{\dfrac{79.96\times 0.3+5.24\times 0.222}{16}}{\dfrac{60.01}{56}} = 1.461$

$x_A = 1 + \dfrac{CO_2}{CO_2+CO} = 1 + \dfrac{23.2}{23.2+22} = 1.513$

E 点坐标 $Y_f = \dfrac{\dfrac{C_{df}}{12}}{\dfrac{1000}{56}} = \dfrac{\dfrac{6.09}{12}}{\dfrac{1000}{56}} = 0.028$

$Y_b = \dfrac{\dfrac{C_b}{12}}{\dfrac{1000}{56}} = \dfrac{\dfrac{257.51}{12}}{\dfrac{1000}{56}} = 1.202$

$$y_E = Y_f + Y_b = 1.23$$
$$x_E = 0$$

操作线 AE 斜率 $\mu = \dfrac{y_A + |y_E|}{x_A} = \dfrac{1.461+1.23}{1.513} = 1.778$

$C_\Sigma = 215\mu\dfrac{[Fe]\times 10^3}{1000} + C_e = 215\times 0.9433\times 1.778 + 49 = 409.6\text{kg C/t}$

燃料比 $= \dfrac{C_\Sigma}{燃料中碳含量} = \dfrac{409.6}{0.8201} = 499.5\text{kg/t}$

从操作线上查 y_B 得 $r_d = 0.45$。

在生产中若计量（成分分析、原燃料称量、鼓风流量等）准确，两种方法计算的结果基本相同，误差在1%左右，例题中的燃料比应在480~490kg/t。

3.3.2.2 冶炼吨铁的最低碳消耗——低碳高效炼铁的碳消耗目标值

寻找冶炼吨铁最低消耗是炼铁技术进步的动力，过去众多的高炉炼铁专家、教授都从不同角度来分析，并提出最低焦比（那时高炉未喷吹燃料，只用焦炭）的计算方法和生产操作措施。

A C-r_d法

自20世纪前苏联炼铁专家 M. A. 巴甫洛夫（Павлов）院士提出铁的直接还原度 r_d 后，A. H. 拉姆教授就提出了冶炼单位生铁的碳消耗与 r_d 的关系，并用图解法计算最低碳消耗。该图解法建立在风口前消耗的燃料中碳燃烧放出的热量能满足冶炼所要求的热量，而燃烧形成的和直接还原形成的 CO 正好满足炉身间接还原所需 CO 的数量，此时的直接还原度是最合适的直接还原度 r_{dmin}，此时的碳消耗是还原和热需求的最低碳消耗（图3-14）。

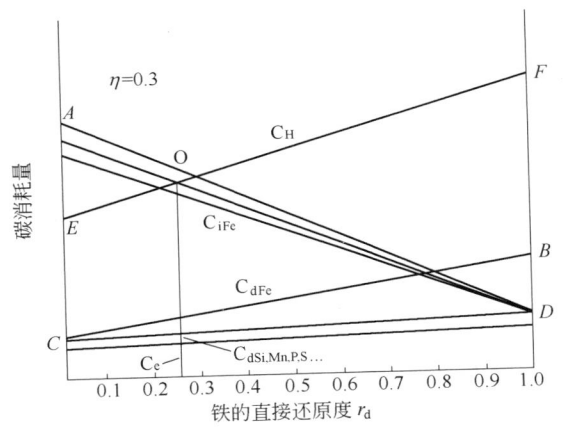

图3-14 碳消耗与铁的直接还原度的关系

高温区直接还原消耗的碳：$C_d = 0.215r_d$　　　　　　　　　　(3-83)

炉身间接还原要求的 CO 量需消耗碳：$C_i = 0.215n(1 - r_{dmin})$　　(3-84)

冶炼单位生铁所需热量消耗的碳按第二热平衡法列出：第二热平衡的热收入为 C 在间接还原中氧化成 CO_2 的放热为 $C_{CO_2}q_{CO_2}$，C 在直接还原中氧化成 CO 的放热为 $(C_C-C_{CO_2})q_{CO}$，C 在风口前燃烧成 CO 放热为 $(C-C_d)q_风$，热支出为 Q。

将热收入等于热支出列出方程式，得：

$$q_{CO} = 9800kJ/kg\ C$$

并将 $C_{CO_2}=0.215(1-r_d)$，$C_d = 0.215r_d$，$q_{CO_2}=33410kJ/kg\ C$，$q_风 =v_A c_风 t_风$ 代入方程式整理后得出：

$$C_热 = A + Br_{dmin}$$　　　　　　　　　　(3-85)

$$A = \frac{Q - 5076}{9800 + v_风 c_风 t_风} \tag{3-86a}$$

$$B = \frac{5076 + 0.215 v_风 c_风 t_风}{9800 + v_风 c_风 t_风} \tag{3-86b}$$

联解式（3-84）和式（3-85）得出：

$$r_{dmin} = \frac{0.215n - A}{0.215n + B} \tag{3-87}$$

$$C_{min/Fe} = 0.215n(1 - r_{dmin}) \quad (kg/kg\ Fe) \tag{3-88}$$

式中 C_i——制造满足间接还原要求的 CO 消耗的碳，kg/kg Fe；

$C_热$——满足冶炼 1kg Fe 所需热量消耗的碳，kg/kg Fe；

n——间接还原剂过剩系数，n 与间接还原进行的温度有关；

9800——燃烧 1kg C 到 CO 时放热；

33410——燃烧 1kg C 到 CO_2 时放热；

5076——5076 = 0.215×（33410 - 9800），kJ/kg C

$v_风$——燃烧 1kg C 消耗的风量，m^3/kg C；

$t_风$——热风温度，℃；

Q——冶炼 1kg Fe 消耗的热量，由全炉热平衡算出。

以上得到的是冶炼 1kg Fe 的碳消耗，转换成冶炼 1t 生铁时：

$$C_{min} = [Fe] \times 10^3 \times C_{min/Fe} \quad (kg/t) \tag{3-89}$$

$$最低燃料比 = \frac{C_{min}}{C_燃} \tag{3-90}$$

从图 3-14 和式（3-87）和式（3-88）可以看出，FeO 间接还原过剩系数 n 和冶炼单位铁的热消耗 Q 对最合适的 r_{dmin} 和最低碳消耗起着决定性作用，n 值越大，单位 Fe 的热消耗越高，最低碳消耗越多。自 20 世纪 40 年代创立 C-r_d 关系图时，n 值用 1000℃时 FeO 还原成金属 Fe 达到平衡时的 $n = 3.54$ 计算 C_i，而热消耗则达到 12GJ/t，因此在当时原燃料条件差，热消耗很高的情况下，最低碳消耗值比当时的实际碳消耗低很多，但远比现代高炉的高。将现代高炉的生产数据 $n = 3.54$、热消耗 9GJ/t 代入，得到的 r_{dmin} 在 0.3 左右，而 Fe 还原和热消耗最低碳消耗在 0.4kg/kg Fe，加上渗碳、少量元素还原耗碳后算得的燃料比高于先进高炉的实际燃料比，说明此法存在缺陷。

高炉是个逆流式反应器和热交换器，高温煤气以较高速度向上运动与下降的矿石接触，发生质量、热量和动量传输。由于是相向逆流运动，煤气接触的矿石随时在变，而矿石接触的煤气也在变化，实际上高炉内 FeO 是在一个温度区间 570～1000℃内被煤气中的 CO 和 H_2 还原，而不是固定在某一部位 1000℃ 温度下被 CO 和 H_2 还原，不同温度下的 n 值不同，还原性气体的利用率也各异，将 FeO

还原用单一的1000℃的 n 值计算碳消耗显然与实际不符,这是造成 C-r_d 法计算所得 C_{minFe} 偏高的主要原因。前面铁矿石还原热力学基础中已说明,高炉内还原 FeO 后上升的煤气继续还原 Fe_3O_4 和 Fe_2O_3,高炉煤气中的 CO 和 H_2 继续被利用,因此用炉顶煤气中 η_{CO}、η_{H_2} 或 η_{CO+H_2} 来确定还原耗碳就比原来用1000℃时 FeO 还原达到平衡时的 n 值更合理,更切合高炉生产实际。绘制的炉顶煤气的不同 η_{CO} 和 η_{CO+H_2} 下还原和热消耗碳与 r_d 和燃料比与 r_d 的关系曲线,如图3-15和图3-16所示。

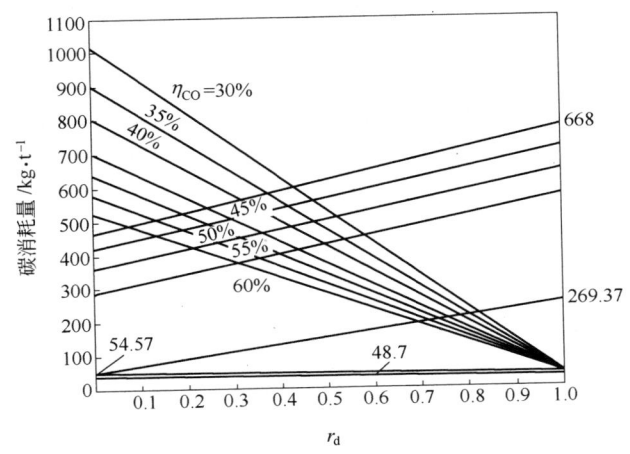

图 3-15　不同炉顶煤气的 η_{CO} 下碳消耗与铁的直接还原度 r_d 的关系

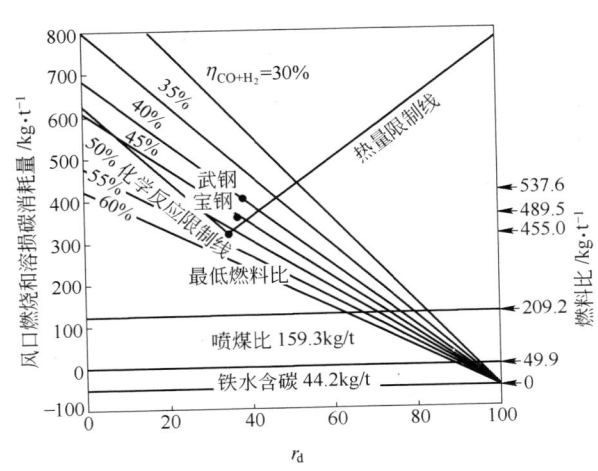

图 3-16　不同 η_{CO+H_2} 下碳消耗与铁的直接还原度 r_d 的关系

当前冶炼单位生铁的燃料比高的主要原因是高炉煤气中 η_{CO} 和 η_{H_2} 或 η_{CO+H_2} 偏低,和冶炼单位生铁的热消耗偏高。有关热消耗的分析讨论见3.4节,在

3.1.4 节中已说明 η_{CO} 最高可达 0.65~0.75，η_{H_2} 可达 0.52~0.60，但实际生产中是达不到这种理想状态的。由于原燃料条件和高炉操作水平的限制，在实际生产高炉上，可选定 $\eta_{CO}=0.54~0.58$，$\eta_{H_2}=0.45~0.48$ 为目标值，冶炼单位 Fe 的热消耗则可选 8GJ/t。这样低碳炼铁的目标 C_{min} 在 365~385kg C/t，燃料比在 460~480kg/t Fe。

B 里斯特操作线法

在里斯特操作线上可以认为在炉顶煤气利用率为 0.55~0.56，炉身工作效率 100%时达到的碳消耗就是最低碳消耗，这样最低碳消耗的操作线的两个确定点就可以定为 A 点和 W 点，为区别正常生产 A 点和 E 点坐标，设定最低碳消耗的坐标为 A′ 和 E′，那么

A 点坐标
$$y'_A = \frac{\dfrac{Fe_2O_3 \times 0.3 + FeO \times 0.222}{16}}{\dfrac{TFe}{56}} \tag{3-91}$$

$$x'_A = 1 + \eta_{CO} = 1.56 \tag{3-92}$$

W 点坐标
$$y_W = 1.05$$

$x_W = 1.29~1.32$，取平均值 $x_W = 1.31$。

连接 AW 得最低碳消耗的操作线。延长 AW 线与 $x=0$ 的纵坐标相交，得到交点 E′，E′点坐标 $y'_E = Y_f + Y_b$。通过 Y_b 可以求得风口前燃烧的碳量 $Y_b = y'_E - Y_f$。

若以 1kg Fe 为计算单位：
$$C_{风} = \frac{12}{56}(y'_E - Y_f)$$

还原的最低碳消耗为：$C_{min} = \dfrac{M_C}{M_{Fe}}\mu = 0.215 \times \dfrac{y'_A + |y'_E|}{x'_A}$ (kg C/kg Fe)

$$\tag{3-93}$$

最低燃料比：
$$燃料比 = \frac{C_{min} + C_e}{C_{燃}}[Fe] \times 10^3$$

通过操作线法求得的最低碳消耗在 0.37~0.39kg C/kg Fe，目标燃料比在 455~475kg/t。

3.4 富氢还原性气体还原铁矿石实验研究

根据铁矿石还原热力学基本规律，H_2 能改善高炉内煤气还原能力，提高煤气的利用率，而 H_2 的扩散能力比 CO 的扩散能力大近 5 倍，可提高铁矿石的还原速率，因此富氢还原对高炉低碳高效冶炼有重要意义。

现在高炉大量喷吹混合煤（其中的烟煤含 H_2 高）或加湿鼓风以适应高富氧（富氧10%以上）操作。为提高炉腹煤气中的 H_2 含量，国内外部分专家教授提倡

喷吹焦炉煤气，有的还提出将焦炉煤气裂化，脱除其他气体制成纯 H_2 喷入高炉，以提高高炉煤气的还原势并替代更多的 C 和 CO 来降低高炉炼铁的 CO_2 排放量。武汉钢铁（集团）公司在实验室中专门进行了富氢还原气体还原烧结矿、球团矿的实验研究，重点研究煤气富氢对发展高炉内间接还原，提高 CO 利用率的作用。

3.4.1 富氢还原实验装置和实验方法

3.4.1.1 实验装置

为了研究铁矿石在不同富氢煤气成分时的还原行为，武钢研究院研制了一套富氢还原实验装置。如图 3-17 所示，还原气用钢瓶装的 CO、H_2、N_2、CO_2 高纯气体，按照设定的比例混配而成。还原实验时实际选用的气体成分为 CO、H_2、N_2。为保证富氢还原炉中的试样处于等温区和对入炉还原气的充分加热，还原炉加热分上下两段控制，每段配置了 12 根硅碳棒作为加热元件，等温区长度 600mm。用热天平称量还原后的减重计算铁矿石的还原度，配备了完备的数据自动采集系统。

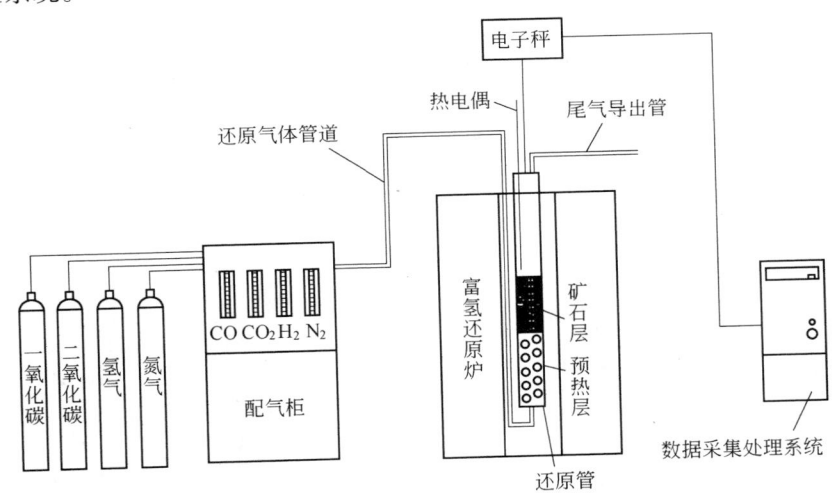

图 3-17 富氢还原实验装置

为了模拟还原气体通过铁矿石料层的接触条件，设计了吊挂在还原炉内的耐热不锈钢反应管（图 3-18）。反应管内径 75mm，高 800mm，底部铺有 50mm 高的刚玉球作为铁矿石的预热带。刚玉球上面有一块厚 4mm、直径 73mm 的多孔耐热不锈钢片，不锈钢片上面是高度约 50mm 的球团矿或烧结矿试样。

3.4.1.2 实验条件和方法

A 铁矿石试样

采用武钢高炉生产使用的烧结矿和球团矿（鄂州球团）作为还原实验的试

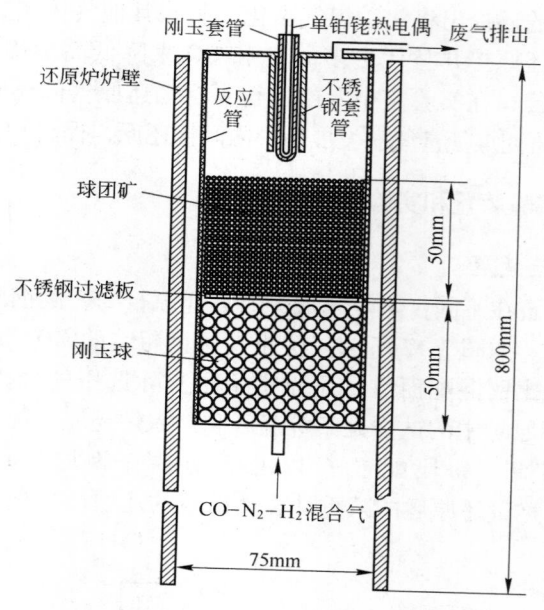

图 3-18　还原炉反应管示意图

样，试样的平均粒度均为 10～12.5mm。图 3-19 和图 3-20 所示为试样的外观照片，其化学成分见表 3-3。

图 3-19　烧结矿

图 3-20　鄂州球团矿

B　实验方法

还原实验采用恒温法，以还原温度 900℃、还原时间 180min 的实验为主，还做了一部分还原温度 600℃、700℃ 和 1000℃ 的还原实验。还原气由高纯 CO、H_2 和 N_2 按设定比例混制而成，流量参照铁矿石还原度测定国家标准采用 15L/min。

表 3-3 还原实验用含铁炉料的化学成分 （%）

矿种	编号	SiO$_2$	Al$_2$O$_3$	CaO	MgO	TFe	FeO	Mn	Zn	Cu	TiO$_2$
烧结矿	1	5.66	1.87	12.85	2.47	53.63	6.78	0.15	0.017	<0.01	0.078
	2	5.69	1.94	12.77	2.85	53.17	6.70	0.14	0.019	<0.01	0.12
	平均值	5.675	1.905	12.81	2.66	53.40	6.74	0.145	0.018	<0.01	0.099
球团矿	1	5.24	1.5	0.97	0.70	62.29	0.86	0.28	0.056	0.028	0.41
	2	5.06	1.44	0.93	0.69	62.86	1.18	0.26	0.056	0.028	0.40
	平均值	5.15	1.47	0.95	0.695	62.575	1.02	0.27	0.056	0.028	0.405

3.4.2 富氢还原实验方案

还原气中 CO 含量固定为 40%，H$_2$ 含量分别为 2.5%、5%、7.5%、10%、12% 和 15%，N$_2$ 含量相应进行调整，球团矿的富氢还原实验方案见表 3-4，烧结矿的富氢还原实验方案见表 3-5。

表 3-4 球团矿富氢还原实验方案

方案编号	矿 种	温度/℃	还原气体组成/%		
			CO	H$_2$	N$_2$
P1-1	球团矿	600	40	2.5	57.5
P1-2	球团矿	600	40	5	55
P1-3	球团矿	600	40	7.5	52.5
P1-4	球团矿	600	40	10	50
P2-1	球团矿	700	40	2.5	57.5
P2-2	球团矿	700	40	5	55
P2-3	球团矿	700	40	7.5	52.5
P2-4	球团矿	700	40	10	50
P2-5	球团矿	700	40	12	48
P2-6	球团矿	700	40	15	45
P3-1	球团矿	900	40	2.5	57.5
P3-2	球团矿	900	40	5	55
P3-3	球团矿	900	40	7.5	52.5
P3-4	球团矿	900	40	10	50
P3-5	球团矿	900	40	12	48
P3-6	球团矿	900	40	15	45
P4-1	球团矿	1000	40	2.5	57.5
P4-2	球团矿	1000	40	5	55
P4-3	球团矿	1000	40	7.5	52.5
P4-4	球团矿	1000	40	10	50

表 3-5   烧结矿富氢还原实验方案

方案编号	矿　种	温度/℃	还原气体组成/%		
			CO	H₂	N₂
S1-1	烧结矿	600	40	2.5	57.5
S1-2	烧结矿	600	40	5	55
S1-3	烧结矿	600	40	7.5	52.5
S1-4	烧结矿	600	40	10	50
S2-1	烧结矿	700	40	2.5	57.5
S2-2	烧结矿	700	40	5	55
S2-3	烧结矿	700	40	7.5	52.5
S2-4	烧结矿	700	40	10	50
S2-5	烧结矿	700	40	12	48
S2-6	烧结矿	700	40	15	45
S3-1	烧结矿	900	40	2.5	57.5
S3-2	烧结矿	900	40	5	55
S3-3	烧结矿	900	40	7.5	52.5
S3-4	烧结矿	900	40	10	50
S3-5	烧结矿	900	40	12	48
S3-6	烧结矿	900	40	15	45
S4-1	烧结矿	1000	40	2.5	57.5
S4-2	烧结矿	1000	40	5	55
S4-3	烧结矿	1000	40	7.5	52.5
S4-4	烧结矿	1000	40	10	50

3.4.3   富氢还原实验结果

3.4.3.1   球团矿实验结果

球团矿在还原温度 600℃、700℃、900℃和 1000℃，不同还原气成分时的还原度测定数据分别列于表 3-6~表 3-9。

表 3-6   球团矿在 600℃不同还原气成分时的还原度   (%)

还原时间/min	P1-1	P1-2	P1-3	P1-4
3	3.3	4.6	6.9	7.9
6	6.4	8.2	11	12.3
9	9.5	11.6	14.5	16.9
12	12.4	15	17.6	20.2

还原时间/min	P1-1	P1-2	P1-3	P1-4
15	14.8	17.3	19.8	23.2
20	18.7	21.5	24	28.1
30	24.2	27.2	31.8	36.6
40	28.9	32.3	37.3	42.9
50	33.1	37.4	42.5	47.8
60	37.3	41.9	47	52.2
70	40.8	45.8	51	56.1
80	44.7	50.1	54.4	60
90	47.5	52.5	57.1	63.1
100	50.8	55.6	60.2	65.8
110	53.5	57.8	63.1	68.1
120	56.2	60.3	65.5	70.6
130	59.1	62.8	68.1	72.8
140	61.4	65.2	70.4	74.2
150	63.9	67.1	71.6	75.4
160	65.2	68.8	73.5	76.2
170	66.3	70.1	74.1	76.8
180	67.1	71.0	75.0	77.4

表 3-7 球团矿在 700℃不同还原气成分时的还原度 (%)

还原时间/min	P2-1	P2-2	P2-3	P2-4	P2-5	P2-6
3	3.6	5.4	6.9	7.3	8.4	10.1
6	7	8.8	10.7	12.9	14	15.8
9	10.6	12.7	15.2	18.1	20.5	22.7
12	13.5	16.4	18.7	22.7	24.5	26.8
15	16.9	19.9	22.7	27.3	29.2	32.1
20	21	24.5	29.1	33.4	38	40.6
30	27.9	32.1	38.7	45.4	49.7	52.6
40	34.1	39.8	48.3	55.7	58.5	63
50	40.2	46.2	56.4	63.6	66.9	72
60	47.5	52.1	63.4	71.2	73.6	79.7
70	53.4	58.5	69.6	77.8	80.5	86
80	58.8	63.5	73.8	81.8	86	91.2

还原时间/min	P2-1	P2-2	P2-3	P2-4	P2-5	P2-6
90	63.8	68.9	77.6	85.1	90.2	94.5
100	68.8	73.9	80.8	87.8	93.4	97.9
110	72.7	77.6	83.3	89.2	95.2	98.8
120	76.6	81.1	85.5	90.6	96.7	99.4
130	79.4	83.9	87.7	91.1	98	
140	82	85.6	88.7	91.7	99.1	
150	84.4	86.8	88.9	92		
160	85.5	87.7	89.6	92.2		
170	86.6	88.3	89.5	92.2		
180	87.1	88.4	90.0	92.5	99.1	99.4

表 3-8   球团矿在 900℃不同还原气成分时的还原度   （%）

还原时间/min	P3-1	P3-2	P3-3	P3-4	P3-5	P3-6
3	2.1	4.5	4.9	7.8	9.7	12.7
6	5.7	9	11.5	14.8	16.7	21.7
9	11.8	12.8	17.3	21	24.4	30
12	16.1	17	22.5	26.5	31.7	37.5
15	19.7	21	29.1	32.4	37.4	44.1
20	24	27.8	36.3	40	43.8	52.2
30	31.9	38.3	48.7	53.7	57.7	65.8
40	39.1	47.1	58.4	64.1	68.1	78.3
50	47.3	55.5	66	73.8	77.7	88.7
60	54.3	62.8	73.7	82.2	86.2	95.7
70	60.2	70.4	79.3	87.4	92.4	99.4
80	64.7	76.2	85.2	92.7	95.8	
90	69.6	81	89.6	95	99.5	
100	73.5	83.9	91.9	96.3		
110	78.7	87.7	93.9	97.4		
120	82.3	90.7	94	97.8		
130	84.6	91.9	94.9	97.8		
140	85.9	92.8	94.3	97.4		
150	86.6	93.7	95.1	97.5		
160	87.8	93.7	95.4	96.3		
170	88.3	94.1	95.4	97.4		
180	89.3	93.4	95.38	97.7	99.5	99.4

表 3-9 球团矿在 1000℃不同还原气成分时的还原度 （%）

还原时间/min	P4-1	P4-2	P4-3	P4-4
3	12.1	14	16.6	18.4
6	22.5	22.6	23.2	26.4
9	26.1	28.8	30	33.9
12	31.4	34.1	36.7	36.2
15	38.1	41.5	42.1	43.6
20	42.4	44.8	47.3	50.5
30	51	54.2	56.7	65.1
40	59.9	62.5	66	78.1
50	67.1	71.2	75.3	87.7
60	72.5	77.6	83.8	94.2
70	77.7	83.2	89.9	99
80	80.6	87.1	93.8	99.1
90	83.5	89.6	94.8	99.6
100	85.4	90.8	95.3	
110	86.6	91.7	95.5	
120	87.6	92	95.1	
130	88.5	93.1	95.3	
140	89	93.9	95.5	
150	89.7	94.2	95.6	
160	89.8	94.5	96.3	
170	90.1	94.9	96.9	
180	90.3	95.2	97.4	99.6

3.4.3.2 烧结矿实验结果

烧结矿在还原温度 600℃、700℃、900℃和 1000℃，不同还原气成分时的还原度测定数据分别列于表 3-10~表 3-13。

表 3-10 烧结矿在 600℃不同还原气成分时的还原度 （%）

还原时间/min	S1-1	S1-2	S1-3	S1-4
3	1.7	3.3	4	5.4
6	4.2	5.2	6.8	9.1
9	5.9	7.7	10.4	12.6
12	8.2	9.6	12.5	15.7
15	9.9	12.1	15.3	18.7

续表 3-10

还原时间/min	S1-1	S1-2	S1-3	S1-4
20	13.6	16	18.7	22.9
30	19.2	21.7	26.1	31.5
40	23.9	27.7	33.1	38.7
50	28.8	32.3	39.3	46.1
60	32.9	36.9	44.8	52.2
70	37.4	41.2	49.8	58.1
80	41.1	44.6	54.4	62.5
90	45.1	49.2	58.6	67.1
100	48.7	53.3	62.6	71.1
110	52.2	57.7	65.8	74.8
120	56.1	61.4	70.1	78.6
130	60.2	65.2	73.4	81.8
140	64.1	68.5	76.7	84.4
150	67.7	71.4	79.6	87.3
160	71.4	75.2	82.4	89.8
170	74.6	78	84.2	91.7
180	76.9	80.4	85.3	92.3

表 3-11 烧结矿在 700℃不同还原气成分时的还原度 （%）

还原时间/min	S2-1	S2-2	S2-3	S2-4	S2-5	S2-6
3	3.3	4.8	6.7	8.4	9.8	11.1
6	5.4	10.4	11.9	15.1	16.7	13.9
9	7.6	13.1	17.5	21.5	23	25.1
12	9.8	17.8	21.9	25.3	27.5	29.6
15	12.2	21.8	26.1	29.8	32.1	35.5
20	16.7	27	32.1	36.2	38.6	42.4
30	24.2	36.8	43.2	48.2	51.2	55.6
40	30.9	46.8	53	58.5	60.5	65.9
50	38.5	55	61.1	68.5	70.1	75.9
60	46.4	61.3	68.6	77.1	80.4	84.7
70	52.1	66.7	74.5	84	86.2	90.9
80	58.2	72.8	79.5	90.2	92.3	95.7
90	64.2	77.2	83.8	93.9	96	98

还原时间/min	S2-1	S2-2	S2-3	S2-4	S2-5	S2-6
100	70.1	81.3	87.9	95.6	97.7	99.7
110	74.6	85.4	91.2	96.8	98.8	
120	78.2	87.2	92.8	97.3	99.4	
130	81.3	88.6	93.6	97.7		
140	84.1	89.6	94.3	97.5		
150	86	89.8	94.7	98.1		
160	87.1	90.2	95	98.3		
170	87.7	90.5	95.2	98.8		
180	88.2	90.3	95.1	99.6	99.4	99.7

表 3-12　烧结矿在 900℃不同还原气成分时的还原度　　　　（%）

还原时间/min	S3-1	S3-2	S3-3	S3-4	S3-5	S3-6
3	7.4	10.1	11.7	12.5	13.1	14.3
6	12	13.6	17.1	18.4	19.6	21.3
9	16.7	18.4	22.7	25.4	26.5	28.2
12	21	22.8	28.4	29.7	31	34.5
15	26.4	30.3	33.6	35.3	37.8	39.7
20	33.1	34.7	39.6	40.3	43.9	49.2
30	45.2	48.3	52.1	54.5	57.5	65.8
40	54.1	57.4	64	67.3	72.4	81.3
50	63.3	66.1	73.2	76.5	83	92.3
60	71	73.8	81.5	83.7	90.9	99.4
70	77.8	80.4	87.7	88.2	97	
80	83.2	85.1	91.5	91.9	99.1	
90	85.2	87.8	94.1	93.5		
100	88.4	90.3	96.2	95.9		
110	89.5	91.9	96.1	95.9		
120	90.2	92.8	96.9	97.6		
130	91.4	93.4	96.8	97.2		
140	92.4	93.8	96.4	97		
150	92.6	94.3	96.4	97.7		
160	93.2	94.1	96.5	97.1		
170	93.6	94.7	96.7	97.2		
180	94.0	95.1	96.4	97.5	99.5	99.6

表 3-13   烧结矿在 1000℃不同还原气成分时的还原度   （%）

还原时间/min	S4-1	S4-2	S4-3	S4-4
3	14.9	14.8	16.8	19
6	17.8	19.2	21	27.2
9	24.3	24.8	28.2	34.4
12	28	29	35.1	42.2
15	30.2	32.4	39.7	46.5
20	37.8	41.2	45.6	56.6
30	48.8	55.6	60.2	72.6
40	57.9	65.9	71.2	85.1
50	64.8	75.8	81.8	93.7
60	72.6	82.4	87.3	97.3
70	77.7	86	91.1	99.5
80	82.5	88.7	93	99.8
90	87.1	91.5	94.7	99.9
100	89.4	93.2	95.6	
110	91	94.2	96.4	
120	92.1	95.1	97.2	
130	93.4	95.7	97.4	
140	93.8	96.4	98.6	
150	94.6	96.7	98.8	
160	95	97.2	98.4	
170	95.3	97.4	98.5	
180	95.8	97.5	98.7	99.9

3.4.4   富氢还原实验结果分析

3.4.4.1   各温度下还原气中不同 H_2 含量对球团矿还原的影响

为研究不同 H_2 含量、不同还原温度对球团矿还原的影响，分别进行了还原温度 600℃、700℃、900℃、1000℃，还原气中 CO 含量固定为 40%，H_2 含量 2.5%、5%、7.5%、10%的球团矿还原实验。

还原温度 600℃，还原气中 H_2 含量 2.5%、5%、7.5%、10%时的球团矿还原实验曲线如图 3-21 所示。随着 H_2 含量从 2.5%逐步提高到 10%，球团矿的还原度逐步提高，180min 的还原度分别为 67.1%、71%、75%和 77.4%。

还原温度 700℃，还原气中 H_2 含量 2.5%、5%、7.5%、10%、12%、15%时

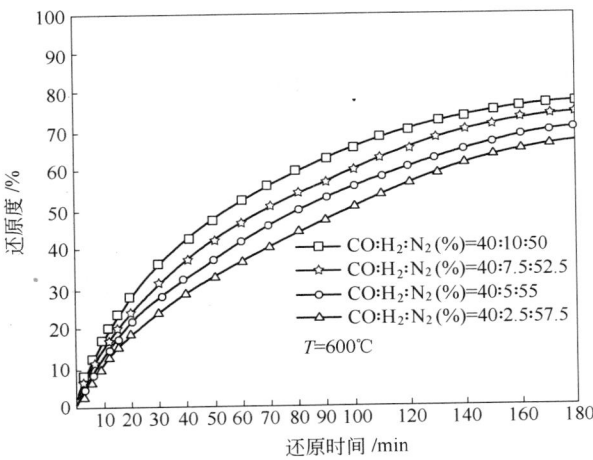

图 3-21　球团矿 600℃富氢还原曲线

的球团矿还原实验曲线如图 3-22 所示。随着 H_2 含量从 2.5%逐步提高到 15%，180min 的还原度分别为 87.1%、88.4%、90%、92.5%、99.1%、99.4%。比较图 3-21 和图 3-22 看出，在相同的还原气成分条件下，700℃时球团矿的还原度比600℃明显提高。例如，对于实验方案 P1-4（即还原气成分 CO 40%+10% H_2+50% N_2，球团矿在 600℃还原）其 180min 的还原度为 77.4%；实验方案 P2-4（即还原气成分 CO 40%+10% H_2+50% N_2，球团矿在 700℃还原），其还原度为92.5%。也就是说，还原温度从 600℃提高到 700℃，球团矿的还原度升高了 15.1%。

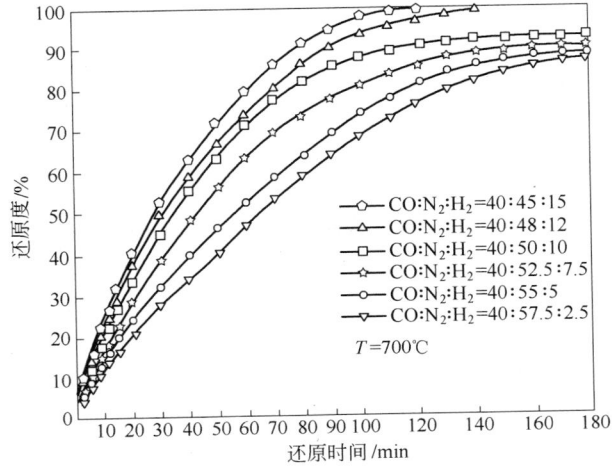

图 3-22　球团矿 700℃富氢还原曲线

还原温度 900℃，还原气中 CO 含量固定为 40%，H_2 含量从 2.5% 递增到 15%（N_2 含量相应地从 57.5% 递减到 45%）的球团矿还原实验结果如图 2-23 所示。不同 H_2 含量的 6 组还原曲线，其 180min 的还原度分别为 89.3%、93.4%、95.38%、97.7%、99.5%、99.4%。在 H_2 含量从 2.5% 提高到 7.5% 的范围内，还原速率提高的程度较为明显。根据表 3-8 中数据，H_2 含量 2.5% 时球团矿 180min 的还原度为 89.3%，H_2 含量 5% 时 120min 的还原度达到 90.7%，H_2 含量 7.5% 时 90min 的还原度即达 89.6%。继续增加 H_2 含量到 12% 及 15%，还原到达终点的时间（即试样不再减重）分别缩短至 90min 和 70min。

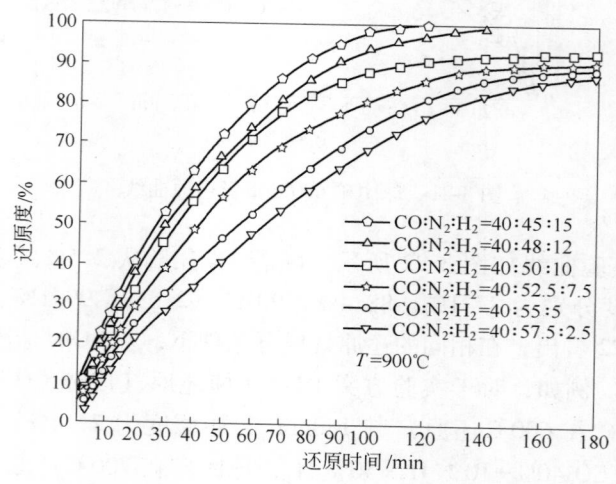

图 3-23   球团矿 900℃ 富氢还原曲线

还原温度为 1000℃，还原气中 CO 含量固定为 40%，H_2 含量分别为 2.5%、5%、7.5% 和 10%（相应的 N_2 含量为 57.5%、55%、52.5% 和 50%）时球团矿的还原度分别为 90.3%、95.2%、97.4% 和 99.6%。从图 3-24 可以看出，在还原实验开始后 20min 内，这 4 组还原曲线的走势基本吻合，还原速率相差不大。在还原实验进行 20min 后，这 4 组还原曲线的走势开始分化：H_2 含量 2.5% 的还原速率显得缓慢，其 180min 的最终还原度最低（90.3%）；H_2 含量 5% 的还原实验，在 100min 时还原度达到 90.8%；H_2 含量 7.5% 的还原实验，在 70min 时还原度即达到 89.9%；H_2 含量 10% 的还原实验，在还原 70min 时已达还原终点（还原度 99%）。

3.4.4.2   各温度下还原气中不同 H_2 含量对烧结矿还原的影响

为研究不同 H_2 含量、不同还原温度对烧结矿还原的影响，分别进行了还原温度 600℃、700℃、900℃、1000℃，还原气中 CO 含量固定为 40%，H_2 含量 2.5%、5%、7.5%、10% 的烧结矿还原实验。

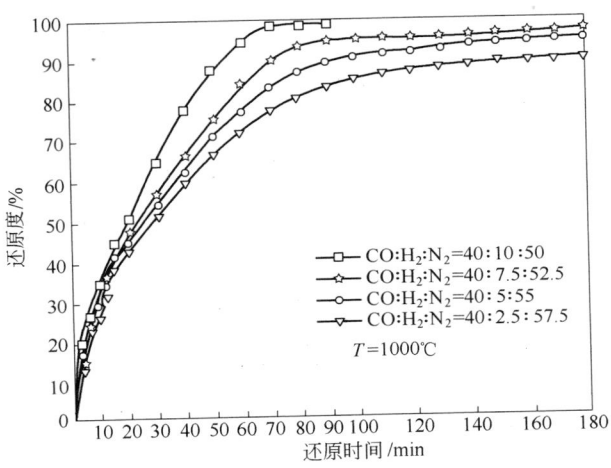

图 3-24　球团矿 1000℃ 富氢还原曲线

还原温度 600℃，还原气中 H_2 含量 2.5%、5%、7.5%、10% 时的烧结矿还原实验曲线如图 2-25 所示。随着 H_2 含量从 2.5% 逐步提高到 10%，烧结矿的还原度逐步提高，180min 的还原度分别为 76.9%、80.4%、85.3%、92.3%。

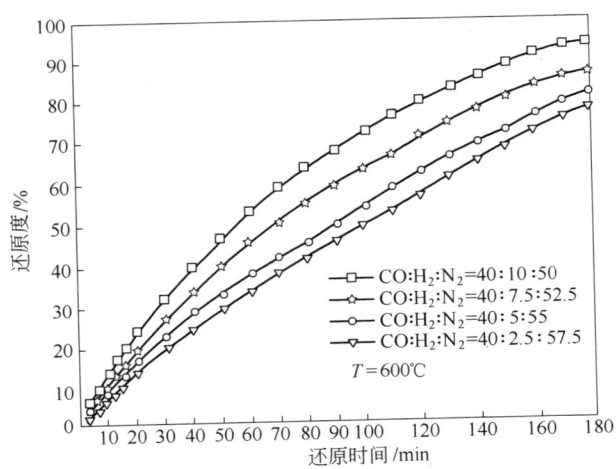

图 3-25　烧结矿 600℃ 富氢还原曲线

从图 3-21 和图 3-25 可以看出，在还原温度为 600℃、还原气成分相同时，烧结矿的还原度明显高于球团矿。这可能与在此温度范围内烧结矿发生晶格转变，体积膨胀，使烧结矿裂纹增加，改善还原反应的扩散环节有关。

还原温度 700℃，还原气中 CO 含量固定为 40%，H_2 含量分别为 2.5%、5%、7.5%、10%、12%、15% 的烧结矿还原实验曲线如图 3-26 所示。随着 H_2 含量从

2.5%逐步提高到 15%，烧结矿的还原度逐步提高，180min 的还原度分别为 88.2%、90.3%、95.1%、99.6%、99.4%、99.7%。当还原气体中氢含量达到 10%时烧结矿的还原度达到 99.6%，表明烧结矿中铁氧化物的氧基本被夺去。

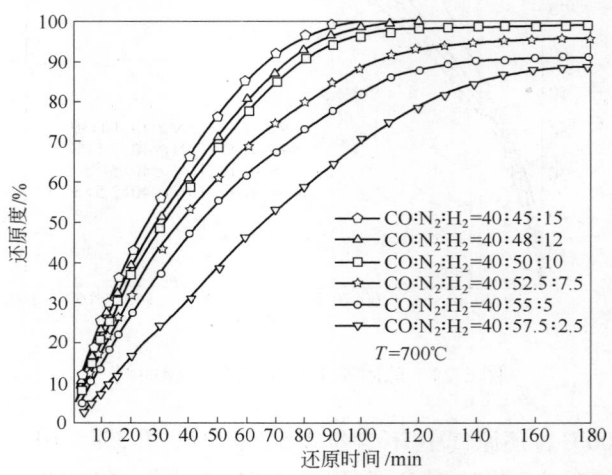

图 3-26   烧结矿 700℃富氢还原曲线

还原温度 900℃，还原气中 CO 含量固定为 40%，H_2 含量分别为 2.5%、5%、7.5%、10%、12%、15%的烧结矿还原实验曲线如图 3-27 所示。随着 H_2 含量从 2.5%逐步提高到 15%，烧结矿的还原度逐步提高，180min 的还原度分别为 94%、95.1%、96.4%、97.5%、99.5%、99.6%。这组数据表明，与还原温度 600℃、700℃相比，烧结矿在 900℃还原时 H_2 含量增加过程中还原度提高的幅度

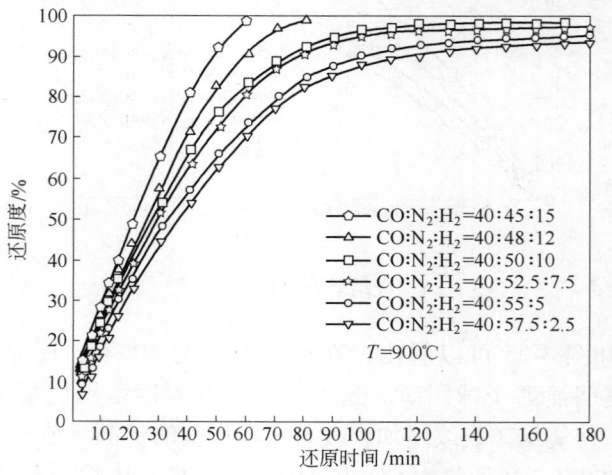

图 3-27   烧结矿 900℃富氢还原曲线

不甚明显。但在还原气中 H_2 含量提高到 12% 以上时，烧结矿在 80min 内即实现全部还原（还原度达到 99.6%）。

还原温度 1000℃，还原气中 CO 含量固定为 40%，H_2 含量分别为 2.5%、5%、7.5%、10% 的烧结矿还原实验曲线如图 3-28 所示。随着 H_2 含量从 2.5% 逐步提高到 10%，烧结矿的还原度逐步提高，180min 的还原度分别为 95.8%、97.5%、98.7%、99.9%。也就是说，在还原温度 1000℃时，还原气中 H_2 含量在 2.5%~10% 的范围内，180min 的还原度均在 95% 以上。

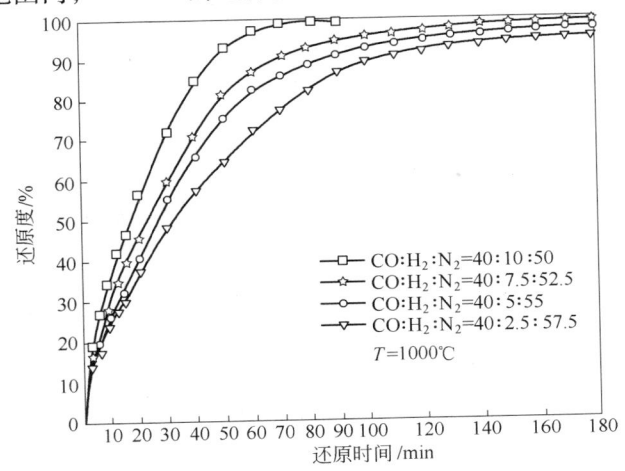

图 3-28 烧结矿 1000℃富氢还原曲线

3.4.5 小结

在给定的实验条件下，研究了还原温度、还原气成分对武钢高炉使用的烧结矿和球团矿还原性能的影响，还原试验结果汇总于表 3-14，据此得出以下结论。

表 3-14 温度和还原气成分对铁矿石还原的影响

温度/℃	矿 石	还原气中 H_2 含量/%					
		2.5	5.0	7.5	10.0	12.0	15.0
600	球团矿	67.1	71.0	75.0	77.4		
	烧结矿	76.9	80.4	85.3	92.3		
700	球团矿	87.1	88.4	90.0	92.5	99.1	99.4
	烧结矿	88.2	90.3	95.1	99.6	99.4	99.7
900	球团矿	89.3	93.4	95.38	97.7	99.5	99.4
	烧结矿	94.0	95.1	96.4	97.5	99.5	99.6
1000	球团矿	90.3	95.2	97.4	99.6		
	烧结矿	95.8	97.5	98.7	99.9		

3.4.5.1 还原温度的影响

在相同的还原气成分条件下，随着还原温度升高，球团矿和烧结矿的还原度均随之提高。在 $600 \sim 900℃$ 的温度区间内，煤气中 H_2 含量越低，提高温度对加速烧结矿、球团矿还原的作用越明显，煤气中 H_2 含量 2.5% 时提高温度加速还原的效果最大。还原温度从 $900℃$ 继续提高到 $1000℃$，球团矿和烧结矿的还原度增加甚微。

3.4.5.2 还原气成分的影响

在相同的还原温度下，还原气中 H_2 含量从 2.5% 提高到 5% ~ 7.5% 时，球团矿和烧结矿的还原度提高均很明显；H_2 含量继续提高到 10%，球团矿和烧结矿的还原度提高幅度不大。由此认为，还原气中 H_2 含量 5% ~ 7.5% 时对改善高炉的间接还原，提高 CO 利用率有重要作用。

3.4.5.3 烧结矿和球团矿还原性能比较

在 $600℃$ 和相同的还原气成分条件下，烧结矿的还原性明显优于球团矿。在 $900 \sim 1000℃$ 的温度区间内，煤气富氢程度低时（H_2 含量 2.5%），烧结矿的还原性仍明显优于球团矿。煤气中 H_2 含量提高到 5% 以上时，在 $700 \sim 1000℃$ 的温度区间内，烧结矿和球团矿的还原性差异甚微。由此认为，对于球团使用率较高的高炉，为改善炉内的间接还原，或需要更高的还原温度，或需要提高还原气中的 H_2 含量。在富氢还原的条件下（H_2 含量大于 5%），适当降低还原温度，仍可获得较高的间接还原度。

3.4.6 生产高炉炉内 H_2 的行为

在现代高炉生产中，部分高炉喷吹含 H_2 高的燃料，例如重油、天然气、焦炉煤气和高挥发分长焰烟煤等，所形成的炉腹煤气中 H_2 含量高于全焦冶炼或喷吹无烟煤的高炉。H_2 在炉腹煤气中的含量取决于喷吹燃料的含 H_2 量、喷吹燃料数量和富氧程度，因此它的波动范围较大。例如，前苏联契列波维茨钢铁公司（现俄罗斯"北方巨人"）喷吹天然气 $50m^3/t$ 时，炉腹煤气中 H_2 5.6%，CO 39.3%；而喷吹天然气 $100m^3/t$ 时，炉腹煤气中 H_2 达 11% 以上，CO 则为 38.5%。

从热力学角度分析，H_2 在高温区（$810℃$ 以上）的还原能力比 CO 强；而从动力学角度分析，H_2 和还原产物 H_2O 的扩散能力超过 CO 和产物 CO_2。在高温、高压条件下，H_2 发展了间接还原，加快了间接还原的作用，H_2 的利用率应该超过 CO 的利用率，但是存在着两方面的因素限制了 H_2 利用率和加快间接还原速度的作用。

首先是高炉内存在基本上达到平衡状态的水煤气置换反应：

$$CO + H_2O \Longrightarrow CO_2 + H_2$$

H_2 还原反应产生的 H_2O 遇到煤气中的 CO，被还原成 H_2 和 CO_2，这一反应降低了 η_{H_2}，但却提高了 η_{CO}，但是这一作用却随着 H_2 含量的增加到一定程度后逐渐减弱甚至失去作用，前苏联契钢的生产实践（图3-29），证实了这一规律。

从图3-29看出，喷吹$80m^3/t$天然气时η_{CO}开始下降，而$150m^3/t$时η_{CO}降低到不喷吹时的水平。在继续提高喷吹量时，η_{CO}降到40%，比不喷吹时还要低8%。

其次，随着矿石下降到较高温度区，其结构发生变化，例如颗粒烧结的软熔使其孔隙度降低，特别是微孔隙减少，H_2和H_2O扩散优势不能很好发挥，影响了还原反应速度。

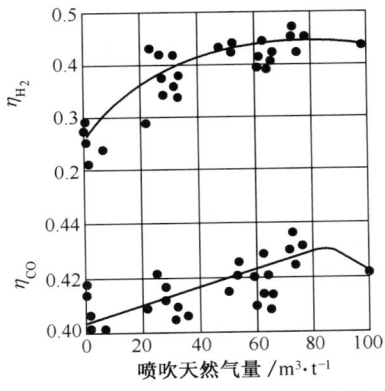

图3-29 前苏联契钢喷吹天然气后 η_{H_2} 和 η_{CO} 的变化

在高炉的中低温区（<810℃），CO的还原能力比H_2的强，间接还原大部分由CO承担，但是在矿石微孔隙处，H_2仍然发挥其扩散能力的作用，促进着间接还原的进行。

总之，高炉炉腹煤气中H_2适度增加后发展了间接还原，使炉内铁的直接还原度r_d降低，减少了直接还原耗热，从而有利于降低燃料比。

表3-15列出作者在1990年作为访问学者在苏联列宁格勒加里宁工学院收集的苏联部分钢铁厂喷吹天然气的生产业绩。

表3-15 苏联部分钢铁企业高炉喷吹天然气的生产业绩

厂名	克钢（克里沃罗格）		查钢（查波罗什）		亚速钢	新列别茨克		契钢			马钢	下塔吉尔	车里亚宾斯克	库钢	西西伯利亚钢
炉容/m^3	2700	5027	1513	1410	1719	2056	3200	1067	2700	5500	2014	2700	1719	1719	3000
$d_缸$/m	11.0	14.7	8.6	8.2	9.1	9.75	12.0	7.65	11.0	—	9.75	11.0	9.1	9.02	11.6
η_V/t·$(m^3·d)^{-1}$	1.73	1.93	1.77	1.86	1.66	2.39	2.52	2.81	2.31	1.92	2.46	1.90	1.73	1.94	2.13
η_A/t·$(m^2·d)^{-1}$	48.73	57.31	58.06	49.02	43.99	64.09	71.05	61.51	65.55	59.77	66.35	53.84	45.82	52.19	60.56
焦比/kg·t^{-1}	528	461	473	493	514	428	412	431	431	459	420	458	506	505	437
天然气/m^3·t^{-1}	97	119	155	157	124	145.1	122	125	117	72	100	113	110	62	100
富氧/%	27.9	32.8	28.4	29.2	29.8	36.6	31.4	35.77	31.26	27.39	29.66	28.44	26.6	23.1	29.7
$t_风$/℃	933	1144	1194	1192	1140	1070	1192	1025	1125	1166	1128	1155	1094	1021	1181
炉顶煤气成分															
CO_2/%	18.90	22.00	19.29	18.14	17.90	19.30	21.00	22.50	22.10	18.90	19.70	18.20	17.60	17.20	20.20

厂名	克钢(克里沃罗格)		查钢(查波罗什)		亚速钢	新列别茨克	契钢				马钢	下塔吉尔	车里亚宾斯克	库钢	西西伯利亚钢
炉顶煤气成分															
$CO/\%$	25.60	23.70	24.42	24.93	26.77	27.10	24.57	26.00	24.70	22.70	22.90	25.30	24.60	25.20	21.50
$H_2/\%$	7.30	8.50	10.08	9.92	7.27	10.90	9.20	8.70	8.40	4.70	8.40	7.81	7.40	4.60	6.90
η_{CO}/η_{H_2}	41.78/32.03	48.14/41.49	42.62/38.64	42.12/40.21	40.01/46.77	41.54/39.48	47.22/43.24	46.39/49.16	47.23/45.65	43.43/48.04	46.24/35.57	41.84/47.28	41.71/35.46	42.96/40.95	45.19/47.40
$t_{理}/℃$	2060	2234	无资料		2158	2191	2116	2165	2103	2057	2175	2063	2084	2033	2200
$r_d/\%$	30.08	25.71	无资料		22.65	无	27.81	21.35	25.16	30.61	44.01	21.57	27.20	40.23	27.92

注：这些企业和高炉为 A. H. 拉姆教授《现代高炉过程计算分析》书中所列的同一企业和高炉。

从表 3-15 看出，喷吹天然气 $100 \sim 150m^3/t$ 以上的高炉，它们的炉顶煤气中 H_2 含量都较高，η_{H_2} 和 η_{CO} 相对较低，所以提高炉腹煤气中的 H_2 量应该适度，并非 H_2 含量越高越好，武钢做的富氢还原试验结果也说明了这一规律。

3.5　高炉高效低碳冶炼的热消耗—热平衡分析

燃料在高炉内的作用之一就是为冶炼提供需要的热量，因而冶炼单位生铁的热消耗就决定了燃料比的高低。高炉热平衡对冶炼工作者来说，其重要意义在于了解高炉内冶炼过程中热量的去向，以寻找降低热消耗的途径。在高炉冶炼工艺原理发展过程中，热平衡一直是计算燃料比的基础。例如著名的 A. H. 拉姆教授创立的联合计算法，就是建立在热平衡的基础上的，长期以来该计算法一直是计算理论焦比的方法之一。在现代高炉冶炼工艺原理中，将热平衡区分为全炉热平衡和区域热平衡两类。人们在研究高炉冶炼过程和生产实践中，认识到高炉内煤气所携带相同的热量，但温度高低不同，其使用价值完全不同。最有价值的是高炉下部的高温热量，它保证直接还原的进行，渣铁熔融和过热到所需的温度，因此高温区的区域热平衡受到特别重视。长期以来，由于炼铁学术界对高温区的边界温度 $t_{边界}$ 和边界处炉料与煤气之间的温度差 Δt 存在分歧，高温区热平衡未得到部分著名专家教授的认同和应用。前述 A. H. 拉姆的 $C\text{-}r_d$ 图解法和他的联合计算法都是建立在全炉热平衡基础上的。随着高炉冶炼技术的进步，精料和布料及调整三次煤气分布都取得很大进展，使高炉热交换稳定，现在高炉炼铁工作者已形成共识，将高温区边界确定为 1000℃（即 FeO 直接还原发展的区域），边界处炉料与煤气的温度差在 50℃ 左右，而且认为在冶炼普通生铁时高温区热量的需求是决定燃料比的主要因素。由于以上进展，高炉高温区热平衡日益得到重视，并获得了广泛的应用。

3.5.1 W厂高炉生产的热平衡

为使读者了解全炉热平衡和高温区热平衡，以及利用热平衡来分析降低碳消耗，本节以W厂8号高炉2012年6月生产的业绩为例，编制其热平衡。

3.5.1.1 W厂8号高炉2012年6月生产条件和结果

A 原燃料成分

该高炉生产所用的原燃料成分列于表3-16~表3-18。

表3-16 矿石和熔剂成分 （%）

名称	TFe	FeO	Fe_2O_3	SiO_2	CaO	MgO	Al_2O_3	MnO	TiO_2	V_2O_5	P_2O_5	S	其他	总和
烧结矿	55.46	7.71	70.66	5.41	10.81	1.92	1.93	0.21	0.13	0.88	0.32	0.02	0	100.00
鄂球	62.84	1.39	88.23	5.32	1.96	1.00	1.44	0.23	0.27	—	0.63	0.01	0.01	100.00
澳矿	63.79	0.55	90.52	3.18	0.096	0.043	1.07	0.104	—	—	0.821	0.03	3.59	
混合矿	58.11	5.31	77.11	5.10	7.30	1.46	1.71	0.20	0.15	0.68	0.46	0.02	0.50	100.00
蛇纹石	9.83	6.37	6.96	34.66	0.55	35.39	1.98	0.15	0.08	—	0.04	0.04	13.78	100.00

注：块矿和混合矿成分是按当月平均消耗数量的比例计算出来的，三种块矿的消耗比例为澳矿∶南非∶海南＝51.03∶44.36∶4.51，混合矿消耗比例为烧∶球∶块＝63.47∶23.39∶12.87。

表3-17 焦炭成分 （%）

固定碳	灰分12.32							
	SiO_2	Al_2O_3	CaO	MgO	FeO	FeS	MeO[①]	P_2O_5
84.75	6.42	5.84	0.57	0.05	0.30	0.02	0.17	0.06

有机物1.50			挥发分1.32					全碳	全硫
H_2	N_2	S	CO_2	CO	CH_4	H_2	N_2		
0.50	0.30	0.70	0.46	0.49	0.05	0.08	0.24	85.23	0.71

①MeO为K_2O、Na_2O、ZnO等。

表3-18 煤粉组成 （%）

工业分析C	全C	全碳	全硫
74.9	81.39	0.43	1.51

挥发分				灰分11.40					
C	H	O	N	SiO_2	Al_2O_3	CaO	MgO	FeO	MeO[①]	P_2O_5
6.49	3.30	2.00	1.00	6.12	4.83	0.60	0.11	0.32	0.26	—

①MeO为K_2O、Na_2O、ZnO等。

B 鼓风参数

热风压力 0.416kPa

热风温度　　　1178℃

湿风量　　　　$V_风 = 7442 m^3/min$

氧量　　　　　$V_{O_2} = 39119 m^3/h = 652 m^3/min$

富氧率　　　　$A = \dfrac{V_{O_2}}{V_{O_2} + V_风} = 8.06\%$

干鼓风含氧　　$O_{干风} = (1 - A)0.21 + AO_{工业} = 0.2715 m^3/m^3$　　　　　(3-94)

湿鼓风含氧　　$O_{湿风} = [(1 - \varphi)0.21 + 0.5\varphi](1 - A) + AO_2 = 0.2754 m^3/m^3$

(3-95)

鼓风湿度　　　$\varphi = 10 g/m^3$ 或 $0.0125 m^3/m^3$ 或 1.25%

C　生产结果

(1) 矿耗：混合矿 1626kg/t、蛇纹石 11.13kg/t，合计矿耗 1637.13kg/t，其中烧结矿 1036.41kg/t、鄂球 380.32kg/t、澳矿 106.79kg/t、南非矿 92.83kg/t、海南矿 26.93kg/t。

(2) 燃料消耗：焦炭 293kg/t、焦丁 43.5kg/t、煤粉 174.6kg/t、燃料比 511.1kg/t。

(3) 鼓风和氧消耗：风量 7442m³/min、1077.6m³/t，工业氧 39119m³/h = 652m³/min = 94.4m³/t 生铁。

(4) 生铁：产量 298256.5 吨/月 = 9941.9t/d = 414.25t/h = 6.9t/min，成分 C 4.65%、Si 0.402%、Mn 0.26%、P 0.119%、Ti 0.048%、V 0.268%、S 0.02%、Fe 94.232%，温度 1507℃。

(5) 炉渣：成分 SiO_2 34.15%、CaO 38.35%、MgO 9.22%、Al_2O_3 15.34%、FeO 0.23%、MnO 0.27%、TiO_2 0.71%、V_2O_5 0.40%、S 1.01%、K_2O 0.56%、Na_2O 0.035%，温度 1550℃。

(6) 煤气：成分 CO 25.5%、CO_2 23.5%、H_2 4.0%、N_2 47%，温度 146℃。

(7) 炉尘量 10.8kg/t，高炉除尘灰及污泥成分见表 3-19。

表 3-19　高炉除尘灰及污泥成分　　　　　　　　　(%)

成　分	SiO_2	CaO	MgO	Al_2O_3	ZnO	K_2O	Na_2O	FeO	Fe_2O_3	S	C	总和
除尘灰	5.65	2.20	0.64	2.26	1.77	0.21	0.065	9.27	45.35	0.44	32.145	100.00
污　泥	4.38	1.42	0.49	2.25	9.47	0.23	0.062	17.95	12.31	1.59	49.848	100.00

(8) 测定数据：

1) 冷却水流量：风口 1255t/h，冷却壁 4703t/h，炉底 811t/h；

2) 冷却水温差：风口 6.6℃，冷却壁 6.1℃，炉底 0.2℃；

3) 炉壳表面温度：38℃。

3.5.1.2 物料平衡计算

物料平衡是编制热平衡的基础，通过物料平衡计算确定生产中不计量的渣量、炉顶煤气量以及冶炼消耗的实际风量等。

A 渣量计算

通过原燃料带入高炉的不能还原的氧化物（CaO、MgO、Al_2O_3）的平衡，均可计算出渣量。在高炉生产实践中，遇到量最多而化验误差最小的氧化物是CaO，因此通常都以CaO平衡来计算渣量：

$$U = \frac{原燃料带入 CaO - 炉尘带走 CaO}{渣中 CaO 质量含量} = \frac{CaO_焦 + CaO_煤 + CaO_矿 + CaO_熔 - CaO_尘}{(CaO)}$$

(3-96)

将8号高炉的数据代入得：$U = 316.8 kg/t$。

B 煤气量和风量计算

按进入炉顶煤气的四个元素碳、氧、氮和氢的平衡计算。由于生产中难于测定 H_2 还原生成的 $H_2O_还$，常通过氧、氢平衡方程消去 $H_2O_还$，然后采用碳、氧、氮三个平衡方程式求解 $V_煤气$ 和 $V_风$ 两个未知数。因此有三种组合，即 [C，O]、[C，N] 和 [O，N]。其中 [C，N] 计算最简单，而 [O，N] 最复杂。三种组合算出的结果理论上应是相同的，但生产中化验和计量总是有误差，最大误差发生在氮的数量上，因为过去用奥氏分析仪化验煤气成分时 N_2 不化验，而是用 $N_2 = 100-CO-CO_2-H_2-CH_4$ 计算出余数。由于化验的所有误差都集中在 N_2 上，用它来计算 $V_煤气$ 和 $V_风$ 将产生相当大的误差，三种组合计算结果会相差很多。理论分析和实践表明，其中 [C，O] 组合计算的 $V_风$ 和 $V_煤气$ 最接近生产实际，因为计算式中没有误差最大的 N_2。现代高炉上采用气相色谱仪，其精确度远超过奥氏分析仪，例如通过气相色谱仪测定炉顶煤气中无 CH_4，氮不再是余数，而是实际测定值，在这种情况下可以直接采用 [C，N] 组合计算 $V_煤气$、$V_风$。三种组合计算的方法和计算式见文献 [1]。由于 W 厂是用气相色谱仪化验煤气，所以本例用 [C，N] 组合计算 $V_煤气$、$V_风$，根据 W 厂8号高炉2012年6月份生产的数据，计算所得干风量和干煤气量分别为 $V_煤气 = 1439 m^3/t$ 和 $V_干风 = 924 m^3/t$，其中，风机风量为 $851.2 m^3/t$，富氧量为 $72.8 m^3/t$。

相应的湿风量为 $935.8 m^3/t$，而风中含 H_2O 为 $11.55 m^3/t$。炉顶煤气中还原生成的 H_2O 还按 H_2 平衡计算得出，相应为 $70.81 m^3/t$。

生产统计的风量为 $1188.7 m^3/t$，计算所得的风量均小于此值。造成差别的原因有计量上的误差，更多的是生产中送风系统管路有漏风现象。从所得统计风量与计算风量的差值看，W 厂8号高炉的漏风率大约为 3%~5%。

为编制物料平衡，需将 $V_风$、$V_煤气$ 以及风中水分和煤气中还原生成的 H_2O 换算成质量，为此分别算出鼓风、煤气和 H_2O 的比密度：

干风的比密度　　　$\rho_{风} = \dfrac{32}{22.4} \times 0.2715 + \dfrac{28}{22.4} \times 0.7285 = 1.2985 \text{ kg/m}^3$

干煤气的比密度

$\rho_{煤气} = \dfrac{44}{22.4} \times 0.235 + \dfrac{28}{22.4} \times (0.255 + 0.47) + \dfrac{2}{22.4} \times 0.04 = 1.3715 \text{ kg/m}^3$

H_2O 的比密度　　　$\rho_{H_2O} = \dfrac{18}{22.4} = 0.804$

干风重　　　　　　$924 \times 1.2985 = 1200.13 \text{ kg/t}$

干煤气重　　　　　$1439 \times 1.3715 = 1973.59 \text{ kg/t}$

风中水重　　　　　$11.55 \times 0.804 = 9.28 \text{ kg/t}$

煤气中 $H_2O_{还重}$　　$70.81 \times 0.804 = 56.9 \text{kg/t}$

C　物料平衡表（表 3-20）

表 3-20　W 厂 8 号高炉 2012 年 6 月生产的物料平衡表　　　　　（kg/t）

名　称	收　入	名　　称	支　出
焦　炭	336.5	生　铁	1000.00
煤　粉	174.6	炉　渣	316.8
混合矿	1626.00	炉　尘	10.80
熔　剂	11.13	煤　气	1973.59
鼓　风	1200.13	还原产生 H_2O	56.90
风中水分	9.28	误　差	-0.45
合　计	3357.64		3357.64

注：物料平衡误差为 -0.45kg/t，不足 1%。

3.5.1.3　铁的直接还原度和炉顶煤气利用率

（1）风口前燃烧碳量和炉内气化进入煤气的碳量：

按反应式 $2C + O_2 = 2CO$ 计算：

$$C_{风} = \frac{2 \times 12}{22.4} \times V_{风湿} \times 风中含氧 \qquad (3\text{-}97)$$

将前面计算得到的 $V_{风湿}$ 和风中含氧 0.2754 代入得：

$$C_{风} = \frac{2 \times 12}{22.4} \times 935.8 \times 0.2754 = 276.13 \text{kg/t}$$

气化碳量计算式为：

$$C_{气化} = C_{焦} + C_{煤} + C_{矿} - C_{尘} - C_e$$

$$= 336.5 \times 0.8475 + 174.6 \times 0.8139 - 10.8 \times 0.3215 - 46.5 = 377.32 \text{kg/t}$$

$$(3\text{-}98)$$

（2）铁直接还原耗碳：

$$C_{dFe} = C_{气化} - C_{风} - C_{dSi, Mn, P, S...} - C_{焦挥} \tag{3-99}$$

$$= 377.32 - 276.13 - 6.99 - 1.38 = 92.82 kg/t$$

（3）铁的直接还原度：

按 C_{dFe} 计算：

$$r_d = \left(C_{dFe} \times \frac{56}{12}\right)/([Fe] \times 10^3) = \frac{92.82 \times 56}{12 \times 942.32} = 0.46 \tag{3-100}$$

（4）η_{CO} 和 η_{H_2}：

按炉顶煤气成分：

$$\eta_{CO} = \frac{CO_2}{CO + CO_2} = \frac{23.5\%}{25.5\% + 23.5\%} = 0.48 \tag{3-101}$$

按炉内生成的 CO 和 CO_2：

生成的 CO 量：$V_{CO} = (C_{风} + C_{dFe} + C_{dSi, Mn, P, S...})\dfrac{22.4}{12}$

$$= (276.13 + 92.82 + 6.99) \times \frac{22.4}{12} = 701.75 m^3/t$$

间接还原生成 CO_2：$V_{CO_2} = 1439 \times 0.235 = 338.17 m^3/t$

$$\eta_{CO} = 338.17/701.75 = 0.48$$

还原生成的 $H_2O_{还}$： $H_2O_{还} = 70.81 m^3/t$

原燃料及鼓风带入炉内的 H_2：

$$V_{H_2} = \frac{22.4}{2}(V_{H_2料} + V_{H_2喷}) + V_{风}\varphi = 128.37 m^3/t \tag{3-102}$$

$$\eta_{H_2} = 70.81/128.37 = 0.55$$

η_{H_2} 达到了理论上允许的最高程度，一般应为 0.4 左右。

3.5.1.4 热平衡计算

A 全炉热平衡

a 热收入项

（1）燃料的碳在风口前燃烧放热（扣除喷吹燃料分解耗热）q_1：

$q_1 = 9800C_{风} - MQ_{M分} = 9800 \times 276.13 - 174.6 \times 1150 = 2.5053 GJ/t$

（2）还原过程中 C、CO、H_2 氧化放热 q_2：

$$q_2 = q_{C_d} + q_{iCO} + q_{iH_2}$$

$$q_{C_d} = 9800(C_{dFe} + C_{dSi, Mn, P, S...}) = 9800 \times (92.82 + 6.99) = 0.9781 GJ/t$$

$$q_{iCO} = 12650c_{CO_2} = 12650 \times 338.17 = 4.2779 GJ/t$$

$$q_{iH_2} = 10800c_{H_2O} = 10800 \times 70.81 = 0.7647 GJ/t$$

$$q_2 = 0.9781 + 4.2779 + 0.7647 = 6.0207 GJ/t$$

（3）热风带入（扣除风中水分分解耗热）q_3：

$q_3 = V_风 C_风 t_风 - 10800 V_风 \varphi = 935.8 \times 1178 \times 1.42 - 10800 \times 11.55 = 1.4406 GJ/t$

第二种热平衡：

热收入　　$q = q_1 + q_2 + q_3 = 2.5053 + 6.0207 + 1.4406 = 9.9666 GJ/t$

第三种热平衡：

热收入　　　　$q = q_1 + q_3 = 2.5053 + 1.4406 = 3.9459 GJ/t$

b　热支出项

（1）氧化物分解 q_1：

铁氧化物分解：

$Fe_2SiO_4 \to FeO$ 时，设定烧结矿中 FeO 有 20% 为 Fe_2SiO_4，焦炭、煤粉灰分中 FeO 均为 Fe_2SiO_4：

$$q'_{Fe_2SiO_4 \to FeO} = 310 Fe_{Fe_2SiO_4 \to FeO}$$

$$= 310 \times \frac{56}{72}(1626 \times 0.6374 + 0.2 \times 0.0771 + 336.5 \times 0.003 + 174.6 \times 0.0032)$$

$$= 0.0042 GJ/t$$

$Fe_2O_3 \to FeO$ 时，

$$q'_{Fe_2O_3 \to FeO} = 2370 \ Fe_{Fe_2O_3 \to FeO} = 2370 \times \frac{112}{160} \times 1626 \times 0.7711 = 2.0800 GJ/t$$

$FeO \to Fe$ 时，

$$q'_{FeO \to Fe} = 4990[Fe] \times 10^3 = 4990 \times 942.32 = 4.7022 GJ/t$$

铁氧化物分解耗热　$0.0042 + 2.0800 + 4.7022 = 6.7864 GJ/t$

硅氧化物分解　$q'_{硅氧化物} = 31360 \times [Si] \times 10^3 = 31360 \times 4.02 = 0.1261 GJ/t$

锰氧化物分解　$q'_{锰氧化物} = 7015 \times [Mn] \times 10^3 = 7015 \times 2.60 = 0.0182 GJ/t$

磷氧化物分解　$q'_{磷氧化物} = 36000 \times [P] \times 10^3 = 36000 \times 1.19 = 0.0428 GJ/t$

钛氧化物分解　$q'_{钛氧化物} = 19720 \times [Ti] \times 10^3 = 19720 \times 0.48 = 0.0095 GJ/t$

钒氧化物分解　$q'_{钒氧化物} = 15260 \times [V] \times 10^3 = 15260 \times 2.68 = 0.0409 GJ/t$

氧化物分解总耗热　$q_1 = 6.7864 + 0.1261 + 0.0182 + 0.0428 + 0.0095 +$
　　　　　　　　　　　$0.0409 = 7.0239 GJ/t$

（2）脱 S 耗热：

第二种热平衡　$q'_S = 8300 U(S) = 8300 \times 316.8 \times 0.0101 = 0.0266 GJ/t$

第三种热平衡　$q'_S = 4650 U(S) = 4650 \times 316.8 \times 0.0101 = 0.0149 GJ/t$

（3）直接还原耗热：

$$q'_{Fe} = 2890 \times [Fe] \times 10^3 \times r_d = 2890 \times 942.32 \times 0.46 = 1.2527 GJ/t$$

$$q'_{Si} = 22960 \times [Si] \times 10^3 = 22960 \times 4.02 = 0.0923 GJ/t$$

$$q'_{Mn} = 4880 \times [Mn] \times 10^3 = 4880 \times 2.6 = 0.0127 GJ/t$$

$$q'_P = 26520 \times [P] \times 10^3 = 26520 \times 1.19 = 0.0316GJ/t$$

$$q'_{Ti} = 9500 \times [Ti] \times 10^3 = 9500 \times 0.48 = 0.0046GJ/t$$

$$q'_V = 11310 \times [V] \times 10^3 = 11310 \times 2.68 = 0.0303GJ/t$$

直接还原总耗热 $q'_2 = 1.2527 + 0.0923 + 0.0127 + 0.0316 + 0.0046 + 0.0303 = 1.4242GJ/t$

（4）炉渣的焓：$q'_渣 = UQ_U = 316.8 \times 1900 = 0.6019GJ/t$

（5）铁水的焓：$q'_{铁水} = 1000Q_U = 1000 \times 1300 = 1.30GJ/t$

（6）煤气的焓：

$$q'_{煤气} = V_{煤气}C_{煤气}t_顶 + V_{H_2O还}C_{H_2O}t_顶$$
$$= 1439 \times 1.40 \times 146 + 70.81 \times 1.503 \times 146$$
$$= 0.3096GJ/t$$

（7）物料中结晶水分解，水分蒸发和过热到炉顶温度：

矿石中结晶水　　　　$1626 \times 0.1287 \times 0.0359 = 7.5126kg/t$ 或 $9.349m^3/t$

焦炭中水分　　　　　$336.5 \times 0.005 = 1.68kg/t$ 或 $2.09m^3/t$

块矿中水分　　　　　$1626 \times 0.1287 \times 0.03 = 6.28kg/t$ 或 $7.81m^3/t$

结晶水分解热　　　　$6150 \times 7.5126 = 0.0462GJ/t$

水分蒸发耗热　　　　$2450 \times (1.68+6.28) = 0.0195GJ/t$

过热到炉顶温度耗热　$(9.349+2.09+7.81) \times 1.503 \times 146 = 0.0042GJ/t$

$$q'_7 = 0.0462 + 0.0195 + 0.0042 = 0.0669GJ/t$$

（8）冷却水带走的热量：

风口区　　　　$3030 \times 6.6 \times 4.187 = 0.0837GJ/t$

冷却壁区　　　$11350 \times 6.1 \times 4.187 = 0.2899GJ/t$

炉底区　　　　$1960 \times 0.2 \times 4.187 = 0.0164GJ/t$

$$q'_8 = 0.0837 + 0.2899 + 0.0164 = 0.39GJ/t$$

全炉热平衡表见表3-21。

表 3-21　全炉热平衡表

收　入	第二热平衡		第三热平衡	
	GJ/t	%	GJ/t	%
风口前碳燃烧放热	2.5053	25.14	2.5053	63.49
直接还原 C 氧化成 CO 放热	0.9781	9.82	—	—
间接还原 CO 氧化成 CO_2 放热	4.2779	42.92	—	—
间接还原 H_2 氧化成 H_2O 放热	0.7647	7.67	—	—
热风带入	1.4406	14.45	1.4406	36.51
合　计	9.9666	100	3.9459	100

支　　出	第二热平衡		第三热平衡	
	GJ/t	%	GJ/t	%
氧化物分解	7.0239	70.47	—	—
直接还原耗热	—	—	1.4242	36.09
脱硫耗热	0.0266	0.27	0.0149	0.38
铁水焓	1.300	13.04	1.3000	32.95
炉渣焓	0.6019	6.04	0.6019	15.25
煤气焓	0.3096	3.11	0.3096	7.85
结晶水分解，水分蒸发	0.0699	0.70	0.0699	1.77
冷却水带走	0.3900	3.91	0.3900	9.88
其他或误差	0.2447	2.46	-0.1646	-4.17
合　　计	9.9666	100.00	3.4959	100.00

B　能量利用程度

a　能量利用系数

在第二热平衡中有效热量支出为：氧化物分解，脱硫，铁水焓和炉渣焓：

$$Q_{有效} = 7.0239 + 0.0266 + 1.3000 + 0.6019 = 8.9524GJ/t$$

能量利用系数：

$$\eta_t = Q_{有效}/Q_{总收入} \times 100\% = 8.9524/9.9666 \times 100\% = 89.82\% \quad (3\text{-}103a)$$

在第三热平衡中有效热量消耗为直接还原、脱硫、铁水焓和炉渣焓：

$$Q_{有效} = 1.4242 + 0.0149 + 1.3000 + 0.6019 = 3.341GJ/t$$

能量利用系数：

$$\eta_t = Q_{有效}/Q_{总收入} \times 100\% = 3.341/3.9459 \times 100\% = 84.67\% \quad (3\text{-}103b)$$

b　碳的利用系数

$$\eta_C = (0.293 + 0.707\eta_{CO}) \times 100\% = (0.293 + 0.707 \times 0.48) \times 100\% = 63.33\% \quad (3\text{-}104)$$

C　高温区热平衡

高温区的边界条件，一般选用 $t_{气边} = 1000℃$，$t_{料边} = 950℃$，$\Delta t = 50℃$，而且设定高温区内只进行直接还原，矿石在进入高温区前已经完成全部的间接还原。

a　从高温区进入中温区的煤气量

为编制高温区热平衡，首先要算出从高温区进入中温区的煤气量，其次要知道炉料从中温区进入高温区时的数量。

从高温区进入中温区的煤气量：

$$V_{CO高\to中} = V_{CO燃} + V_{COdFe, Si, Mn, P, S\cdots} + V_{CO焦样} \quad (3\text{-}105a)$$

$$V_{\text{H}_2高→中} = V_{\text{H}_2燃} + V_{\text{H}_2值} \quad (3\text{-}105b)$$

$$V_{\text{N}_2高→中} = V_{\text{N}_2燃} + V_{\text{N}_2值} \quad (3\text{-}105c)$$

燃烧带形成的煤气量和组分，在喷吹煤粉的情况下，一般以冶炼 1t 生铁为基准：

$$V_{\text{CO燃}} = 22.4/12C_风 = 1.8667 \times 276.13 = 515.45\text{m}^3/\text{t} \quad (3\text{-}106a)$$

$$V_{\text{H}_2燃} = V_{干风}\varphi + 22.4/2\text{H}_喷 = 924.24 \times 0.0125 + 22.4/2 \times 8.21 = 103.51\text{m}^3/\text{t} \quad (3\text{-}106b)$$

$$V_{\text{N}_2燃} = V_{干风}(1-\varphi) + 22.4/28\text{N}_喷 = 924.24 \times (1-0.2715) + 22.4/28 \times 1.75$$
$$= 674.5\text{m}^3/\text{t} \quad (3\text{-}106c)$$

$$V_{\text{COdFe, Si}\cdots} = 22.4/12(\text{C}_{dFe} + \text{C}_{dSi, Mn}\cdots) = 22.4/12 \times (93.22 + 6.99) = 187.06\text{m}^3/\text{t}$$

$$V_{\text{CO焦样}} = 22.4/28K\text{CO}_K = 22.4/28 \times 336.5 \times 0.0049 = 1.32\text{m}^3/\text{t}$$

$$V_{\text{H}_2焦样} = 22.4/2K\text{H}_{2K} = 22.4/2 \times 336.5 \times (0.005 + 0.0008 + 2 \times 0.0005/16)$$
$$= 22.09\text{m}^3/\text{t}$$

$$V_{\text{N}_2焦样} = 22.4/28K\text{N}_{2K} = 22.4/28 \times 336.5 \times (0.003 + 0.0024) = 1.45\text{m}^3/\text{t}$$

$$V_{\text{CO高→中}} = 515.45 + 187.06 + 1.32 = 703.83\text{m}^3/\text{t}$$

$$V_{\text{H}_2高→中} = 103.51 + 22.09 = 125.60\text{m}^3/\text{t}$$

$$V_{\text{N}_2高→中} = 674.5 + 1.45 = 675.95\text{m}^3/\text{t}$$

b 从中温区进入高温区的炉料数量

设定中温区内焦炭没有气化，只有少量磨损的焦粉进入炉尘，矿石在中温区只发生间接还原，焦炭进入高温区的数量＝焦比-炉尘＝336.5-（10.8×0.3215/0.8475）＝332.4kg/t。矿石进入高温区的数量＝矿石单耗-间接还原失氧-炉尘带走＝1626-146.06-6.7＝1473.24kg/t。考虑蛇纹石耗量的矿石进入高温区的数量＝1473.24+11.13＝1484.37kg/t，矿石还原失氧：

$$\text{O}_i = \text{O}_{i\text{H}_2} + \text{O}_{i\text{CO}} = 1/2\text{H}_2\text{O}_{还原} + 1/2V_{煤气}\text{CO}_2$$
$$= 1/2 \times 70.81 + 1/2 \times 1439 \times 0.235 = 264.49\text{m}^3/\text{t}$$

或者 $$\text{O}_i = 16/22.4 \times 204.49 = 146.06\text{kg/t}$$

c 高温区热平衡

热收入：

风口前碳燃烧或 CO 放热 q_1＝全炉热平衡风口前碳燃烧放热＝2.5053GJ/t

热风带入 q_2＝全炉热平衡热风带入＝1.4406GJ/t

炉料带入 q_3＝焦炭带入+矿石带入＝$q_焦$+$q_矿$

$$q_焦 = 332.4 \times 1.507 \times 950 = 0.4759\text{GJ/t}$$

$$q_矿 = 1484.37 \times 0.95 \times 950 = 1.3396\text{GJ/t}$$

$$q_3 = q_矿 + q_焦 = 0.4759 + 1.3396 = 1.8155\text{GJ/t}$$

热支出：

$$直接还原耗热\ q_1' = 全炉热平衡直接还原耗热 = 1.4297GJ/t$$

$$脱硫耗热\ q_2' = 全炉热平衡脱耗热 = 0.0149GJ/t$$

$$铁水焓\ q_3' = 全炉热平衡铁水焓 = 1.3000GJ/t$$

$$炉渣焓\ q_4' = 全炉热平衡炉渣焓 = 0.6019GJ/t$$

$$煤气焓\ q_5' = 1000V_{煤气高\to中}c = (703.83 + 125.60 + 675.95) \times 1.411 \times 1000$$
$$= 2.1241GJ/t$$

风口区和炉底区冷却水带走热量与全炉平衡相同。冷却壁如果是传统结构（指炉身部位有 1/3 到 1/2 的高度不装冷却壁），则冷却壁冷却水带走的热量基本与全炉热平衡的数值相同或者减小；如果高炉冷却是采用冷却壁全覆盖结构，则高温区冷却壁冷却水带走的热量占全炉的 80% 左右。此案例为采用冷却壁全覆盖结构的高炉，冷却水带走的热量为 0.8×全炉带走热量，即

$$冷水带走热量\ q_6' = 0.2899 \times 0.80 + 6.0837 + 0.0164 = 0.332GJ/t$$

高温区热平衡表见表 3-22。

表 3-22   高温区热平衡表

热 收 入			热 支 出		
项　目	GJ/t	%	项　目	GJ/t	%
风口前碳燃烧	2.5053	43.49	直接还原	1.4297	24.81
热风带入	1.4406	25.00	脱硫	0.0149	0.26
炉料带入	1.8155	31.51	铁水焓	1.3000	22.56
			炉渣焓	0.6019	10.45
			煤气焓	2.1241	36.86
			冷却水带走	0.3320	5.76
			其他和误差	-0.0412	-0.72
	5.7614	100.00		5.7614	100.00

3.5.2　以热平衡热消耗分析冶炼碳消耗达到高效低碳生产

通过 8 号高炉热平衡计算，得到了冶炼吨生铁消耗的总热量以及热收入各项所占的比例和热支出各项所占的比例，为高炉工作者"开源节流"指出了方向。从热收入来说，就是要降低风口前燃烧放热的比例和增大热风带入热量的比例。从热支出来说，主要是降低直接还原耗热，以及炉渣、煤气和冷却带走的热量。与国内 15 座大型高炉的业绩对比，W 厂 8 号高炉 2012 年 6 月的生产取得高产的效果，但在低耗上还存在差距。此例为风口前燃料燃烧提供的热量过多，热风带入的热量偏少；在热支出方面，直接还原耗热，炉渣、煤气和冷却水带走的热量

高于其余大多数高炉。下面以热平衡计算结果为基础，用 C-r_d 法做简要分析。

3.5.2.1 降低吨铁总热量消耗

3.3.1.2 节已经指出，随着冶炼单位 Fe 消耗热量的降低，$C_热$ 线会下移，燃料比下降，反之，消耗热量升高，$C_热$ 线就上移，燃料比随之升高。作为热消耗的碳量计算式为：

$$C_热 = A + Br_d$$

其中

$$A = \frac{Q - 5076}{9800 + v_风\, ct_风}, \quad B = \frac{5076 + 0.215 v_风\, ct_风}{9800 + v_风\, ct_风}$$

8 号高炉生产中风口前燃烧 1kg C 的风量：

$$v_风 = \frac{22.4}{2 \times 12} / 风中含氧 = \frac{0.9333}{0.2745} = 3.4 m^3/kg\ C$$

鼓风在 1178℃ 时候的比热容 $c_风 = 1.418 kJ/(m^3 \cdot ℃)$，风温为 1178℃，这样

$$v_风\, ct_风 = 3.4 \times 1.418 \times 1178 = 5679.37 kJ/kg$$

$$A = \frac{9967 - 5076}{9800 + 5679.37} = 0.3160$$

$$B = \frac{5076 + 0.215 \times 5679.37}{9800 + 5679.37} = 0.4068$$

则

$$C_热 = 316 + 406.8r_d$$

当 $r_d = 0$，即氧化铁的还原全部是间接还原时，$C_热 = 316 kg/t\ Fe$；当 $r_d = 1.0$，即氧化铁还原全部是直接还原时，$C_热 = 723 kg/t\ Fe$。

若将冶炼的热消耗降低到 9GJ/t，则

$$A = \frac{9000 - 5076}{9800 + 3.4 \times 1.418 \times 1178} = 0.2534$$

$$B = \frac{5076 + 0.215 \times 3.4 \times 1.418 \times 1178}{9800 + 3.4 \times 1.418 \times 1178} = 0.4068$$

$$C_热 = 253.4 + 406.8r_d$$

$$r_d = 0 \quad C_热 = 253.4 kg/t\ Fe$$

$$r_d = 1.0 \quad C_热 = 660.4 kg/t\ Fe$$

若原燃料条件差又操作不当，造成冶炼的热消耗上升到 11GJ/t（国内一些中小高炉的热消耗水平），则

$$A = 0.3827, \quad B = 0.4068$$

$$C_热 = 382.7 + 406.8r_d$$

$$r_d = 0 \quad C_热 = 382.7 kg/t\ Fe$$

$$r_d = 1.0 \quad C_热 = 789.5 kg/t\ Fe$$

以 10GJ/t 为基准，若 Q 降低 1GJ/t，$C_热$ 降低 62.8kg C/t Fe，相当于燃料比降

低 70kg/t 生铁；若 Q 升高 1GJ/t，$C_热$ 升高 66.5kg C/t Fe，相当于燃料比升高 75kg/t 生铁。

当前降低吨铁热消耗是降低高炉燃耗提高生产效率的主要方向，而降低热消耗的主要内容是降低高炉内直接还原耗热，降低炉渣和煤气量带走热量以及减少高炉的热损失。

3.5.2.2 提高风温降低燃料比

提高风温降低燃料消耗的实质是以鼓风风温所带来的热量代替部分燃料在风口前碳燃烧放出的热量，减少的碳燃烧量可按下式计算：

$$\Delta C_风 = \left(1 - \frac{C_{风1}}{C_{风2}}\right) \times 100\% = \frac{q'_{风2} - q'_{风1}}{(q_C / v_风) + q'_{风2}} \times 100\% \quad (3\text{-}107)$$

式中 $C_{风1}$，$C_{风2}$——提高风温前后风口前燃烧的碳量，kg/t；

$q'_{风1}$，$q'_{风2}$——提高风温前后鼓风的焓（扣除水分分解耗热），kJ/m³；

q_C——风口前燃料中碳燃烧成 CO 放出热量，一般取 9800kJ/ kg C；

$v_风$——燃烧 1kg C 所消耗的风量。

计算表明，$\Delta C_风$ 随着风温水平的提高而递减，在目前风温 1100℃ 提高到 1200℃ 时，$\Delta C_风$ 为 5.2%。但在实际高炉生产中，这一风温区间所节约的燃料比远低于此值，其波动范围为 2%~2.5%，这是由于鼓风参数变化造成的。高炉工作者采用各种方法来评估风温提高对燃料比的影响[1]，通过热平衡评估也是其中之一。

在计算的例题中，若将风温提高到目前的最高风温 1300℃，则通过计算得出：

$$A = 0.3021, \quad B = 0.3983$$
$$C_热 = 302.1 + 398.3r_d$$
$$r_d = 0 \qquad C_热 = 302.1\text{kg/t Fe}$$
$$r_d = 1.0 \qquad C_热 = 700.4\text{kg/t Fe}$$

风温提高 120℃，$C_热$ 降低了 14~23kg/t Fe，相当于 15.8~25.5kg/t，若生产中 r_d 在 0.5 左右时，风温提高 100℃ 时影响燃料比在 16kg/t 左右，相当于 2.5%~3.0%。

3.5.2.3 提高炉顶煤气利用率降低燃料比

高炉内铁矿石还原的状况决定了炉顶煤气中 CO 利用率。目前大部分生产高炉的实际情况是间接还原发展不够，铁的直接还原过高，需要在风口前燃烧较多碳放热来满足直接还原耗热，造成 C_{dFe} 和 $C_风$ 过高，这是当前中国高炉炼铁燃料比偏高的原因之一。因此，发展间接还原，相应地提高炉顶煤气 CO 利用率，是需要高度重视的技术和指导生产的原则。

通过冶炼单位生铁的碳消耗 C 与铁的直接还原度 r_d 的关系，可以看到提高 η_{CO} 对燃料比的影响（图 3-15 和图 3-16）。这里以 W 厂 8 号高炉的热平衡计算数据绘制出 C-r_d 图（图 3-30）。通过计算得到的 $r_d=0$ 时不同 η_{CO} 值时的碳消耗见表 3-23。

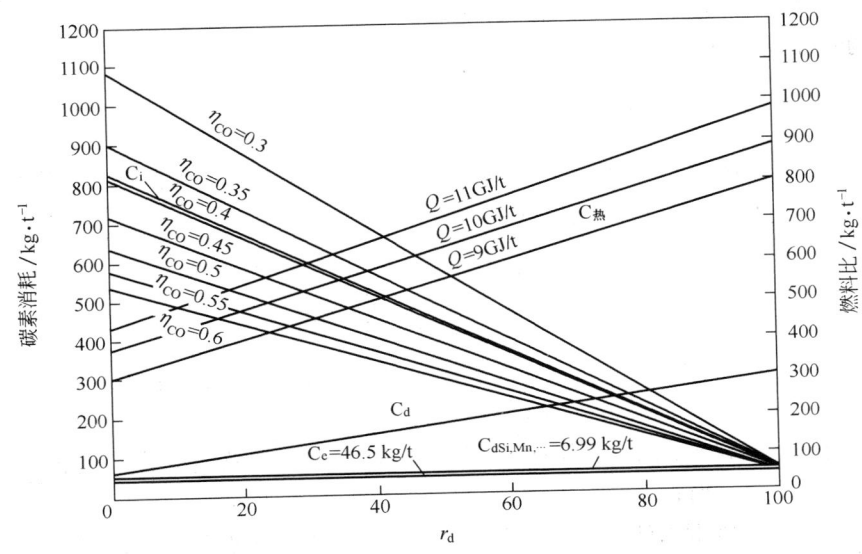

图 3-30　W 厂 8 号高炉的 C-r_d图

表 3-23　不同 η_{CO} 值时的碳消耗（$r_d=0$）

炉顶煤气 η_{CO}/%	30	35	40	45	50	55	60
$r_d=0$ 时的碳素消耗/kg·t Fe^{-1}	1024.8	851.1	744.1	659.3	588.6	532.1	489.7

在图的右侧纵坐标上是冶炼单位生铁的燃料比：

$$燃料比 = \left(C_{dSi,\ Mn,\ P\cdots} + C_e + C\frac{[Fe]}{10} \right) / C_{燃料} \qquad (3\text{-}108)$$

式中　　$C_{dSi,\ Mn,\ P\cdots}$——少量元素还原耗碳，本例中为 6.99kg/t；

　　　　C_e——生铁中渗碳，本例中为 46.5kg/t；

　　　　C——C-r_d 图中碳消耗，它包括了 $C_{风}$ 和 C_{dFe} 两项，kg/t Fe；

　　　　$\dfrac{[Fe]}{10}$——生铁中的铁量，kg Fe/kg 生铁。

3.6　高炉高效低碳冶炼时理论燃烧温度的控制

高炉炉缸燃烧带内燃料燃烧发出的热量，加热燃烧产物煤气达到冶炼所要求的温度是保证高炉高效低碳冶炼的最基本条件。高炉炉缸燃烧带内煤气被加热达到的温度不能实际测定供冶炼操作者判断炉缸热状态，因此通常是计算理论上绝热过程可能达到的最高温度，即理论燃烧温度 $t_理$，也称燃烧带火焰温度。绝热过程就是燃料燃烧放出的热量全部用来加热燃烧产生的煤气，而不考虑实际燃烧过程的热损失。这是因为实际生产中很难，甚至无法测定热损失。尽管 $t_理$ 高出实际温度约 50~100℃，但它现在与焦炭进入燃烧带时的温度 t_C 一起成为冶炼操作者判断和控制炉缸热状态的重要参数。

3.6.1　理论燃烧温度计算

理论燃烧温度是通过燃烧带内燃料的碳燃烧绝热过程的热平衡计算求得：

热收入：
$$Q_C + Q_风 + Q_燃$$

热支出：
$$Q_{水分} + Q_{喷分} + Q_{喷未} + Q_{燃灰} + V_{煤气}c_{煤气}t_理$$

这样
$$t_理 = \frac{Q_C + Q_风 + Q_燃 - Q_{水分} - Q_{喷分}}{V_{煤气}c_{煤气} + M_未 c_未 + A_燃 c_A} \tag{3-109}$$

式中　Q_C——燃料中碳燃烧成 CO 时放出热量，一般取 9800kJ/kg C；

$Q_风$——燃烧用热风带入热量 $Q_风 = V_风 c_风 t_风$，kJ；

$Q_燃$——燃料进入燃烧带时带入热量，即焦炭和煤粉进入燃烧带时的物理热，kJ；

$Q_{水分}$——热风带入的湿分和喷吹燃料干燥后剩余的水分分解耗热，一般取 10800kJ/m³ H_2O；

$Q_{喷分}$——喷吹燃料分解耗热，kJ；

$Q_{喷未}$——喷吹燃料没有燃烧的部分离开燃烧带时带走的热量，kJ；

$Q_{燃灰}$——燃料燃烧后剩余灰分随煤气离开燃烧带时带走的热量，kJ；

$V_{煤气}$——碳在燃烧带燃烧后形成的煤气量，m³；

$c_{煤气}$——生成煤气在 $t_理$ 时的平均比热容，kJ/(m³·℃)。

3.6.1.1　焦炭进入燃烧带带入热量 $Q_焦$

燃料带入燃烧带的热量由焦炭和喷吹煤粉两者带入：
$$Q_焦 = nKc_K t_C$$
$$Q_M = Mc_M t_M$$

煤粉带入的 Q_M 计算比较简单，它的各项都为已知，喷吹煤量 M 在 W 厂 8 号炉 6 月的喷煤量是 172.31kg/t，煤粉的温度在生产中布袋收粉时的温度在 80℃左右，它的比热容可从手册中查到。

焦炭带入热量 $Q_焦$ 的计算较复杂，要知焦炭在风口燃烧带的燃烧率，要通过统计加计算来确定，该值波动为 65%~70%。焦比相对来说是已知的，8 号炉为 376.28kg/t，而焦炭进入燃烧带的温度是未知数，它由两个主要因素决定，即 $t_理$ 和焦炭下降过程中与煤气之间的热交换。$t_理$ 和 t_C 是线性关系，$t_理$ 高，t_C 也就可能高；反之，$t_理$低，t_C就不可能高。焦炭下降过程与煤气之间的热交换好，t_C就高。但是要通过传热计算来确定 t_C 困难极多，甚至无法完成，因为炉内热交换系数很难确定。虽然很多研究者经过实验室研究得出一些数据，但差别很大，离高炉实际有很大差距。传统的文献中，将 t_C 定为 1500℃，这是在 20 世纪 50 年代风温低，燃料比高，$t_理$ 在 2100℃ 以下的条件下归纳出来的。现在风温已达 1200℃ 以上，$t_理$ 波动在 2100~2300℃，因此固定 $t_C = 1500$℃ 已不甚合适。80 年代开始，根据统计规律确定炉况正常情况下 $t_C = (0.7~0.75)t_理$ 更符合高炉生产实际。这样 $Q_燃$ 就可以表达为：

$$Q_燃 = a + 0.75bt_理$$

式中　a——煤粉带入炉内物理热，$a = Mc_M t_M$，在煤粉温度 80℃ 时平均比热容为 1.25kJ/(kg·℃)，这样 $a = 100M$ kJ；

　　　b——系数 $b = nKc_K$ 在焦炭燃烧率 $n = 0.65~0.7$，平均比热容 c_K 在焦炭进入燃烧带温度 1550~1700℃ 范围内的平均比热容 1.68~1.70kJ/(kg·℃)，这样 $b = (1.10~1.20)K$。

最终　　　　　$$Q_燃 = 100M + (0.8~0.9)Kt_理 \tag{3-110}$$

在生产高炉上常将煤粉及喷吹用压缩空气带入的热量（1400~1500kg/t）省略不计，仅计算焦炭进入燃烧带所带热量。

3.6.1.2　未燃煤粉和燃料灰分带走热量

未燃煤粉带走热量：　　　$$Q_{喷未} = M_未 c_M t_理$$

燃料灰分带走热量：　　　$$Q_{燃灰} = A_燃 c_A t_理$$

式中　$M_未$——未燃煤粉数量 $M_未 = (1 - n_M)M$，正常情况下，煤粉燃烧率 n_M 波动在 0.7~0.8；

　　　c_M——煤粉在 $t_理$ 温度范围内的平均比热容，高温下煤的比热容要在实验内测定，所以 c_M 为未知数；

　　　$A_燃$——焦炭和煤粉燃烧后产生的灰分，$A_燃 = KA_K + n_M MA_M$；

　　　c_A——焦炭灰分和煤粉灰分在 $t_理$ 温度范围内的比热容，灰分的比热容要通过其组分（SiO_2、Al_2O_3 等）的比热容用加和方法计算，相当繁琐。

鉴于以上原因，在实际生产的计算中在省略煤粉带入热量的同时，常忽略这两项，这会对 $t_理$ 造成一定误差，但两者相抵误差不很大。

3.6.1.3　燃烧带形成的煤气量成分和比热容

从热力学和动力学了解，碳在风口前燃烧带燃烧消耗的氧量和鼓风带入的氧量有限，而燃料中的碳却充满滴落带和炉缸，虽然在燃烧过程中同时产生 CO 和 CO_2，但 CO_2 被多余的碳还原，即 $CO_2 + C = 2CO$。因此，风口前碳最终燃烧为不完全燃烧，即煤气中只有 CO 而无 CO_2，另外是鼓风和燃料带入的 H_2 和 N_2。现在高炉炼铁都喷吹辅助燃料，而且以喷吹煤粉为主，因而燃烧带形成的煤气成分和数量以生产 1t 生铁为计算单位，在高温区热平衡计算中已将燃烧带形成的煤气量和成分算出（见式(3-106)）：

$$CO_燃 = 515.45 m^3/t$$

$$H_{2燃} = 103.51 m^3/t$$

$$N_{2燃} = 674.5 m^3/t$$

风口前燃料燃烧形成的煤气量为 1293.46 m^3/t，相应的煤气成分为 CO 39.85%、H_2 8.00%、N_2 52.15%。

煤气的比热容 $c_煤气 = V_{CO}c_{CO} + V_{H_2}c_{H_2} + V_{N_2}c_{N_2}$

在 $t_理 = 2100 \sim 2200℃$ 范围内，CO、H_2、N_2 的平均比热容分别为 1.508kJ/(m^3·℃)、1.425kJ/(m^3·℃) 和 1.495kJ/(m^3·℃)，这样 $c_煤气 = 1.508 \times 0.3985 + 1.425 \times 0.08 + 1.495 \times 0.5215 = 1.4946$kJ/($m^3$·℃)

3.6.1.4 $t_理$ 和 t_C 计算式

通过以上分析，在设定正常炉况下 $t_C = 0.75 t_理$ 时，生产中计算 $t_理$ 的计算式为：

$$t_理 = \frac{Q_C + Q_风 - Q_{水分} - Q_{M分}}{V_{CO}c_{CO} + V_{H_2}c_{H_2} + V_{N_2}c_{N_2} - 0.85K} \tag{3-111}$$

若不设定 $t_C = 0.75 t_理$，而作为未知数，则通过燃烧带热平衡和高温区（燃烧带除外），热平衡两个方程式联解，同时求得 $t_理$ 和 t_C。由于该法推导过程复杂，这里篇幅有限，不再叙说，可参阅文献 [2]。此计算方法已编制了程序软件，应用于国内大型高炉。B 厂的高炉已用了 20 余年，效果很好，成为工长判断炉缸热状态的重要依据。

现以 W 厂 8 号高炉 2012 年 6 月的生产数据计算 $t_理$（以冶炼 1t 铁为计算单位）：

$$Q_C = 9800 C_风 = 9800 \times 276.13 = 2706074 kJ/t$$

$$Q_风 = V_风 c_风 t_风 = 935.8 \times 1.42 \times 1178 = 1565368.81 kJ/t$$

$$Q_{水分} = 10800(V_风 \varphi + M\varphi_M)$$

$$= 10800 \times \left(935.8 \times 0.0125 + 174.6 \times 0.015 \times \frac{22.4}{18}\right)$$

$$= 161543.16 kJ/t$$

$$Q_{喷分} = 1150M = 1150 \times 174.6 = 200790 kJ/t$$

$$K = 336.5 kg/t$$

得出

$$t_理 = 2350℃$$

3.6.2　理论燃烧温度的控制

理论燃烧温度作为表示炉缸热状态特征参数，受到冶炼操作者的重视。如何控制具体冶炼条件下的合理 $t_{理}$ 一直是冶炼操作者探索的问题。在实际生产中，$t_{理}$ 对高炉冶炼的影响规律的认识，既有理论层面的也有实践层面的（即操作习惯）。

从理论上分析，$t_{理}$ 是高炉炉缸内高温的极限。生产中要求炉缸具有充沛的高温热量，这个高温就取决于 $t_{理}$ 的水平。从现代高炉生产分析，这个高温要保证炉缸内各元素直接还原能够顺利进行所需要的温度，并使铁水温度达到 1500℃ ±10℃，炉渣温度 1550℃ ±50℃。这个高温的煤气上升，通过良好的热交换使焦炭进入燃烧带时的温度 $t_C = 0.75t_{理}$ 波动在 1600℃ ±100℃。从操作习惯上看，存在着偏高 $t_{理}$、偏低 $t_{理}$ 和中等 $t_{理}$ 三种。在日本等国习惯于高 $t_{理}$（2300~2350℃）；在前苏联习惯于低 $t_{理}$（1980~2050℃）；在中国则普遍维持 $t_{理} = 2150℃ ±50℃$。具体化到某座高炉，其 $t_{理}$ 高低还与它的操作制度有关。

一般来说，偏高的 $t_{理}$ 与炉渣二元碱度较高 1.24 左右、三元碱度稍低 1.4 左右相配合。中国维持的 $t_{理}$ 与炉渣二元碱度 1.05~1.15 和三元碱度 1.45~1.50 相配合。同时 $t_{理}$ 还与吨铁炉腹煤气量的多少有关，炉腹煤气量低的高炉要维持稍高的 $t_{理}$，以达到炉缸具有充沛的高温热量，而炉腹煤气量较大的高炉，则可以维持稍低的 $t_{理}$，同样达到充沛的高温热量，以维持炉缸还原和过热渣铁的需求。前苏联的研究者认为，在大量喷吹天然气时，高 $t_{理}$ 将使燃料比升高，因此大力倡导低 $t_{理}$ 操作以降低燃料比。喷吹大量的天然气时，炉腹煤气量大，$t_{理}$ 低，炉缸内满足冶炼需要的高温热量仍相当大。但随着燃料比降低，炉腹煤气量减少，必须提高 $t_{理}$ 来保证足够的高温热量。到 20 世纪 90 年代末，前苏联高喷天然气，低燃料比的高炉的 $t_{理}$ 已提高到 2150~2200℃（表 3-15）。

鉴于以上分析，操作者选择和控制 $t_{理}$ 应考虑以下因素：

（1）炉渣碱度；

（2）产品温度；

（3）炉腹煤气量及其上升过程中的分布；

（4）炉内热交换，保证 $t_C = 0.75t_{理}$；

（5）调节 $t_{理}$ 手段。

风温：风温提高，增加了燃烧带的热收入，从而提高 $t_{理}$。每 100℃ 风温影响 $t_{理} = 60 ~ 80℃$。

富氧：富氧后，减少鼓风中的 N_2，使 $V_{煤气}$ 减少，提高 $t_{理}$。每 1% 富氧影响 $t_{理} = 45 ~ 50℃$。

湿度：大气中湿度波动影响 $Q_{水分}$，脱湿降低了 $Q_{水分}$，$t_{理}$ 升高；加湿增大了

$Q_{水分}$，$t_{理}$降低。1% H_2O 影响 $t_{理}$ = 45℃左右，$1g/m^3$ H_2O 影响 $t_{理}$ = 5~6℃。

喷煤：增加喷煤量后，$Q_{喷分}$增大，并且 $V_{煤气}$ 也增加，使 $t_{理}$下降。$Q_{喷分}$ 和 $V_{煤气}$ 的增加与煤粉中的挥发分的含量有关，煤粉中挥发分越高，$t_{理}$ 降低越多。无烟煤（挥发分体积分数 10% 以下）1.5 ~ 2.0℃/kg，烟煤（体积分数 25%）2.8℃/kg，长焰烟煤（体积分数 34% 以上）3.4 ~ 3.5℃/kg，而混合煤（体积分数 20% 左右）2.5~2.8℃/kg。

最后还应指出，$t_{理}$应通过燃烧热平衡导出的式（3-111）计算，不要简单地应用文献提出的多种经验式进行计算，因为多种经验式都是在所提出的冶炼条件和操作水平下通过回归得出的，不同高炉的操作条件和水平有很大差别，盲目套用将会出现很大的误差而产生错误判断，甚至造成炉况失常。例如某高炉大喷吹 200kg/t 以上应用日本新日铁的经验式计算得出的 $t_{理}$ 在 1900℃ 左右，这样的低 $t_{理}$ 在中国的生产实践中是难于维持生产的。本章作者应用燃烧带热平衡（设定 t_C = 0.75$t_{理}$）的计算式求得的 $t_{理}$ 在 2150~2200℃，两者相差 250~300℃。

参 考 文 献

[1] 王筱留．钢铁冶金学（炼铁部分）［M］．3 版．北京：冶金工业出版社，2013：210，286~291.
[2] 王筱留．高炉生产知识问答［M］．3 版．北京：冶金工业出版社，2013：143~145.

4 高炉高效冶炼的原燃料质量保障

4.1 高效冶炼要求高炉精料

高炉炼铁技术的发展和进步，不仅得益于装备和操作水平的提高，还得益于高炉精料。精料技术是高炉炼铁工艺实现高产、优质、低耗、环保、高效率、安全、长寿的重要条件，是高炉炼铁节能减排、环境友好，实现可持续发展的重要保障。

精料是指原燃料进入高炉前，经加工准备和处理，优化其质量，成为在物理、化学和冶金性能上能满足高炉强化冶炼要求的炉料。精料是高炉炼铁的永恒话题，有专家指出精料技术水平对高炉炼铁技经指标的贡献占70%，高炉操作技术占10%，企业现代化管理水平占10%，设备运行状态占5%，外界因素（动力、上下工序、运输、供应等）占5%[1]。长期生产实践表明，要保持高炉稳定顺行并实现高冶炼强度、低消耗、低成本炼铁，就必须保证一定的原燃料的质量，实现一定程度上的高炉精料。事实证明，在原料准备方面所付出的一切代价，都可以从高炉炼铁的经济效益中得到补偿。精料的重点在铁矿石及铁矿粉造块方面，但也不能忽视高炉燃料，特别是近几年来，高炉喷煤水平日益提高，高炉内焦炭负荷不断加重，对于冶金焦品质的要求应当更加严格。在《高炉炼铁工艺设计规范》（GB 50427—2008）中，对不同容积高炉所用铁矿石的理化指标和冶金性能指标做出了规定，见表4-1。

表 4-1 GB 50427—2008 对高炉铁矿石质量的要求

	炉容级别/m³	1000	2000	3000	4000	5000
入炉料	平均入炉铁分/%	≥56	≥58	≥59	≥59	≥60
	熟料率/%	≥85	≥85	≥85	≥85	≥85
	铁分波动/%	≤±0.5	≤±0.5	≤±0.5	≤±0.5	≤±0.5
烧结矿	碱度波动	≤±0.08	≤±0.08	≤±0.08	≤±0.08	≤±0.08
	铁分和碱度波动达标率/%	≥80	≥85	≥90	≥95	≥98
	FeO/%	≤9.0	≤8.8	≤8.5	≤8.0	≤8.0
	FeO 波动/%	≤±1	≤±1	≤±1	≤±1	≤±1
	转鼓指数（+6.3mm）/%	≥68	≥72	≥76	≥78	≥78

炉容级别/m³		1000	2000	3000	4000	5000
球团矿	铁分/%	≥63	≥63	≥64	≥64	≥64
	转鼓指数 (+6.3mm) /%	≥86	≥89	≥92	≥92	≥92
	耐磨指数 (-0.5mm) /%	≤5	≤5	≤5	≤4	≤4
	常温耐压强度/N·球⁻¹	≥2000	≥2000	≥2000	≥2500	≥2500
	低温还原粉化率 (+3.15mm) /%	≥65	≥80	≥85	≥89	≥89
	膨胀率/%	≤15	≤15	≤15	≤15	≤15
块矿	铁分/%	≥62	≥62	≥64	≥64	≥64
	热爆裂性/%	—	—	≤1	≤1	≤1
	铁分波动/%	≤±0.5	≤±0.5	≤±0.5	≤±0.5	≤±0.5

需要指出，该标准制定以来的最近几年，因受金融危机、国际市场上铁矿石价格居高不下等因素影响，我国钢铁工业经营十分困难，绝大多数高炉的入炉品位等质量指标趋于下降，这使上述标准的执行受到一定程度影响。本书讨论高炉高效冶炼对精料的要求，主要考虑当前我国大多数钢铁企业高炉条件的现状，所建议的数据与表 4-1 所列不尽一致。

精料技术内容包括：入炉品位高，渣量少；成分稳定，粒度均匀；具有良好的冶金性能；炉料结构合理，入炉有害元素少。一般可概括为："高、熟、稳、匀、小、净、少、好"八字方针。

4.1.1 精料之"高"

对含铁炉料而言，"高"包含矿石入炉品位高、机械强度高、采用高碱度烧结矿等。

对高炉燃料而言，焦炭与喷吹用煤的固定碳含量要高，焦炭的冷、热强度要高，煤粉在风口前燃烧率高，粒度小于 200 网目（约 0.074mm）所占比例要高等。

4.1.1.1 入炉料的品位高

经验数据表明，在较低的富氧率（<3%）条件下，矿石品位每提高 1%，焦比可降低 1.0%~2.0%，产量提高 2%~3%，吨铁渣量减少 30kg/t 左右，允许多喷煤粉 10~15kg/t。提高入炉矿含铁品位的有效办法是多使用含铁品位高的块矿和球团矿。但是，我国高品位铁矿资源不足，大部分为低品位矿，而且开采数量有限，不能满足钢铁工业高产能的需要。近十几年，我国从国外大量进口铁矿石，因进口铁矿石含铁品位一般比国产矿高，用进口矿有利于我国高炉入炉含铁品位的提高。表 4-2 示出了国内特大型高炉近年来入炉品位的变化情况。

表 4-2　近年来国内特大型高炉入炉品位变化情况

年　份		2011		2012		2013	
高炉	炉容/m³	入炉品位/%	矿耗/kg·t⁻¹	入炉品位/%	矿耗/kg·t⁻¹	入炉品位/%	矿耗/kg·t⁻¹
宝钢 1	4966	59.96	1575.39	60.01	1573.07	59.46	1587.7
宝钢 2	4706	59.83	1580.27	60.09	1573.32	59.54	1584.6
宝钢 3	4850	60.38	1565.41	60.28	1565.95	59.71	1582.4
宝钢 4	4747	60.14	1575.14	60.14	1570.65	59.58	1587.2
武钢 8	4117	58.33	1629.96	58.30	1635.1	57.51	1677.4
马钢 A	4000	58.30	1618.51	58.32	1619.37	58.16	1636.7
马钢 B	4000	58.35	1619.96	58.38	1627.51	58.12	1624.8
沙钢	5800	59.13	1638.23	59.06	1646	58.57	1660
太钢 5	4350	59.14	1494.8	59.73	1608	59.60	1610.7
首迁 3	4350	58.86	1636.92	58.63	1639.42	58.27	1640.6
京唐 1	4000	59.11	1660.93	58.94	1665.73	59.10	1645
京唐 2	5500	59.30	1641.92	58.95	1633.81	58.99	1647
鲅鱼圈 1	5500	59.20	1636.16	58.67	1653.05	58.28	1668.6
鲅鱼圈 2	4038	59.22	1641.46	58.63	1652.13	58.35	1649.3
本钢	4038	59.76	1646	59.38	1647	58.83	1648

表 4-3 示出国内外较典型铁矿的品位及主要理化成分。

表 4-3　国内外典型铁矿石品位及理化成分　　　　　　　　　　（%）

矿　源	TFe	SiO₂	CaO	Al₂O₃	MgO	P	S	FeO	烧损
巴西（卡拉加斯）	67.35	0.57		0.88	1.01	0.037	0.008	0.22	
巴西（MBR）	66.00	1.05	0.10	0.94	0.10	0.029	0.010	0.37	0.92
巴西（CVRD 南部）	64.40	5.10		0.94		0.040	0.007		
巴西（里奥多西）	67.45	1.42	0.07	0.69	0.02	0.031	0.006	0.09	1.03
南非（伊斯科）	65.61	3.47	0.09	1.58	0.03	0.058	0.011	0.30	0.39
南非（阿苏曼）	64.60	4.26	0.04	1.91	0.04	0.035	0.011	0.11	3.64
加拿大（QCM）	66.10	4.80		0.32		0.015	0.003		
加拿大（IOC）	65.86	4.62		0.13		0.008	0.003		
加拿大（Wabush）	65.53	2.67							
委内瑞拉（CVG）	66.10	1.10		0.80		0.070			
瑞典（LKAB）	69.80	1.20		0.18		0.045	0.020		
澳大利亚（哈默斯利）	62.74	4.35	0.05	2.58	0.08	0.07	0.05	0.14	2.10

矿 源	TFe	SiO$_2$	CaO	Al$_2$O$_3$	MgO	P	S	FeO	烧损
澳大利亚（纽曼山）	63.45	4.18	0.02	2.24	0.05	0.068	0.008	0.22	2.34
澳大利亚（罗布河）	57.20	5.60	0.37	2.65	0.20	0.038	0.025	0.07	8.66
澳大利亚（杨迪）	58.57	4.61	0.04	1.26	0.07	0.036	0.010	0.20	
澳大利亚（BHP）	62.77	5.12		2.43		0.067	0.06		
澳大利亚（纽曼山）	63.45	4.18	0.02	2.24	0.05	0.068	0.008	0.22	2.34
印度（卡洛德加）	64.54	2.92	0.06	2.26	0.06	0.022	0.007	0.14	
印度（果阿）	62.40	2.96	0.05	2.02	0.10	0.035	0.004	2.51	
中国弓长岭（赤）	44.00	34.38	0.28	1.31	1.16	0.02	0.007	6.90	
中国弓长岭（赤贫）	28.00	55.24	0.22	1.53	3.90	0.037	0.013	0.73	
中国东鞍山（贫）	32.73	19.78	0.34	0.19	0.30	0.035	0.031	0.70	
中国齐大山（贫）	31.70	52.94	0.84	1.07	0.80	0.050	0.010	4.35	
中国南芬（贫）	33.63	46.36	0.58	1.425	1.593	0.056	0.073	11.90	
中国攀枝花钒钛矿	47.14	5.00	1.77	4.98	5.49	0.009	0.75	30.66	
中国庞家堡（赤）	50.12	19.52	1.50	2.10	0.36	0.156	0.06	2.00	
中国承德钒钛矿	25.83	17.50	3.32	9.78	3.51	0.134	0.50		
中国邯郸	42.59	19.03	9.58	0.47	5.55	0.048	0.208	16.30	
中国海南岛	55.90	16.20	0.26	0.95	0.08	0.020	0.098	1.32	
中国梅山（富）	59.35	2.50	1.99	0.71	0.93	0.399	0.452	19.88	
中国武汉铁山矿	54.38	13.90							
中国马鞍山南山矿	58.66	5.38				0.550	0.005		
马鞍山凹山矿	43.19	14.12		9.30		0.855	0.113		
中国马鞍山姑山矿	50.82	23.40	1.2			0.26	0.056		
中国包头（赤）	52.30	4.81	8.78	0.22	0.99			5.55	
中国大宝山矿	53.05	3.60	12	5.880	0.12	0.124	0.316	0.70	

由于近年降低高炉生产成本的需要，国内大部分炼铁企业高炉的入炉品位有所降低。然而以牺牲入炉品位购买低品位廉价矿石，应该有度的限制，不能一味追求低成本采购。高炉使用较低品位的矿石进行冶炼，短期或局部的效益也许可观，但就长期和企业整体综合效益来看，可能并未带来实质性的好处，甚至引起炼铁工序成本上升。低品位矿石在高炉炼铁过程中所造成的产量下降、焦比升高、高炉顺行变差、喷煤比减少等方面的影响，可能远大于购买低品位矿石所节省的成本。

荷兰与瑞典高炉的入炉品位最高，达到 63%~65%，其相应渣量在 150kg/t

铁左右[2]。提高我国高炉的入炉品位一般通过以下途径：（1）配用高品位的矿石。进口矿的品位高，能有效地提高入炉矿品位。（2）采用高铁低硅烧结新技术。低 SiO_2 烧结矿不仅具有良好的还原性能，还有较好的高温冶金性能。（3）提高球团矿的配比，并提高球团矿品位。

4.1.1.2 人造富矿的强度高

当高炉其他操作条件稳定的情况下，烧结矿转鼓指数升高1%，高炉产量将提高1.9%左右。烧结矿的强度是用转鼓指数来表示的，我国钢铁企业有的采用优质铁烧结矿技术标准，有的采用普通铁烧结矿技术标准（YB/T 421—2005）。对不同容积的高炉，烧结矿转鼓指数的要求如下：1000m³ 以下高炉大于68%，2000m³ 高炉大于72%，3000m³ 高炉大于76%，4000m³ 以上高炉大于78%，5000m³ 以上高炉大于80%。对于球团矿，其常温机械强度常用抗压强度表示，中型高炉大于2000N/个，大型高炉（3000m³）大于2300N/个，4000~5000m³ 高炉大于2500N/个。

A 提高烧结矿强度的途径

（1）控制原料粒度。矿粉粒度要控制在8mm以下，中间粒级 0.125~1mm 的部分要控制在一个合适的范围；焦粉和熔剂的粒度要求小于3mm，焦粉小于0.25mm 的细粒越少越好。

（2）严格控制混合料水分。对磁铁矿和赤铁矿混合料，适宜的水分要求在7%~9%，而波动范围一般小于0.5%。混合料最佳水分一般为混合料最大透气性时水分量的90%，一次混合时水量要加总量的99%，以保障物料的潮湿和制粒，在二次混合中只添加1%的水分做调整。

（3）加强混合料的制粒。二次混合的主要任务是强化制粒。一次混合与二次混合的时间比约为2:1，总的混合时间在9min左右为佳。混合时间长有利于造球性能改善，进而改善烧结机的透气性。均匀混合的制粒是提高烧结矿强度的关键。

（4）以细精矿为主的烧结厂，可适当添加生石灰。预热混合料到烧结废气的露点以上，生石灰作为黏结剂可强化混合料的制粒。

（5）优化烧结工艺。可采用铺底料、低温点火、厚料层、低配碳、加强混合、提高料温（热风烧结）等技术。

B 提高球团矿强度的途径

（1）细精矿粉-200目（约0.074mm）的比例，要求大于85%；（2）提高球团矿质量的关键是精矿粉造球的质量，对添加水分和皂土量要根据不同矿物性能选择最佳值；（3）生产实践表明，采用大型链箅机—回转窑生产的球团矿质量优于竖炉工艺。

4.1.1.3　采用高碱度烧结矿

高碱度烧结矿具有较好的冶金性能，烧结矿碱度一般控制在 1.8～2.1。与熔剂性烧结矿相比，高碱度烧结矿在烧结过程中有利于铁酸钙系黏结相的形成，强度好，FeO 低，还原性好，从而有利于降低高炉焦比。根据生产经验，烧结矿中 FeO 每提高 1%，高炉焦比增加 1.5%，生铁产量降低 1.5%。目前，国内外炼铁企业多数大型高炉采用 70% 左右的高碱度烧结矿的炉料结构。

4.1.1.4　焦炭固定碳与冷、热强度高

多年来国内外高炉的生产实践表明，焦炭质量是高炉大型化的关键因素。《高炉炼铁工艺设计规范》（GB 50427—2008）也规定了不同容积高炉对焦炭质量指标的要求，见表 4-4。

表 4-4　GB 50427—2008 对高炉焦炭质量的要求

炉容级别/m³	1000	2000	3000	4000	5000
M_{40}/%	≥78	≥82	≥84	≥85	≥86
M_{10}/%	≤8.0	≤7.5	≤7.0	≤6.5	≤6.0
反应后强度 CSR/%	≥58	≥60	≥62	≥65	≥66
反应性指数 CRI/%	≤28	≤26	≤25	≤25	≤25
焦炭灰分/%	≤13	≤13	≤12.5	≤12	≤12
焦炭含硫/%	≤0.7	≤0.7	≤0.7	≤0.6	≤0.6
焦炭粒度范围/mm	75～20	75～25	75～25	75～25	75～30
大于上限/%	≤10	≤10	≤10	≤10	≤10
小于下限/%	≤8	≤8	≤8	≤8	≤8

特大型高炉对焦炭热性能的要求更高，如马钢、太钢与京唐曹妃甸 4000～5500m³ 高炉，M_{40}>89%，M_{10}<6.0%，CRI<23%，CSR>70%。特大型高炉要求焦炭灰分含量更低，最好低于 12.5%。

4.1.2　精料之"熟"

高炉生产要求熟料率（指烧结矿和球团矿）高。目前炼铁企业已不再追求过高的熟料率，如宝钢与梅钢的熟料比为 82% 左右。增加高品位块矿，可有效提高入炉料含铁品位，有利于节能减排，并减少造块过程中的能耗和环境污染。但高炉熟料率不宜低于 80%，否则会使炼铁燃料比升高，因为熟料比每下降 1%，燃料比将升高 2～3kg/t。在正常条件下，不应当将各类熔剂直接加入高炉，直接入炉的非熟料只限于高品位块矿。中国部分特大型高炉近年的熟料率变化情况见表 4-5。

表 4-5　近年我国部分高炉的熟料率　　　　　（％）

年　份	2011	2012	2013
宝钢 1	84.04	84.23	84.11
宝钢 2	85.03	84.1	84.13
宝钢 3	84.03	84.12	84.62
宝钢 4	84.02	84.14	84.06
武钢 8	87.27	89.65	90.11
马钢 A	92.02	92.53	92.27
马钢 B	92.26	92.88	92.25
沙　钢	86.52	87.23	87.67
太钢 5	94.71	95.36	97.55
首迁 3	93.3	95.63	93.87
京唐 1	90.58	87.34	88.2
京唐 2	89.55	88.73	89.14
鲅鱼圈 1	90.73	92.25	87.81
鲅鱼圈 2	90.9	91.93	87.76
本　钢	95.91	95.79	89.86

4.1.3　精料之"稳"

高炉炼铁要求原燃料化学成分稳定，主要是含铁品位和碱度稳定，波动范围要小。要求优质烧结矿含铁品位波动不大于±0.4%，碱度波动不大于±0.05%；普通烧结矿含铁品位波动要不大于±0.5%，碱度波动不大于±0.08%。国外先进高炉的烧结矿含铁品位波动不大于±0.3%，碱度波动不大于±0.03%。炼铁入炉原燃料的性能不稳定是影响高炉正常生产的主要因素：含铁品位波动 1%，高炉产量会影响 2%~3%，焦比变化 1.5%~2%；碱度波动 0.1，高炉产量会影响 2.0%~4.0%，焦比变化 1.2%~2.0%。

实现原料成分稳定的有效手段是建立中和混匀料场。混匀的原则是"平铺直取"。堆料时的布料方式有：鳞状布料、人字布料和条形布料。另外，应保证原料场的合理储存量（保证配矿比例变动不大），这也是提高炉料成分稳定的有效手段。例如，宝钢经过自动化配料后生产的烧结矿化学成分稳定，标准偏差值为 TFe ±0.26%、SiO$_2$±0.09%、RO±0.029。

烧结矿 FeO 含量的稳定也是影响高炉顺行的一项重要指标，因为 FeO 含量对烧结矿的强度、还原性、低温还原粉化率有较明显的影响。FeO 含量增加 1%，焦比增加 1%~1.5%，产量下降 1%~1.5%。因此，需要控制烧结矿的 FeO 含量，武钢等企业的高炉要求 FeO 控制在 7%~9%范围内。

此外，还要保证各种炼焦煤的均匀混合，这样才能保证成品焦炭的质量稳定。

4.1.4 精料之"匀"

原燃料的粒度和成分要均匀，这是提高炉料柱透气性的有效办法。大、中、小粒度的炉料混装会有填充作用，减少有效空间，降低炉料块状区的透气性。一般要求 5~15mm，粒级所占比例小于 30%。大型高炉要求烧结矿 5~10mm 的比例应控制在 20%以下。烧结矿与焦炭宜采用分级入炉，其中小粒度烧结矿与焦炭分别单独入炉，以保证主流炉料的粒度均匀性。

4.1.5 精料之"小"

原燃料的粒度要偏小，球团矿 8~16mm，烧结矿 5~50mm，焦炭 50~75mm，块矿 5~15 mm。小高炉所用原燃料的粒度可偏小些，而大型高炉所用炉料应采用相对较大的粒度组成。粒度应适宜而均匀，并力求缩小上下限粒度差。

粒度过大会减少煤气与铁矿石的接触面积，使铁矿石不易还原；过小则增加气流阻力，同时易吹出炉外形成炉尘损失；粒度大小不均，则严重影响料柱透气性。因此，大块应破碎，粉末应筛除，适当保持较小的矿石入炉，以改善高炉块状带的还原条件，提高入炉料的还原性，提高间接还原度，达到降低燃料消耗的目的。但是，大型高炉的料柱较高，如粒度太小则可能导致块状带压损偏大，不利顺行。因此大型高炉的入炉料粒度宜取上限值，以确保高炉实现长期稳定顺行。

高炉炼铁实践表明，不同含铁原料的最佳的粒度范围是：烧结矿 25~40mm，对容易还原的赤铁矿和褐铁矿 8~20mm。入炉粒度由 10~40mm 降为 8~30mm 时，高炉产量可增加 9.6%，焦比下降 3.1%。

4.1.6 精料之"净"

入炉原燃料保持干净，筛除粉末。对粒度组成的要求，小于 5mm 的比例要低于 5%，武钢等大型高炉要求小于 5mm 的比例低于 3%，同时要求 5~15mm 的比例小于 30%。小于 5mm 含量从 4%升到 11%，煤气阻力指数由 1.6 升到 2.9，焦比升高 1.6kg/t。国内外部分高炉对炉料粒度的要求见表 4-6。

表 4-6   国内外部分高炉对入炉料粒度的要求[1]   （mm）

炉　别	天然矿石	球团矿	烧结矿	焦　炭	石灰石	返　矿
宝　钢	8~25	8~16	6~50	25~70	3~6	<5

炉　别	天然矿石	球团矿	烧结矿	焦　炭	石灰石	返　矿
武　钢	10~40	9~16	6~50	25~60		
日　本	8~25	9~15	6~50	25~70		
俄罗斯		10~15	10~30	25~60		
德　国	8~25	6~15	6~50	25~70		
美　国		6~15	两级 6~12 15~38	25~70		

4.1.7　精料之"少"

　　"少"是指铁矿石、焦炭中含有害杂质要少。特别是对 S、P 的含量要严格控制，同时还应控制好 Zn、Pb、Cu、As、K、Na、F、Ti（TiO_2）等元素的含量：$S \leqslant 4kg/t$、$P \leqslant 0.2kg/t$、$Cu \leqslant 0.2kg/t$、$Pb \leqslant 0.15kg/t$、$Cl^- \leqslant 0.6kg/t$、$Zn \leqslant 0.15kg/t$、$As \leqslant 0.1kg/t$、$K_2O + Na_2O \leqslant 3.0kg/t$。焦炭灰分中含有 $K_2O + Na_2O$ 要少，煤中灰分中 $K_2O + Na_2O$ 含量要小于 2.0%。钾在高温区（>1100℃）对焦炭的破坏程度比钠大数倍，同时钾对耐火材料的破坏作用要比钠大，因此应特别关注并设法减少钾的入炉总量[3]。表 4-7 示出铁矿石有害杂质的危害及其吨铁上限含量。

表 4-7　铁矿石有害杂质的危害和吨铁上限含量

元素、离子	界限含量/ $kg \cdot t^{-1}$	危　　害
S	≤4.0	使钢产生"热脆"，易轧裂
P	≤0.2	使钢产生"冷脆"；烧结、球团、炼铁过程中均不能脱磷；对入炉矿石的允许含磷量要进行计算
Pb	≤0.15	易还原，不溶于铁水，比重大，沉于炉底，破坏砖衬；Pb 蒸气在高炉上部循环富集，易使炉墙结瘤，侵蚀炉衬
Zn	≤0.15	使炉墙膨胀，破坏炉壳，使风口二套上翘；在高炉内形成循环，容易造成炉墙黏结、结厚，破坏顺行
Cu	≤0.2	少量可改善钢的耐腐蚀性，量多引起钢热脆，钢材不易焊接和轧制
Sn	≤0.08	使钢产生脆性
As	≤0.1	使钢产生"冷脆"，不易焊接
Ti	渣中 $TiO_2 \leqslant 15\%$	降低钢的耐磨和耐腐蚀性，使炉渣变黏，起泡沫
K、Na	<3.0	在高炉内循环富集，破坏炉墙，易结瘤；使矿石和焦炭强度降低
F		腐蚀金属；危害人类和农作物；加速炉衬侵蚀
Cl^-	≤0.6	腐蚀金属管道；使烧结工序产生致癌物二噁英

此外，还要控制 Al_2O_3 的入炉量，维持高炉炉渣中 $Al_2O_3 < 15\%$，以保证高炉渣具有良好的熔化性、流动性、脱硫能力等冶炼性能。

4.1.8 精料之"好"

"好"是指铁矿石的冶金性能要好。好的冶金性能通常是指铁矿石的还原度高、还原粉化率低、荷重软化点高、软熔温度区间窄、熔滴温度高、熔滴区间窄等。

4.1.8.1 矿石的还原性（RI）

铁矿石的还原性取决于矿石种类、矿物性质、矿石的气孔度及气孔特性等。矿物特性表现为 Fe_2O_3 易还原，Fe_3O_4 较难还原，$2FeO \cdot SiO_2$ 更难还原等。在天然铁矿石中，褐铁矿还原性最好，其次是赤铁矿，而磁铁矿难还原。一般要求铁矿石的还原性 $RI > 60\%$，大型高炉要求矿石还原性更高，应达到 $RI > 70\%$。

4.1.8.2 低温还原粉化性（RDI）

高炉原料（特别是烧结矿）在高炉上部的低温区还原时会严重破裂、粉化，使料柱的孔隙度降低，透气性恶化。人造富矿还原粉化率（+3.15mm）≥70% 的合格率应大于 90%。低温还原粉化率每升高 5%，产量下降 1.5%。有的企业沿用 20 世纪 80 年代技术，靠增加 FeO 含量或在烧结矿表面喷洒卤化物（如 $CaCl_2$）溶液以降低入炉烧结矿的 RDI。据当时某些企业的统计数据，在烧结矿表面喷洒 3% 的卤化物溶液，可使还原粉化率降低 10%～15%。应该指出：（1）对高碱度烧结矿（例如 $CaO/SiO_2 \geq 1.7$）而言，其黏结相是铁酸钙体系矿物，增加 FeO 含量对降低其还原粉化性作用甚微。此外，增加烧结矿 FeO 含量会使烧结矿还原性降低，对降低高炉燃料比不利。（2）烧结矿表面喷洒卤化物（如 $CaCl_2$）溶液的不利作用近年开始被关注，一般认为烧结矿表面喷洒卤化物会生成二噁英，还会对厂房钢构件产生腐蚀作用。如采用烧结矿表面喷洒卤化物技术，应对其环境因素进行评估。

4.1.8.3 荷重还原软化性能

荷重还原软化性能是指矿石在荷重还原条件下，收缩率达到 4% 时的温度。为有利于高炉煤气顺利通过软熔带，要求铁矿石软化温度高一些，软熔温度区间要窄。对于烧结矿，其软化温度应高于 1050℃，软化区间低于 150℃。提高碱度有利于提高脉石熔点，降低矿石中 FeO 含量也有利于提高矿石的软熔性。对于球团矿，其软化温度要高于 1000℃，软化区间低于 150℃。

4.1.8.4 熔滴性

熔滴性是指铁矿石在高温还原性气氛下开始熔化与滴落的特性。为使高炉生产顺行，要求铁矿石熔滴温度高，区间窄（100～150℃）。

4.1.8.5 球团矿的还原指标

球团矿的还原膨胀率要低于15%，还原度（*RI*）应不小于65%。

4.2 高炉合理炉料结构

合理的炉料结构应使高炉生产获得高产、优质、低耗和低成本。选择炉料结构的一般原则包括：（1）熟料比高，炉料综合冶金性能好。（2）根据矿粉性能决定生产熟料应采用的工艺：一般富矿粉粒度粗，不宜生产球团矿，应生产烧结矿；精矿粉粒度细，应生产球团矿。（3）碱度调剂原则，高炉内不应直接加入熔剂。（4）生铁成本最低原则。（5）人造富矿的工艺要求对环境友好。

高炉的炉料结构没有唯一的固定模式。世界各国的高炉生产实践表明，各种类型的炉料结构均可能获得良好的冶炼效果，其关键是精料，要特别重视入炉矿的含铁品位、粒度和强度。合理的高炉炉料结构是一个技术和经济结合的综合概念，与高炉所在地区的资源条件、经济环境密切相关。合理的炉料结构取决于矿石资源和炼铁成本。现在许多企业努力增加球团矿配比，也有些企业在增加块矿配比，这些都要根据各企业的资源条件、经济效益最大化来决定。总体来说，中国高炉的合理炉料结构应该是高碱度烧结矿配加酸性球团矿，或高碱度烧结矿配加酸性球团矿和块矿，或高碱度烧结矿配加块矿。目前我国高炉的炉料结构趋向于高碱度烧结矿65%~85%，球团矿10%~25%，天然块矿5%~10%。表4-8示出中国部分大型高炉近年炉料结构变化情况，图4-1所示为武钢1992~2013年间炉料结构及入炉铁分变化情况。

表4-8 国内部分大型高炉近年炉料结构变化情况 （%）

年份	2011			2012			2013		
炉料	烧结	球团	块矿	烧结	球团	块矿	烧结	球团	块矿
宝钢1	64.63	19.41	15.96	65.97	18.26	15.77	70.13	13.98	15.89
宝钢2	66.14	18.9	14.97	64.65	19.46	15.9	68.99	15.14	15.87
宝钢3	62.72	21.32	15.97	64.39	19.73	15.88	66.45	18.16	15.38
宝钢4	64.37	19.65	15.98	65.36	18.78	15.86	70.61	13.45	15.94
武钢8	63.93	23.33	12.74	66.16	23.49	10.35	66.94	23.17	9.89
马钢A	73.02	18.97	7.98	70.59	21.94	7.47	71	21.27	7.73
马钢B	73	19.23	7.74	70.2	22.68	7.12	70.29	21.96	7.75
沙钢	65.32	21.26	13.47	66.99	20.24	12.77	68.75	18.92	12.33
太钢5	65.15	16.79	4.32	76.74	18.66	4.6	72.11	25.47	2.51
首迁3	69.79	23.51	6.92	69.32	25.99	4.41	69.61	24.26	6.98
京唐1	66.87	23.71	9.42	61.35	25.99	13.26	61.38	26.81	11.81
京唐2	64.26	25.29	10.37	61.24	27.49	11.27	62.64	26.51	10.85
鲅鱼圈1	75.17	15.56	9.27	75.13	17.13	7.75	73.27	14.54	12.19
鲅鱼圈2	75.1	15.8	9.1	75.15	16.78	8.07	73.5	14.27	12.24
本钢	72.6	23.31	4.09	69.02	28.04	4.13	68.96	23.35	7.69

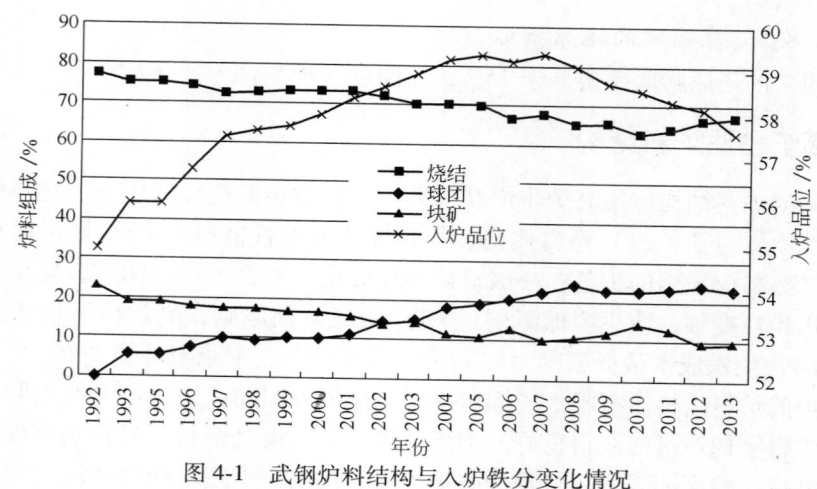

图 4-1 武钢炉料结构与入炉铁分变化情况

国外高炉炼铁的炉料结构，因资源情况差异而不同。美国和加拿大高炉的含铁原料以球团矿为主。美国的铁矿资源多为嵌布极细的铁燧岩，需要磨细才能使含铁矿物与脉石单体分离，因此精矿的粒度极细，适宜于生产球团矿。美国20世纪50年代起便发展球团矿，高炉炉料结构以球团矿为主。加拿大和瑞典的高炉，其炉料结构多为100%球团矿，因为其矿源多为细精矿。早期生产酸性球团矿，冶金性能欠佳，高炉还要加入生石灰石，生产效果不理想，现已普遍改为自熔性或碱性球团矿。日本、韩国等亚洲国家高炉的含铁原料以烧结矿为主，因为他们主要是在国际市场上购矿，国际市场上粉矿多，价格最低，而粉矿宜于生产烧结矿，不宜生产球团。欧洲高炉大部分采用烧结、球团与高铁块矿的炉料结构，部分高炉使用100%球团生产，如瑞典的LKAB厂等。俄罗斯高炉的含铁原料过去以烧结矿为主，但近年球团矿配比逐渐增多，因为俄罗斯产精矿多，生产球团矿有优势。总之，世界各个国家和地区的高炉因矿源不同而采用了不同的炉料结构。表4-9和表4-10列出了韩国、澳大利亚高炉代表性的炉料结构。

表 4-9   2011~2012 年韩国浦项高炉的炉料结构   （%）

年 份	项 目	1号高炉	2号高炉	3号高炉	4号高炉	5号高炉
	炉容/m³	3950	4350	4600	5500	3950
2011	烧 结	81.2	81.1	82.9	81.1	84.8
	球 团	2.1	1.8	1.9	10.2	2.3
	块 矿	16.7	17.1	15.2	8.7	12.9
2012	烧 结	84	84.6	83.9	82.2	82.7
	球 团	2.1	2.5	1.3	10.0	2.3
	块 矿	12	12.9	14.8	7.8	15

表 4-10　澳大利亚 BLUE SCOPE 厂 3200m³ 级高炉炉料结构　　（%）

年份	1999	2000	2001	2002	2003	2004	2005	2006	2007	2008	2009
烧结	60	62	63	62	60	60	57	55	57	55	57
球团	16	21	24	25	26	26	26	28	26	28	30
块矿	24	17	13	13	14	14	17	17	17	17	13

荷兰艾默伊登 6 号高炉（炉容 2700m³）的炉料结构为超高碱度烧结矿（碱度 2.8~4.0）40% 左右，配加 60% 的橄榄石球团，烧结与球团矿的 SiO_2 含量控制在 3.5% 左右。该高炉入炉品位达到 65%，其技术经济指标达到世界领先水平。2011 年上半年德国蒂森施维尔根 1 号高炉与 2 号高炉（炉容分别为 4417m³ 与 5513m³）的炉料结构分别为：1 号高炉，烧结 63.81%＋球团 22.86%＋块矿 13.33%；2 号高炉，烧结 63.94%＋球团 22.6%＋块矿 13.46%。这两座高炉的矿耗均为 1630kg/t 左右[4]。

从国内外先进高炉的炉料结构看，炉料结构模式的发展趋势是：少用或不用块矿，提高熟料率；适当提高烧结矿的碱度和减少烧结矿的用量；较大幅度地增加球团矿的用量。目前高炉炼铁技术已经发展到相当高的水平，其工艺和装备都达到了很高的程度，入炉原料的质量也发生了质的变化，现代高炉炼铁的主要炉料应该是烧结矿和球团矿。

4.3　高炉精料与降低生铁成本

近年来，因钢铁产能严重过剩，带来资源、市场、环保上的巨大压力。市场竞争激烈，加上上游的进口原料由为数不多的国际大财团垄断，尽管钢材价格大幅回落，但国际上入炉含铁原料价格并未同步跟进降低，而中国铁矿资源较有限，大部分钢铁公司的含铁料的进口比例大，导致钢铁企业成本上升，企业所得利润显著减少，使整个钢铁行业快速进入微利时代，部分企业出现亏损。钢铁企业为了求生存，不得不最大限度地降低炼铁工序成本，因为生铁成本在钢铁生产流程中所占比例最大。一般情况下，中国钢铁企业的生铁制造成本在企业成本中所占比例占 60%~70%，如何降低炼铁工序成本，是我国钢铁企业在激烈的国内外市场竞争中求生存和发展的关键。于是，大多数钢铁企业设法购买价格较低的铁矿石等炉料，用"经济炉料"来进行高炉炼铁。经济炉料通常是指适当降低入炉品位，放宽部分有害元素限制，增加非主流杂矿用量等。显然，使用经济炉料的必然结果是高炉入炉品位、有害元素负荷等精料指标变差。使用经济炉料的可能有三种结果：一种是对那些入炉炉料质量有一定富余的钢铁企业，高炉通过改善操作、优化管理等，使用经济炉料后可达到既降成本又保顺行的效果；另一种是使用经济炉料后牺牲高炉冶炼的部分经济指标，如由高强化冶炼转为中等强化冶炼；第三种是高炉使用经济炉料后生铁成本短期内可能降低，但因很难实现长时间稳定顺行，长此以往可能出现生铁成本大幅度上升的情况。

在降低高炉炼铁成本的过程中，各厂做法不尽相同，只能根据实际情况具体分析。武钢近年采取以下方法来降低生铁成本：

（1）明确规定降低工艺成本的前提必须保证高炉实现较长时期的稳定顺行。

（2）努力降低高炉炉料的配矿成本。配矿是降低生铁成本的主要措施，矿石品位高、有害杂质少，其价格会高，反之其价格会相对较低。在使用低品质矿之前，必须充分考虑其不利影响，要有应对措施。2000 年以来武钢高炉入炉品位变化情况如图 4-2 所示，入炉品位经历了从上升到下降的过程，2007 年达到顶峰值 59.39%，2008 年后逐步下降，到 2013 年与 2014 年 1~5 月入炉品位降低到 57.5% 的水平。因品位降低后渣量增加，炉渣中 Al_2O_3 含量由 2007 年的 16.3% 降为 2013 年的 14.9% 左右，这在一定程度上缓解了过去因炉渣中 Al_2O_3 含量高，导致炉渣熔化性温度高、黏度高、流动性差且脱硫能力、稳定性差引起的一系列问题。

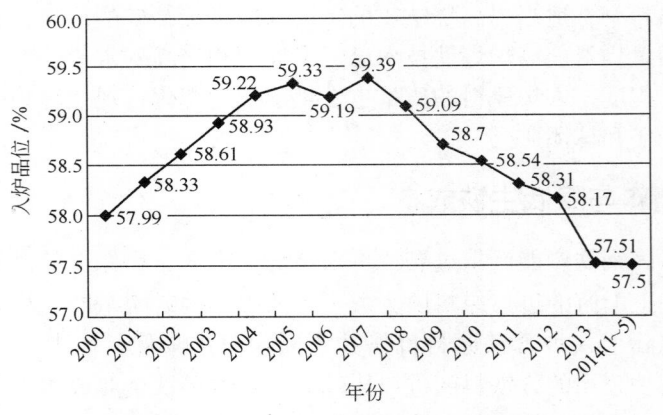

图 4-2 2000 年以来武钢高炉入炉品位变化

（3）提高小粒度烧结矿和焦炭的利用率。使用小粒度烧结矿降低二次返矿，可以使烧结降低燃料消耗，从而降低烧结成本。自 2011 年开始，为在烧结矿产能偏小的条件下提高烧结率，将高炉料槽烧结筛的孔径从原来的 5mm 减小到 4mm。筛子调整后，返矿中粒度大于 5mm 的烧结明显减少，从原来的 48.78% 下降到 20% 左右。烧结矿二次返矿率从 2010 年的 23% 下降到 17%。与此同时，还将高炉料槽焦炭筛的孔径从 23~25mm 下调到 20~22mm。此外，为了减少外购焦，降低生铁成本，从 2011 年 8 月开始，在 7 号、8 号高炉使用回用焦丁（粒度 12~22mm）。月使用回用焦丁 1.5 万吨左右，效益显著。

（4）开发利用二次资源，将除尘焦粉、除尘煤粉混入煤粉喷吹入炉以降低焦炭消耗。月使用除尘焦粉、除尘煤粉量达到 1 万吨左右。通过不断提升技术管理水平、推行操作模式由高强化型向中等冶炼强度低消耗型的转变、开展低成本冶炼技术的研究与运用，武钢高炉 2012 年吨铁成本降低了 35 元。在降低成本的同时，还保证了炉况总体稳定与顺行。

近几年国内很多高炉为降低成本使用低品质杂矿冶炼，但效果不尽相同。武钢高炉使用部分低品质杂矿冶炼，基本保证了炉况顺行。国内有些高炉使用低品质杂矿，炉况稳定性较差，未达到降低成本的预期效果。京唐曹妃甸、太钢、首迁、宝钢等特大型高炉，在困难的经营条件下维持了高炉入炉原燃料质量的相对稳定，这些高炉保持了长时期的稳定顺行，燃料比较低，经济效益比较显著。

值得一提的是，由于煤炭等燃料价格与钢材价格同步下跌，使得钢企可以用较低的价格购买相对较好的煤炭进行炼焦与喷吹。这一有利因素使焦炭与喷吹煤的质量没有出现明显下降，有些企业的焦炭质量还出现了向好的状况。如武钢高炉尽管入炉含铁炉料质量有变差趋势，但是其焦炭质量并未降低，反而有所改善。如 CSR 指标由 2011 年的 64.9% 提高到 2014 年上半年的 69%~70%，焦炭灰分由 12.68% 降至 12.35%，冷强度 M_{40} 和 M_{10} 指标也相应改善。正因为如此，武钢高炉才能在入炉品位降低，使用部分低品质杂矿的情况下，实现总体炉况长期稳定顺行，取得了燃料比下降、成本降低的较好效果。表 4-11 示出 2011 年以来中国特大型高炉入炉焦炭质量情况。武钢高炉 2000~2013 年的焦炭质量变化如图 4-3 所示。

表 4-11　2011 年以来中国特大型高炉入炉焦炭质量变化情况

年份	指标	宝钢1	宝钢2	宝钢3	宝钢4	武钢8	马钢A	马钢B	沙钢	太钢5	首迁3	京唐1	京唐2	鲅鱼圈1	鲅鱼圈2	本钢
2011	$A/\%$	12.15	12.11	12.11	12.12	12.68	12.84	12.84	12.46	12.26	11.90	12.31	12.32	12.37	12.37	12.07
	$V/\%$	1.04	1.04	1.05	1.04	1.26	1.36	1.36		1.21	1.29	1.25	1.18	0.97	0.97	1.01
	$S/\%$	0.64	0.64	0.68	0.66	0.74	0.65	0.65	0.79	0.66	0.69	0.79	0.78	0.81	0.81	0.68
	$C/\%$	86.81	86.85	86.85	86.84	85.93	84.82	84.82	86.37	86.68						
	$M_{40}/\%$	87.86	87.76	87.78	87.80	88.92	89.53	89.53	89.14	89.86	88.49	91.16	75.06	81.30	88.11	88.33
	$M_{10}/\%$	6.16	6.17	6.13	6.15	5.92	5.54	5.54	5.82	5.33	6.20	5.53	8.13		6.75	5.81
	$CRI/\%$	26.07	25.80	25.64	25.84	26.64	23.59	23.59	23.67	24.34	23.23	22.38	30.50	27.37	27.36	20.36
	$CSR/\%$	66.52	66.90	66.99	66.81	64.87	69.63	69.63	68.30	69.17	66.71	69.43	57.83	62.21	62.20	69.22
	平均粒径/mm	51.67	51.62	51.56	51.62	53.60	50.08	50.36	51.49	49.25			54.49	54.85	46.89	46.87	
2012	$A/\%$	12.07	12.04	12.05	12.18	12.62	12.64	12.64	12.43	12.00	11.96	11.98	11.98	12.19	12.19	11.95
	$V/\%$	1.05	1.05	1.05	1.04	1.31	1.23	1.23	1.07	1.20	1.31	1.25	1.25	0.94	0.94	1.02
	$S/\%$	0.63	0.63	0.69	0.64	0.73	0.68	0.68	0.73	0.65	0.77	0.76	0.76	0.85	0.94	0.68
	$C/\%$	86.88	86.91	86.90	86.77	85.92	85.83	85.83	86.51	86.95	85.95	85.82	85.79	—	—	—

续表 4-11

年份	指标	宝钢1	宝钢2	宝钢3	宝钢4	武钢8	马钢A	马钢B	沙钢	太钢5	首迁3	京唐1	京唐2	鲅鱼圈1	鲅鱼圈2	本钢
2012	M_{40}/%	87.75	87.71	87.76	87.90	88.86	89.76	89.76	88.81	89.74	88.50	91.08	91.08	88.55	88.55	88.57
	M_{10}/%	6.18	6.19	6.17	6.10	5.81	5.38	5.38	5.93	5.39	6.03	5.55	5.55	6.57	6.57	5.83
	CRI/%	26.21	26.22	26.10	26.03	25.45	22.76	22.76	24.16	23.78	21.61	20.84	20.84	28.01	18.81	20.36
	CSR/%	66.95	66.89	67.06	67.24	64.83	69.99	69.99	67.02	69.92	67.91	70.95	70.95	61.58	50.16	69.21
	50~25mm/%	43.14	43.09	43.29	43.38	18.32	23.40	26.07	27.85	10.49	23.56	13.08	13.08	31.37	31.37	14.60
	<25mm/%	4.68	4.74	4.78	4.78	3.29	1.31	1.16	2.76	1.72	4.39	2.24	2.24	3.59	3.59	1.35
	平均粒径/mm	51.70	51.67	51.58	51.56	54.63	49.65	49.99	49.42	53.18	49.71	55.21	55.21	47.87	52.36	—
2013	A/%	12.05	12.02	12.05	12.16	12.35	12.43	12.43	12.22	11.92	11.98	11.84	11.84			11.83
	V/%	1.06	1.06	1.06	1.05	1.33	1.24	1.24	1.03	1.19	1.24	1.25	1.25			1.02
	S/%	0.65	0.63	0.65	0.64	0.73	0.73	0.73	0.73	0.66	0.79	0.75	0.75			0.66
	C/%	86.89	86.92	86.89	86.80	86.20	86.09	86.09	86.82	86.89	86.00					
	M_{40}/%	89.19	88.98	89.19	89.74	89.14	89.65	89.65	89.10	89.95	88.46	90.98	90.98			88.39
	M_{10}/%	5.74	5.89	5.74	5.64	5.28	5.51	5.51	5.72	5.26	6.09	5.63	5.63			5.88
	CRI/%	25.47	25.09	25.47	25.15	21.01	22.86	22.86	24.41	22.69	21.89	20.03	20.02	24.98	22.79	20.40
	CSR/%	67.29	67.48	67.29	67.58	69.22	69.87	69.87	66.81	70.44	67.89	71.76	71.76	65.28	62.20	69.55
	50~25mm/%	43.03	42.99	43.03	41.67	19.76	26.97	27.77	34.15	8.14	22.46	11.08	11.07	25.48	26.08	15.02
	<25mm/%	4.53	4.49	4.53	4.21	2.85	2.53	2.41	3.04	1.36	4.34	1.95	1.95	14.72	4.01	1.36
	平均粒径/mm	51.81	51.86	51.81	52.58	53.12	48.19	47.88	47.32	61.66	50.54	57.72	57.73	50.50	51.70	

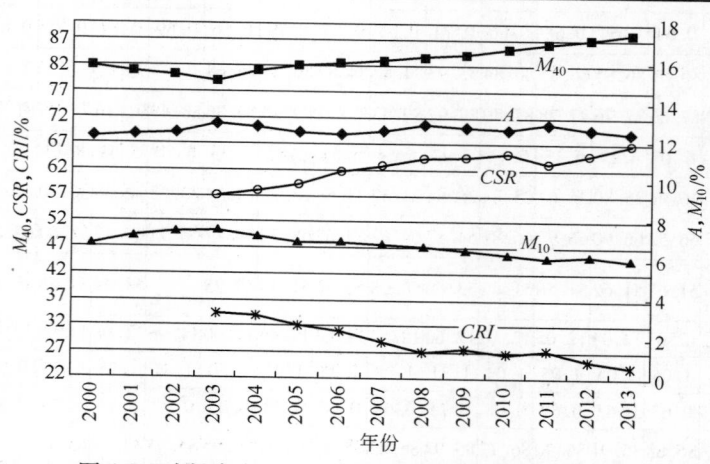

图 4-3 武钢高炉 2000~2013 年的焦炭质量变化趋势

从图 4-3 可以看出，自 2011 年以来武钢焦炭质量逐步改善，*CSR* 等指标已达到国内一流水平。国内有些高炉如 LG、MG、AG 等企业的部分高炉，相继在 2013 年底 2014 年初出现炉况不顺，甚至失常。主要是这些高炉为降成本使用或部分使用了低价、质差、有害元素偏高的炉料，而高炉操作与调剂没有及时跟上炉况波动的节奏，最后花较长时间来处理炉况所致。由其结果可得，炉况失常带来的损失远大于降成本的收益。因此，要想使用低价、质差矿石或其他质差炉料，首先必须进行全面评估与论证，要以高炉能够保持稳定、顺行为先决条件或基础，并且调节前要设计好多套应急预案，以便实现高炉稳产并降低成本。如果高炉出现问题，应迅速做出相应的调节措施，扭转炉况失常，减少或避免损失。

长期的高炉操作管理经验得出，使用低品位经济矿冶炼可能只是短期有效益，而长期可能是不经济的。宝钢与鞍钢的生产发展过程都证明了这个规律。宝钢从来都使用进口高品位、质量稳定的铁矿，而其高炉能保持长期稳定顺行，企业利润也是中国最高的。鞍钢的高炉配矿经历了从低品位、低品质逐步向高品位、较高品质的演进过程，其企业技术经济指标与经济效益逐步改善与提高[5]。20 世纪，鞍钢几十年的矿石入炉品位很低，只有 48%~54%，高炉炉况和指标深受低品位的影响。1949~1999 年，鞍钢燃料比从 1229kg/t 降到 570kg/t；1995 年的平均精矿品位 63.8%；2000 年以后由于提铁降硅选矿技术的成功，精矿品位达 67% 以上，加上使用部分进口富矿粉，高炉才逐渐翻身。鞍钢炼铁工序能耗 1999 年到 2007 年期间又降低约 100kg/t（标煤）。

使用经济炉料只是企业为生存需要的短期竞争行为，高炉精料方针则是永远正确的，只有保证入炉炉料的质量才能真正保证高炉长期高效生产，企业才能实现效益最大化。

4.4 锌对高炉的危害与防治

4.4.1 锌在钢铁厂内的循环

在钢铁制造流程中锌存在两个"闭合"循环路径，一个以高炉炼铁为中心，另一个以转炉或电炉炼钢为中心，图 4-4 所示为钢铁厂内锌循环的简图。锌来自各种入炉原燃料（烧结矿、球团矿、焦炭、煤粉等），经过在高炉内的一系列反应后，锌主要进入煤气除尘系统。高炉产生的粉尘、污泥由于含有大量的 C 和 Fe，返回烧结使用，锌跟随烧结原料一起进入高炉，形成循环并不断富集。在转炉或电炉炼钢系统，铁水中所含的锌，加上废钢带入的锌，在炼钢过程中大部分进入烟尘、尘泥，收集后又返回烧结，制成烧结矿进入高炉，参与下一轮高炉循环[5]。由此可见，钢铁厂内锌循环富集最重要的环节就是粉尘和尘泥返回烧结使用，最终的富集点在高炉。

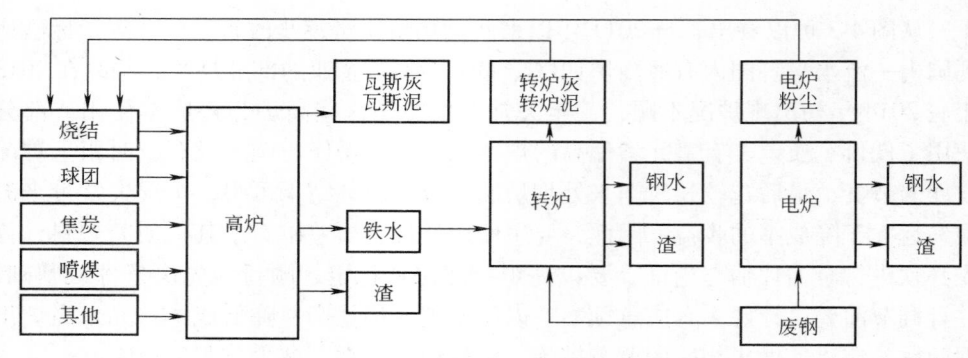

图 4-4 钢铁厂内锌循环简图

4.4.2 锌在高炉内的循环

进入高炉中的锌主要以铁酸盐（$ZnO \cdot Fe_2O_3$）、硅酸盐（$2ZnO \cdot SiO_2$）、硫化物（ZnS）和氧化物（ZnO）形态存在。在高炉内的温度和气氛下会发生以下反应：

$$ZnO \cdot Fe_2O_3 + 2CO = Zn(s) + 2CO_2 + 2FeO$$

$$2ZnO \cdot SiO_2 + CO = 2Zn(s) + CO_2 + SiO_2$$

$$2ZnS + 3O_2 = 2ZnO + 2SO_2$$

$$ZnO + CO = Zn(s) + CO_2$$

锌的熔点很低，只有 420℃，同时由于锌的蒸气压很高，在 907℃ 左右其蒸气压就接近一个标准大气压，因而在高炉内还原后产出的锌发生气化反应。还原后的锌会成为锌蒸气，一部分进入风口组合砖及炉缸、炉底炭砖的缝隙，大部分锌蒸气跟随高炉内的煤气上升。在高炉上部，大部分锌随粉尘和烟尘进入除尘系统，部分锌发生氧化反应生成 ZnO：$Zn(g) + FeO = ZnO + Fe$，$Zn(g) + CO_2 = ZnO + CO$。冷凝为固态的锌颗粒随炉料下降，在高炉内形成循环，也有一部分锌蒸气在炉衬上冷却，附着在炉衬上形成结厚或结瘤。

4.4.3 锌对高炉的危害

高炉内的锌会对高炉产生一系列危害，主要有：（1）在炉喉钢砖及炉身中上部等部位形成黏结、结厚或结瘤，使高炉操作难度增大，出现崩料、悬料等。（2）在煤气上升管内冷凝、积聚造成上升管阻塞。（3）对炉体产生破坏作用。高炉内被还原的锌在高温下挥发，锌蒸气如果在炉壳焊接或者裂缝处冷凝，会生成低熔点的锌铁合金，既降低炉壳强度，又使炉壳裂缝不易焊补。（4）锌在高炉风口处沉积，渗入风口砖缝，对风口耐火材料侵蚀，造成砖体疏松，导致风口二套上翘，高炉煤气初始分布失常，炉缸不活，风口大量破损。（5）缩小间接还原区，扩大直接还原区，进而引起焦比上升，降低料柱尤其是软熔带焦窗的透气性。（6）在高炉下部形成的锌蒸气，可能进入炉缸、炉底炭砖砖缝，造成炭砖侵蚀或炉底上翘与上涨。（7）出铁时锌蒸气会随渣铁逸出，锌蒸气遇到空气后被氧化成白色氧化锌粉末，造成炉前能见度差，作业环境恶劣。此外，锌的循环还会引起渣铁物理热不足，发生炉缸易凉等问题。

4.4.4 控制锌在高炉内循环富集的措施

为了控制锌在高炉内的循环富集，减少其危害，应采取以下措施：

（1）建立锌负荷检测体系，实时分析、预测高炉的锌负荷状况，严格控制入炉炉料锌的含量，一般要求锌负荷小于150g/t，保证高炉的锌负荷在允许范围之内，以确保高炉的顺行和长寿。

（2）开发专门针对钢铁厂内产生的高锌含量粉尘和污泥的处理装置（如转底炉工艺等），回收利用铁的同时也回收锌，不再将此类粉尘和污泥返还烧结使用，从源头上阻断锌进入高炉。

（3）稳定高炉操作，控制煤气流合理分布，降低炉内锌积聚速度，适度发展中心气流，加重边缘，控制较低的软熔带，软熔带在炉腹处有利于减少锌在炉内聚集。

（4）深入研究高炉内锌的行为、反应、循环机理，进行周期性的洗炉来控制或减轻锌对高炉的危害。

4.4.5 高锌负荷危害实例分析

4.4.5.1 某厂1250m³高炉因锌的危害而提前停炉大修[5]

2012年5月，开炉生产了4.5年的某厂1250m³高炉因受锌害，造成炉底板上翘，炉缸环形炭砖局部温度达1080℃，被迫停炉大修，该高炉寿命远未达到10年的设计目标。表4-12列出了该高炉的操作指标及锌平衡的有关数据。

表4-12 国内某厂1250m³高炉的锌负荷及平衡表

年份	排锌率/%	锌负荷/kg·t⁻¹	铁水含锌/%	瓦斯灰量/kg·t⁻¹	瓦斯灰含锌/%	干法灰含锌/%	炉渣含锌/%	炉顶温度/℃	利用系数/t·(m³·d)⁻¹	焦比/kg·t⁻¹	煤比/kg·t⁻¹
2008	77	1.73		7.97	2.02	22.36		120	2.509	350	141
2009	88	1.93		11.29	2.33	23.00		100	2.562	357	138
2010	92	1.04	0.012	8.82	1.61	11.80	0.002	177	2.71	370	134
2011	105	0.76	0.015	9.32	1.08	7.73	0.002	166	2.733	359	158
2012 一季度	108	0.76	0.016	7.1	1.25	16.07	0.002	146	2.281	367	148

该高炉锌来源于质量差的入炉原燃料，尤其是回收的杂矿，而锌的去向则可分为以下 5 部分：（1）大部分锌随炉尘带出炉外。（2）部分锌进入生铁与炉渣。（3）部分锌在炉内循环富集或在高炉上部区域凝结形成黏结或结瘤。（4）部分锌进入风口组合砖区域，造成生产中风口中套烧坏或上翘，更换风口时有的流出大量锌液。该高炉 4.5 年间更换了 52 个中套，是风口数的 2.5 倍以上。（5）部分锌进入炉缸、炉底炭砖，造成炭砖侵蚀与封板上翘。还原气化的锌，有一部分渗入砖衬的裂缝和气孔中，砖衬温度从内到外逐渐降低，降到 419℃，就凝固成固态锌。渗入砖衬的锌蒸气，温度下降到大约 800~1000℃ 范围，如遇到 CO_2、CO 和水蒸气，就会被氧化生成 ZnO，例如 $Zn + CO_2 = ZnO + CO$。温度超过 1030℃，ZnO 又可以与炭砖的 C 发生反应：$ZnO + C = Zn + CO$，形成对炭砖的侵蚀，使炭砖变成疏松状，逐渐侵蚀炭砖。破损调查发现，炉缸炉底从满铺炭砖最下第 1 层砖往上所有砖缝全部有锌黏结，并形成含锌 94% 以上的锌片。砖内也渗有大量锌，靠冷却壁的小块炭砖、靠炉内的微孔炭砖、满铺半石墨砖内都有锌的踪迹，砖内含锌量在 6.7%~65.5% 之间。大量的锌钻入砖衬造成炉底上抬，炉底板平均上抬 120mm 以上。炉缸侵蚀严重区域，炭砖被侵蚀后剩余厚度只有 280mm。

4.4.5.2 武钢高炉高锌负荷的对策

表 4-13 示出 2012 年武钢高炉入炉锌负荷的变化情况。武钢高炉锌负荷 80% 以上来源于烧结矿，烧结矿含锌则主要来源于综合利用回收的铁精矿和高锌矿（综合粉、高铁粉、鄂东精矿等）。各种综合利用矿有害元素锌的带入比例为：瓦斯泥精矿 8.1%、炼钢污泥精矿 16.4%、综合粉 36.9%、高铁粉 20.8%、鄂东精矿 11.3%。以上 5 个品种带入锌量占综合利用料总锌量的 93.5%。

表 4-13　2012 年武钢高炉锌负荷变化情况　　　（kg/t）

时　期	1 号高炉	4 号高炉	5 号高炉	6 号高炉	7 号高炉	8 号高炉	全　厂
2012 年 1 月	0.391	0.869	1.624		0.273		0.79
2012 年 2 月	0.482	1.372	1.444		0.429		0.93
2012 年 7 月		1.558	1.907	0.676	0.584	0.694	1.08
2012 年 8 月		1.571	0.559	0.559	0.561	0.612	0.77
2012 年 9 月		0.688	0.461	0.389	0.493	0.718	0.55
2012 年 10 月		1.012	2.553	0.459	0.460	2.323	1.36
2012 年 11 月		0.999	1.171	0.818	0.657	0.900	0.91
2012 年 12 月		1.121	1.619	0.506	0.566	0.673	0.90
平　均	0.437	1.149	1.417	0.568	0.503	0.987	0.91

从表 4-13 可见，武钢 4 号、5 号高炉锌含量已超标近 10 倍，这两座高炉也是武钢最难稳定的高炉，高炉上部经常出现环形黏结、结厚，而且处理以后出现再黏结的间隔时间较短。针对目前国内高炉所用原燃料现状，应对高锌负荷可采取的措施有：（1）高炉采用发展中心（中心加焦）适当压制边缘的操作制度，让更多的锌从中心较强的煤气流排出高炉。（2）将部分回收料做成含碳球团加入回转窑进行脱锌，然后再回高炉冶炼。（3）制定铁矿锌含量标准，限制高锌炉料回流到烧结机。武钢高炉对锌害的对策主要是采取配矿措施，并加强高炉操作控制，例如在经历了 2012 年锌害期之后，2013 年 4 月高炉入炉锌负荷降低到 500g/t 的水平，炉况明显好转。

4.5　入炉原燃料质量变差时的应对措施

前面详细论述了大型高炉精料的必要性和技术措施，由于近年钢铁企业面临资源、环境、成本等问题形势严峻，对一些企业来说使用经济炉料也是一种客观需要。在入炉原燃料质量总体变差的情况下，稳定大型高炉生产应该采取以下措施：

（1）设法提高入炉原料的稳定性。原料混匀能向高炉提供成分波动小的炉料，稳定高炉炼铁生产。整个混匀配料工艺系统主要由混匀配料槽、定量给料装置、混匀料场、混匀堆料机、混匀取料机及相关的输送设备组成。通过混匀配料槽下的定量给料装置的定量配料、混匀堆料机的人字形铺料、混匀取料机的截取等手段，可以使含铁粉料以最小的成分波动、最小的粒度偏析供给烧结机，从而保证烧结工序的长期稳定生产，进而保证高炉稳产、高效。应强化原料混匀的目标，达到 $\sigma_{TFe} \leqslant \pm 0.5\%$，$\sigma_{SiO_2} \leqslant \pm 0.2\%$，$\sigma_R \leqslant \pm 0.05$。

（2）人造富矿、焦炭生产装备的大型化和现代化。人造富矿（烧结矿、球团矿）和焦炭生产设备的大型化，可提高高炉原燃料质量水平与稳定性，缓解原燃料质量劣化带来的影响。近年大部分企业尤其是大型钢铁联合企业逐步实施了对原燃料处理装备的更新换代，如太钢所建的 600m² 烧结机、炭化室高度 7.63m 焦炉，京唐曹妃甸 550m² 烧结机、炭化室高度 7.63m 焦炉等，这些都是世界上最大、最先进的装备。表 4-14 示出武钢人造富矿和焦炭的生产装备情况。

表 4-14　武钢人造富矿和焦炭的生产装备

烧　结　厂						
烧结机	1 号	2 号	3 号	4 号	5 号	总计
烧结面积/m²	450	280	360	435	450	1975
年产量/Mt	4.00	2.20	3.54	3.96	4.00	17.70

焦 化 厂		
焦炉号	7 号，8 号	3 号，4 号，5 号，6 号	9 号，10 号
孔 数	60	55	70
焦炉高度	7.0	6.0	7.63
冷却方式	CDQ	CDQ	CDQ
年产量/Mt	75	110	110
球 团 厂		
厂 名	大 冶	鄂 州	程 潮
产球形式	竖 炉	链箅机/回转窑	链箅机/回转窑
参 数	$1×8m^2+1×10m^2$	$1×381m^2$ 链箅机/$\phi6.9m×45.72m$ 回转窑	$1×112m^2$ 链箅机/$\phi5.0m×33m$ 回转窑
环形冷却机/m^2		210	68
年产量/Mt	0.8	5.0	1.2

（3）采用烧结矿、焦炭的分级入炉技术。矿焦分级有利于改善高炉块料区的透气性，可以更灵活地控制高炉内的煤气流分布，降低因入炉料粒度变差带来的影响。武钢烧结矿采用在槽上分级，5~13mm 的烧结矿被分出来作为小烧结矿，其比例一般为 15%~25%，单独入炉；13mm 以上的为普通烧结矿，与球团矿、块矿同时入炉。焦炭分 3 个级别使用：粒度 22mm 以上的普通焦炭单独入炉；粒度 15~22mm 的小块焦，与矿石一同入炉；粒度 10~15mm 的回用粉焦，也与矿石一同入炉。

（4）用高富氧率弥补原料质量的缺陷。很多高炉的生产实践证明，提高富氧率可以适当弥补原燃料变差所带来的负面影响。如中国最大的沙钢 $5800m^3$ 高炉，其焦炭质量比京唐、马钢的焦炭差，但其富氧率高达 10% 以上，高炉稳定顺行状况良好。韩国浦项 $5500m^3$ 高炉的入炉焦炭质量也不算很好，CSR 只有 67% 左右，但采用高富氧率（10%~15%）生产，高炉炉况稳定，实现了高效化冶炼。武钢 8 号高炉开炉后原燃料质量并不理想，入炉品位持续降低，最低时只有 56.5% 左右，2012 年之前焦炭的 CSR 只有 65% 左右。通过保持 7%~8% 的高富氧率操作，使高炉炉况维持了长期稳定与顺行，开炉 5 年以来该高炉还未出现过失常现象。

（5）块矿过筛。高品位块矿资源越来越少，粒度越来越小，粉末增加。国内大部分企业没有设置块矿过筛系统，这不利于高炉高效生产，为此有必要对块矿进行过筛。为提高筛分效果，还可以设计加热烘干装置，先用热风炉废气烘干块矿再筛分，以提高筛分效果，防止粉末入炉，保证高炉高效化生产。

参 考 文 献

[1] 王维兴. 高炉炼铁精料技术内容 [J]. 炼铁技术通讯, 2010, (2): 1~3.

[2] 毕学工. 瑞典律勒欧厂 2 号高炉超强化冶炼的分析 [J]. 炼铁, 1994, (6): 28~32.

[3] 赵宏博, 程树森. 高炉碱金属富集区域 K、Na 加剧焦炭劣化新认识及其量化控制模型 [J]. 北京科技大学学报, 2012, (3): 333~341.

[4] 张寿荣, 付连春, 杨佳龙. 2011 年欧洲炼铁技术考察报告 [J]. 炼铁, 2011, (6): 52~56.

[5] 于淑娟, 郭玉华, 王萍, 等. 锌在钢铁厂内的循环及危害 [J]. 鞍钢技术, 2011, (1): 13~15.

5　高炉高效化操作

　　高炉高效操作的目标是保持整个高炉系统有序、平稳、安全、高效地运转，准确判定运行的态势，及时调整相关参数，使炉内煤气分布合理，能量充分利用，渣铁顺利排放，实现高炉的高产、低耗、优质、长寿与环境友好。

　　操作高炉的关键任务是维持高炉长期稳定生产，保持合理的操作炉型。在一定条件下，充分利用一切操作手段，科学合理地调整好高炉装料和布料、炉内煤气分布、炉料运动、炉缸热量储备、渣铁流动性和能量利用等，实现炼铁生产过程的资源和能源节约，并减少污染物的排放。

　　操作制度是根据高炉具体条件，如炉型、设备水平、原料条件、生产计划及品种指标要求等制定的高炉操作基本参数。合理操作制度应能保证煤气流的合理分布和良好的炉缸工作状态，使高炉生产实现高产、低耗。应根据高炉强化程度、冶炼的生铁品种、原燃料质量、高炉炉型及设备状况来选择合理的操作制度，并灵活运用上下部调节与负荷调节等手段，促使高炉稳定顺行。

　　高炉操作制度包括送风制度、装料制度、热制度、造渣制度及炉前渣铁排放制度等。

　　高炉操作的基本原则应该是，以下部调剂为基础，上下部调剂相结合，控制好煤气流和炉温，保持炉缸活跃，出尽渣铁，实现高炉长期稳定顺行。

5.1　高效操作的高炉设计特点

5.1.1　高炉本体的高效化设计

5.1.1.1　采用砖壁合一的薄壁结构

砖壁合一的薄壁炉体结构有以下特点：

　　(1) 高炉一开炉就可形成操作炉型，而且在整个炉役过程中，操作炉型都没有大的变化，消除畸形炉型。长期稳定而平滑的炉型，有利于高炉生产的稳定和高效长寿。

　　(2) 厚炉衬高炉生产一定时间后形成的操作炉型的特征是，炉腰直径扩大，高径比减小，炉腹与炉身角缩小。因此，薄壁结构炉型采用扩大炉腰直径，缩小炉腹角，可以提高炉腹煤气流的通过能力，降低煤气流速，稳定炉腹渣皮，延长炉腹寿命;同时也采用缩小炉身角以降低煤气流速,减少炉料对炉衬和渣皮的摩擦力,延长炉身下部寿命。表5-1示出较典型的现役薄壁高炉内型尺寸。通常情况下合理降低高径比,在同样的炉料结构与操作参数相近时,其透气阻力指数会降低,利于强化生产。宝钢高炉的高径比也呈现逐步缩小的趋势:1号高炉1代、1号高炉2代和2号高炉1代的高径比均为2.199,3号高炉降为2.072,4号高炉为1.988,2号高炉2代为1.975,1号高炉3代为1.957[1]。

表5-1　较典型的现役薄壁高炉内型尺寸

厂　名	南钢	本钢	武钢	武钢	敦刻尔克	鹿岛	曹妃甸	沙钢	施维尔根
炉　号	1	5	6	8	4	1	1		2
有效容积/m³	2150	2686	3381	4117	4630	5370	5500	5800	5513
炉缸直径/mm	10300	11000	12200	13600	14000	15000	15500	15300	14900
炉腰直径/mm	11800	12880	13900	15000	16274	17300	17000	17500	17169
炉喉直径/mm	7600	8200	9000	9700	10500	11200	11200	11500	11000
有效高度/mm	27200	28900	30800	31500	30514	30800	32800	33200	32800
炉缸高度/mm	4500	4300	5000	5800	5684	5156	5400	6000	5300
炉腹高度/mm	3300	3600	3500	3000	4096	4544	4000	4000	3900
炉腰高度/mm	1800	2000	2000	2400	2800	1800	2500	2400	3000
炉身高度/mm	15600	17000	17900	18000	15647	17300	18400	18600	17700
死铁层厚/mm	2000	1900	2500	2800	3000	4500	3000	3200	2980
$\alpha/(°)$	77.196	75.366	76.35	76.866	74.486	75.80	79.380	74.624	73.780
$\beta/(°)$	82.333	82.163	82.204	81.625	79.546	80.005	81.043	80.837	80.114
高径比	2.31	2.24	2.21	2.11	2.18	1.78	1.93	1.897	1.91

(3)高炉从炉身下部到炉腹甚至到炉缸区域采用铜冷却壁进行冷却,利于高强化冶炼下的长寿操作。

(4)大幅减薄高炉内衬,节约大量耐火材料并减少砌筑的投资。内衬直接镶嵌在冷却壁中支撑效果好,内衬不会产生膨胀叠加,应力小。

(5)炉缸炉底结构有相应改进。为消除炉缸墙环裂和炉底异常侵蚀,按照高导热、抗渗透的理念,除了加深死铁层、减薄炉衬外,炉缸炉底还采用陶瓷杯和微孔、超微孔炭砖结构。采用抗渣铁侵蚀性能好、热导率达20W/(m·K)以上的优质微孔炭砖,并以陶瓷衬保护,可加强炉缸炉底冷却,控制800~1000℃碱金属侵蚀和1150℃铁水熔蚀,将保证采用这种炉缸炉底结构的高炉寿命达到15~20年。

5.1.1.2　采用软水密闭循环冷却系统

软水密闭循环冷却系统具有不结垢、无污染、冷却强度高、冷却效果好、余压完全得到利用、能耗低、泄漏少、补充水很少、自动化程度高、运行安全可靠等诸多优点，因而在国内外大中型高炉上已得到广泛应用。

联合软水密闭循环系统，将冷却壁、炉底、风口小套、风口中套、直吹管、热风阀、倒流休风阀的冷却水，通过串联和并联的方式组合在一个系统中。两者回水与多余部分一起回到总回水管，经过脱气罐脱气和膨胀罐稳压，最后回到软水泵房，经过二次冷却，再循环使用。软闭循环系统的高效冷却，为高炉高效化冶炼提供了可靠保障。

5.1.2 采用长期稳定提供高风温的热风炉系统

每座高炉配置4座高温顶燃式或外燃式热风炉。采用转炉煤气富化高炉煤气，设置烟气余热回收装置预热助燃空气和煤气，采用计算机进行操作和控制，能提供1250~1300℃的高炉使用风温。

5.1.3 选择无钟炉顶系统

无钟炉顶具有良好的高压密封性能，灵活的布料手段，能提高炉煤气能利用，保持高炉顺行，运行可靠，易损部件少，检修方便快捷，有利于高炉实现高产、稳产、低耗和长寿。

5.1.4 煤气净化处理采用旋风除尘系统与布袋干法除尘系统

旋风除尘系统和布袋干法除尘系统具有除尘效果好、炉顶煤气发电量大的特点。

5.1.5 制粉喷吹系统

采用中速磨煤机制粉，单管路加炉前煤粉分配器输送工艺，煤粉制备用干燥剂由热风炉废气与高温烟气混合而成。系统要具备烟煤无烟煤混喷、最大喷吹量达250kg/t的功能。

5.2 送风制度的调整（下部调整）

高炉送风制度是指在一定的冶炼条件下，确定合适的鼓风参数和风口进风状态，以达到煤气流合理的分布，使炉缸工作均匀活跃，炉况稳定顺行。因此，送风制度的稳定是煤气流稳定的前提，是炉温稳定和顺行的必要条件。送风制度的调整包括两方面的内容：（1）进风装置的调整，包括风口布局和进风面积的调整；（2）鼓风参数的调整，包括风量（反映在风压和压差）、风温、富氧率（富氧鼓风）、湿度（脱湿鼓风）、风速、鼓风动能以及喷煤等。

高炉内的煤气流分布首先从风口开始，风口回旋区的状况决定了煤气的初始分布情况，下部气流合理与否决定了高炉的稳定与顺行，最终影响高炉的技术经济指标。

5.2.1 高炉风口参数的确定

风口是高炉重要的送风设备之一，高炉鼓风、喷吹的燃料均通过风口进入高炉。风口参数主要包括风口数量、直径（面积）、角度和长度等数据，风口参数对风口寿命及高炉技术经济指标有重要影响，是高炉下部调剂的重要手段。

5.2.1.1 风口数目

合理选择风口数目与高炉操作和技术经济指标有很大关系。风口数目适当增多，风口弧长间距就小，减少了风口之间的"死料区"。另外，高炉圆周方向进风相对均匀，可改善煤气流分布，活跃炉缸，利于炉况顺行。风口弧长间距由传统的 1200~1400mm，减少到不超过 1200mm 为佳，如武钢 6 号、8 号高炉风口弧长间距分别为 1.19m 和 1.18m。然而，风口数目增加必须与风量、风压及风口直径等参数紧密配合，才能体现出风口数目增加的作用。否则，可能带来负面影响，达不到预期效果，反而影响高炉的强化冶炼。例如，武钢 2 号高炉第 2 代（1965 年 8 月至 1981 年 8 月，有效容积 1436m³）风口数目为 18 个，在第 3 代（1982 年 6 月至 1998 年 11 月）扩容至 1536m³ 时将风口数目增加到 24 个，导致这一代炉役内高炉生产指标欠佳，直到 1998 年底大修改为 20 个风口后，第 4 代炉役的生产指标才明显改善[2]。

5.2.1.2 风口角度

风口角度是指风口中心线向下倾斜的角度。直观地看，风口有角度，高速鼓风与其产生的煤气先向下再向上离开回旋区，对吹透中心不利，但这有利于将风口气流的动能与热量传递给风口下面的炉缸渣铁，使渣铁充分混合，加速传热、传质过程及脱硫等化学反应进行。因此，现代高炉的风口都向下倾斜一定角度，一般为 3°~7°。大型高炉绝大多数选择 5°下倾，这对高炉高效生产有利。某大型高炉在处理炉缸不活时曾将风口角度增加到 8°，并未达到预期的效果。

5.2.1.3 风口进风面积（风口直径）

高炉初始进风面积的计算较复杂，而且公式中包含需要靠经验确定的参数（如风量、鼓风动能等）。由于不同高炉有其各自的生产特点和规律，风口进风面积不可能是一个固定的值。应以满足高炉生产操作工艺要求和炉况顺行为原则，在生产中不断优化和调整风口进风面积。改变风口进风面积后各风口流量进行了重新分配，从而会影响煤气流的分布。

调整风口应该根据高炉原燃料及炉况走向，综合分析判断。如果高炉局部区域不活跃或过分活跃，某一方向经常出现长期渣皮呆滞或渣皮不稳的情况，大都是由于风口分布不合理造成的，需要局部调整风口进风面积。喷吹燃料使煤气体积增大，促使高炉边缘气流发展，应随煤比增加适当缩小风口面积。不过进风面积不宜频繁调整，在下列情况出现时可进行风口面积调整：（1）炉墙结厚的部位应该用大风口、短风口；（2）铁口难维护时，铁口两侧应该用小风口、长风口；（3）煤气流分布不均、炉料偏行时，下料快的方位应适当缩小风口面积；（4）炉缸工作不均匀时，进风少的区域应该选择大风口，增加进风量；（5）高炉炉况失常，因长期慢风操作造成炉缸堆积，炉缸工作状态出现异常等情况，应尽快消除失常，发展中心气流，活跃炉缸，应缩小风口面积或堵死部分风口。

　　一般来说，高炉开炉时选定的风口面积不一定是最合理的，需要在生产运行中进行调整。如武钢高炉开炉进风面积普遍偏大，生产中当原料等条件变差时，高炉自适应能力较差。因此调整的方向是逐步缩小进风面积：7号高炉2006年开炉时采用24个直径130mm加8个直径140mm风口，进风面积0.4417m²，后来逐步将140mm风口改为130mm风口，进风面积减少到0.42m²左右，炉况稳定性改善，高炉燃耗等指标也相应优化。8号高炉2009年8月开炉时选用28个直径130mm风口加8个直径140mm的风口，进风面积0.4949m²，开炉不久就逐渐减少进风面积，见表5-2。

表5-2　武钢8号高炉开炉后进风面积的变化情况

时　间	开炉期	2010年12月	2011年1月	2011年3月	2011年6月	2013年4月	2013年8月
进风面积/m²	0.4949	0.4906	0.4884	0.4842	0.4800	0.4739	0.4680

　　有的炼铁厂高炉开炉后进风面积逐步调大，如邯钢西区1号高炉（炉容3200m³，32个风口）。该高炉于2008年4月开炉，风口直径最初为120mm，后来逐步增大，到2012年初风口直径调为130mm，风口面积由0.40m²增加到0.42m²左右。其结果，进一步疏导了边缘气流，改善了料柱透气性，高炉顺行变好。

　　根据鞍钢11号高炉的条件，经计算得出了高炉风口直径与风口回旋区的长度、宽度、高度及体积之间的关系[3]，如图5-1所示。

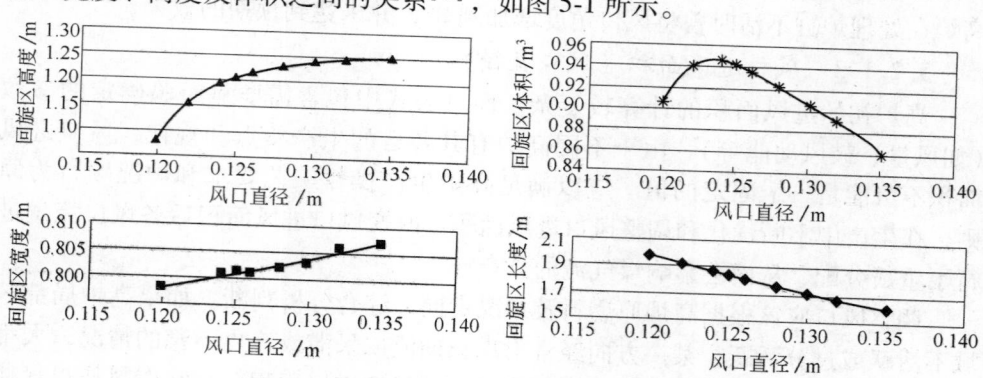

图5-1　高炉风口直径与回旋区特性之间的关系

5.2.1.4　风口长度

正常炉况下，风口长度的选择应根据原燃料条件、炉缸大小、内型结构、死铁层厚度等情况来综合考虑。武钢 2000m³ 级高炉使用长度 570mm 的风口，3000m³ 级及以上高炉使用长度 643mm 的风口，而邯钢西区 1 号高炉（3200m³）使用部分长度 662mm 的高炉也能保持炉况顺行。在高炉低冶炼强度生产或炉墙侵蚀严重时，可采用加长风口操作，因为长风口送风易使循环区向炉缸中心移动，有利于吹透中心和保护炉墙。如发现高炉局部炉墙有黏结迹象，则应适当缩短该部位的风口长度。

5.2.2　鼓风参数的选择

5.2.2.1　风量

正常情况下，风量有三个基本作用：其一是提供燃烧焦炭、煤粉所需要的氧气；其二是提供一定的显热；其三是提供一定的动能，产生风口回旋区，支托风口上部区域的炉料。风量多少与高炉入炉料的质量、炉顶压力、喷煤、富氧、装料制度、煤气利用等密切相关，每座高炉有一个合理的风量范围。在此范围内，高炉风压平稳，风口工作均匀、活跃；顶温呈规律性波动，顶压无冒尖现象等。

调剂高炉风量的原则和方法：透气性指数可作为调整风量的依据。每次调剂风量应控制在总风量的 3% 左右，二次加风之间的时间应大于 20min，每次加风量不应超过原风量的 10%。为考虑节能，应由鼓风机来加减风，放风阀全关。炉况向热一般不减风。炉凉时要先提风温，不能制止炉凉时可适度减风（5%~10%），使料速达到正常水平。低料线时间大于半小时要减风，不允许长期低料线作业，并相应调整焦炭负荷。休风后复风一般用全风的 70% 左右（风压、压差不允许高于正常水平），待热风压力平稳或有下降趋势时才允许再加风，加风后的热风压力和压差不允许高于正常水平。

高炉的风量范围还可根据送风比的经验数据确定。国内特大型高炉送风比与高炉容积间的关系如图 5-2 所示。炉容越大则送风比越小，一般在 1.4~1.6 之间。

风量对高炉冶炼的下料速度、煤气流分布、造渣制度和热制度都有很大影响。一般情况下，增加风量，意味着综合冶炼强度提高。另外，风量与下料速度和生铁产量成正比关系，但只有在燃料比降低或维持燃料比不变的条件下，上述关系才成立，否则适得其反。风量的调节作用包括：（1）控制料速、以实现计划的冶炼强度；（2）稳定气流，在炉况不顺的初期，减少风量是降低压差、消除管道、防止难行、崩料和悬料的有效手段；（3）炉凉时减风可控制下料速度，迅速稳定炉温，当炉热而料速减慢时可酌情加风。应当指出，在炉况顺行的情况下，为获得高产应使用高炉顺行允许的最大风量，即全风作业保持稳定。风量必

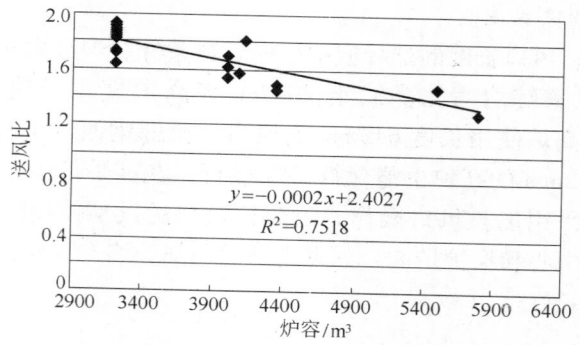

$$y = -0.0002x + 2.4027$$
$$R^2 = 0.7518$$

图 5-2　3000m³ 以上高炉的炉容与送风比的关系

须与料柱透气性相适应，改善料柱透气性是增加风量的基础。风量变化直接影响炉缸煤气体积，因此正常生产时加风一次不能过猛，否则将破坏顺行。在非特殊情况下，高炉应保持全风操作，不要轻易减风；必须减风时，一次可减到需要水平，未出渣铁前减风应密切注意风口状况，避免灌渣。

5.2.2.2　高风温

高风温通常是指高炉鼓风温度 1200℃ 以上的操作。高风温操作对高炉冶炼的影响包括：（1）风温提高，热风带入热量增加，降低燃料消耗。（2）高炉沿高度方向的温度发生再分布。风温提高，热风带入炉缸的热量增加，同时燃烧碳量减少使煤气发生量减少，煤气往上携带的热量减少，结果是炉缸温度提高，而炉身和炉顶温度降低。（3）风温提高时炉内煤气压差有可能升高，因为：1）风温过度提高后，炉缸、炉腹煤气体积因风口前理论燃烧温度的提高而膨胀，煤气流速增大，从而导致炉内下部压差升高，不利顺行；2）炉缸内 SiO 挥发与上升后重新凝结，使料柱透气性恶化。

高风温是实现高炉高效化炼铁的重要措施，提高风温有降低焦比、提高生铁产量、提高喷煤比和降低高炉生产成本等作用。风温每提高 100℃，可降低焦比 10~20kg/t，可相应提高产量 3% 左右。

获得高风温的主要措施有：

（1）采用合理的热风炉结构形式。京唐曹妃甸 5500m³ 特大型高炉采用 BSK 顶燃式热风炉，现有的 4000~5000m³ 高炉绝大多数也采用了外燃式热风炉。3000m³ 以下高炉的热风炉结构形式主要有内燃式（改进型）和顶燃式。这些大型高炉的热风炉均可获得 1200℃ 以上的使用风温。宝钢及国外高炉生产表明，外燃式热风炉可以长期稳定地获得 1250℃ 以上的高风温。京唐高炉的高风温（1250℃ 以上）运行结果则表明，其单烧高炉煤气的顶燃式热风炉有一定的优越性。与外燃式、内燃式相比，这种顶燃式热风炉有以下特点：炉内无蓄热死角，在相同炉炉容时，蓄热面积可增加 25%~30%；炉内结构对称，流场分布均匀，消除了因结构导致的格子砖蓄热不均现象；采用稳定对称的结构，炉型简单，结构强度好，受力均匀；燃烧器布置在热风炉顶部，减少了热损失，有利于提高拱顶温度；热风炉布置紧凑，占地小，节约钢材和耐火材料。

京唐公司5500m³高炉配置4座BSK新型顶燃式热风炉，采用交错并联的送风制度，燃料为100%高炉煤气，设计最高风温1300℃，最高拱顶温度1450℃，高温区采用硅砖，采用新型顶燃式热风炉陶瓷燃烧器。京唐顶燃式热风炉的高风温使用效果有待时间检验。

（2）富化煤气。高炉强化冶炼后，随着高炉煤气利用率的提高，煤气发热值降低，单烧高炉煤气时热风炉拱顶温度难以达到要求，因此只有掺烧部分高热值的煤气才能提高拱顶温度。例如宝钢掺烧焦炉煤气（2%~4%）与转炉煤气（10%左右）加富氧（3%左右），武钢掺烧转炉煤气（7%~15%）等。宝钢使用的高炉转炉及焦炉煤气成分与发热值见表5-3。

表5-3 宝钢使用的高炉、转炉及焦炉煤气成分与发热值[4]

煤气种类	CO_2/%	CO/%	H_2/%	N_2/%	CH_4/%	C_2H_4/%	发热值/kJ·m⁻³
高炉煤气	20~24	19~23	2~4	50~55			2850~3200
转炉煤气	16~18	62~64	1~2	18~20			7530~8380
焦炉煤气	2~3	6~7	56~58	3~8	27~29	2~3	18000~19300

（3）预热助燃空气与煤气。利用烧炉的废气（350℃左右），通过热管或板式换热器将助燃空气与煤气预热到200℃左右。京唐5500m³热风炉采用两级双预热技术，利用烟气余热，采用热管换热器先将助燃空气、高炉煤气预热到200℃，再采用两座小型热风炉作为助燃空气预热炉，将助燃空气预热到450~600℃。在单烧高炉煤气的情况下，该高炉也能获得1300℃高风温。

（4）热风炉管系的设备材料应满足高风温要求。高风温是一个系统工程，任何一个环节出现问题，均会导致高风温技术的失败。热风炉的管道、吹管等设备材料必须能承受高风温，在高风温条件下保持良好的保温效果，稳定运行。有的高炉在风温提高后出现送风总管位移或过度膨胀，热风直吹管、鹅颈管发红，拱顶出现晶间应力腐蚀等问题，都会影响高风温的实际使用水平。

（5）让高炉接受高风温。高炉炉况经常受原燃料质量的影响出现不顺或波动，即使热风炉能提供很高的风温，也可能会因为高炉自身的因素使高风温使用受到限制。要做到高炉接受高风温必须重视以下环节：

1）坚持搞好精料。精料水平越高，炉内料柱透气性越好，炉况越顺，高炉越易接受高风温。

2）适当提高喷煤比。喷吹量提高有利于降低理论燃烧温度，便于高炉使用高风温。

3）喷吹量较低时可适当加湿鼓风。加湿鼓风能因鼓风中水分分解吸热而降低炉缸燃烧温度，有利于高风温的使用。

4）精心操作。找准高炉的基本操作制度，保持合理煤气分布，以保证炉况顺行。

国际上先进企业的高炉风温达到了 1300℃左右，国内宝钢 4 号高炉平均使用风温最高达到 1255℃左右（参看表 5-7）。

5.2.2.3　高顶压操作

炉顶压力由炉顶高压阀组或炉顶余压发电（TRT）等装置来自动调节，炉顶压力大于 0.03MPa 称为高压操作，炉顶压力不大于 0.03MPa 则为常压操作。高压操作有如下作用：

（1）强化冶炼进程。高压操作的优点是提高煤气密度，降低煤气流速，降低高炉料柱的压差，利于高炉顺行。若提高顶压前后的顶压分别为 P_1、P_2（绝对压力），对应的风量为 Q_1、Q_2，维持料柱的压差不变，则顶压和风量的关系为 $\dfrac{Q_2}{Q_1} = \sqrt{\dfrac{P_2}{P_1}}$，即提高顶压前后的风量之比等于相应的风压之比的平方根，因此高压操作利于增产。生产实践证明，炉顶压力提高 0.01MPa，产量提高 2%～3%，焦比降低 0.5%～1.0%。

（2）有利于降低焦比。具体表现在：1）高压操作改善了煤气流分布，促进炉况稳定顺行和炉温稳定，降低煤气流速，煤气与矿石接触时间增加；2）产量提高，单位生铁热损失减少；3）压力提高，$CO_2 + C = 2CO$ 反应开始温度提高，间接还原区扩大；4）高压不利 FeO、SiO_2 等直接还原反应的进行，有利抑制 Si 等难还原元素的还原。

（3）高压操作可减少管道行程，降低炉尘吹出量，利于高炉顺行和煤气净化。

（4）高压操作使燃烧带缩小，边沿气流较发展，故高压操作应与大风量、大喷吹等配合使用。另外，高压后鼓风机动能消耗增加，采用 TRT 回收炉顶煤气剩余压力对降低能耗和生铁成本有重要作用。

鉴于高顶压操作有诸多优点，高炉工作者希望维持尽可能高的顶压作业，提高顶压有条件限制，要根据送风系统、炉顶及煤气除尘系统的设备承受能力来决定。要充分考虑设备运行安全状况，不能不顾设备条件强行提高顶压操作。对于 2000～3000m³ 级的高炉最高顶压可到 250kPa，3000m³ 级及以上高炉最高顶压可到 280～300kPa。设计规范要求不同容积高炉的顶压范围见表 5-4。

表 5-4　不同容积高炉的顶压范围

炉容级别/m³	1000	2000	3000	4000	5000
炉顶操作压力/kPa	200~240	220~250	250~280	250~300	280~300

5.2.2.4　高富氧率鼓风

富氧鼓风是向高炉鼓风中加入工业氧，使鼓风含氧量超过大气含氧量。富氧鼓风可有效提高高炉生产效率，降低焦比和吨铁生产成本。随着焦煤资源的日益匮乏以及制氧成本的降低，富氧鼓风结合煤粉喷吹技术已成为当今高炉炼铁节能降耗的主要技术措施。

A　富氧鼓风的方法

一种是从鼓风机吸入口加入低压氧气。其优点是氧气不用专门氧压机加压，可节约投资与电耗，高炉操作方便；其缺点是需设高炉专用制氧机，氧漏损较多。这种方法在前苏联曾普遍采用。另一种是采用高压供氧，将工业氧通过加压后直接加入高炉管道内。其优点是可与炼钢用氧联网，保持制氧机全负荷运行，比较经济；其缺点是需要设氧压机加压站，投资多，电耗高。有些企业将工业氧通过氧煤喷枪送入高炉，与喷吹煤粉有效混合，以实现煤粉高效燃烧。

B　富氧对高炉冶炼的影响与作用

（1）增加产量。高炉富氧的最大效果是增加产量，理论上鼓风中含氧量每提高 1%，将会增产 4.76%，实际增产范围在 2%~5% 之间。富氧对高炉生产率的影响是变动的，富氧率越高，增产幅度就越小。富氧率在 0%~4%、5%~9%、10%~14%、15%~19% 时，富氧率每增加 1% 产量分别增加 3.3%、3.0%、2.7% 和 2.4%[5]。

（2）显著提高风口前理论燃烧温度。其他冶炼条件不变时，每提高鼓风中含氧量 1%，风口前理论燃烧温度升高 40~50℃。高富氧与风口大量喷吹燃料如煤粉相结合，能获得最佳节焦效果。

（3）对煤气量和鼓风动能的影响。富氧后鼓风中含氧量提高，其他气体成分的含量相应降低，使得单位生铁炉缸煤气量减少，鼓风动能相应降低，有利于降低料柱压差，改善高炉顺行，提高煤气中 CO 浓度，节焦降耗等。鼓风中每增加含氧量 1%，焦比降低 0.5% 左右。

（4）对炉顶温度的影响。富氧后鼓风中含氧量提高，单位生铁的耗风量减少，热风带入热量相对减少，同时单位生铁炉缸煤气发生量减少，软熔带下移，上部热交换区扩大，使得炉身中上部温度下降，炉顶温度降低。

（5）改善煤气质量。富氧后煤气内含氮量减少，还原势提高，发热值也相应提高（每增氧 1%，发热值提高 100~130kJ/m³）。

（6）加快碳素燃烧反应。碳的气化速度与气相中氧的浓度成正比，氧浓度提高，加快氧向碳表面的传递速度，因而碳素燃烧反应速度加快。

总的来看，高富氧配合高喷煤，控制适当的鼓风湿度，与上部装料制度相匹配，能保持高炉在中等精料水平下的高效化操作，实现炉况的长期稳定与顺行。

C 高富氧率操作的实绩

世界上有条件的高炉普遍采用高富氧率来实现各自的高效化冶炼的需要。目前富氧率最高且较稳定的是荷兰的艾默伊登 6 号高炉（炉容 2700m³）。该高炉富氧量按风中含氧量 35%~40% 调节，高富氧下喷煤比控制在 230~260kg/t，入炉焦比 250~280 kg/t，燃料比 510 kg/t 左右，有效容积利用系数 2.6~3.1t/(m³·d)，而且能实现长期稳定生产。在大量喷煤情况下，鼓风湿分维持在 10~15g/m³，风口前理论燃烧温度控制在 2300℃ 以下。

韩国某 5500m³ 高炉，正常生产时的鼓风含氧量 31%~35%。该高炉在原燃料条件并不十分出色的条件下（焦炭 CSR 65%~67%，渣量 290kg/t，渣中 Al_2O_3 与 MgO 分别为 15%~16.5% 及 4%~6%），配以中心加焦技术，实现了高炉的长期稳定与顺行，达到了高产低耗的效果。表 5-5 示出该高炉 2011 年到 2012 年 1~7 月的部分技术经济指标变化情况。

表 5-5 韩国某 5500m³ 高炉近年的部分技术经济指标

项 目	2011 年	2012 年 1 月	2012 年 2 月	2012 年 3 月	2012 年 4 月	2012 年 5 月	2012 年 6 月	2012 年 7 月
年或月产量/t	5075668	439162	398351	444631	408104	463041	429997	437118
日产量/t	13906	14167	13736	14343	13603	14937	15435	14101
利用系数/t·(m³·d)⁻¹	2.53	2.58	2.50	2.61	2.47	2.72	2.81	2.56
焦比/kg·t⁻¹	312.6	304.2	309.4	307.9	312.6	300.8	311.4	319.0
煤比/kg·t⁻¹	185.2	186.0	176.4	176.3	177.5	186.6	182.3	177.7
燃料比/kg·t⁻¹	497.7	490.2	485.8	484.2	490.1	487.4	493.6	496.7
风量/m³·min⁻¹	6816	7077	6812	7007	6600	7031	6799	6859
风温/℃	1225	1250	1245	1239	1241	1246	1249	1244
湿分/g·m⁻³	17.4	6.7	6.5	7.7	10.4	14.0	18.4	24.8
风压/kPa	418	409	408	409	410	416	414	414
富氧流量/m³·h⁻¹	59167	58388	57233	60546	57080	63891	62247	60690
理论燃烧温度/℃	2277	2301	2320	2326	2307	2312	2306	2306
顶压/kPa	261	255	254	254	258	274	265	260
炉顶温度/℃	135	117	128	104	122	123	141	151
CO_2/%	26.0	26.3	26.5	28.1	26.0	30.9	29.6	29.3
CO/%	26.6	27.3	27.9	28.9	27.3	28.4	28.8	28.0

续表 5-5

项　目	2011 年	2012 年 1 月	2012 年 2 月	2012 年 3 月	2012 年 4 月	2012 年 5 月	2012 年 6 月	2012 年 7 月
H_2/%	3.0	2.67	2.55	2.56	2.73	2.89	0.82	3.41
η_{CO}/%	49.5	49.1	48.6	49.3	49.2	52.0	50.7	49.9
渣量/kg·t^{-1}	286	291	296	299	294	288	286	286
(Al_2O_3)/%	15.9	15.9	15.3	15.5	15.2	15.5	16.3	15.0
(MgO)/%	4.6	5.3	5.6	6.0	5.3	3.9	4.4	4.7
焦炭负荷	5.10	5.20	5.04	5.06	5.00	5.15	4.94	4.84
焦炭灰分/%	11.68	11.4	11.42	11.47	11.92	11.61	11.86	11.57
焦炭 CSR/%	67.85	69.43	66.59	66.47	65.04	67.23	66.23	68.71
焦炭平均粒度/mm	54.93	54.79	57.28	57.49	58.52	57.32	57.5	58.53

中国目前最大的沙钢 5800m³ 高炉也采用高富氧操作，其富氧率为 8%~13%。其次为武钢 8 号高炉（4117m³），在采用富氧设备能提供的最大富氧量条件下，其富氧率可达到 7%~8%。这两座高炉近几年的富氧情况见表 5-6。

表 5-6　2011~2013 年沙钢 5800m³ 高炉与武钢 8 号高炉富氧率　　　　　（%）

时　期	2013 年													2012 年	2011 年
	1 月	2 月	3 月	4 月	5 月	6 月	7 月	8 月	9 月	10 月	11 月	12 月	年均		
沙　钢	12.89	10.82	10.14	10.19	12.54	9.38	8.44	10.58	10.81	10.78	11.58	11.69	10.78	11.34	9.36
武钢 8 号	5.44	5.6	5.98	4.32	6.11	6.24	5.98	6.13	6.31	6.43	6.18	6.23	5.92	6.12	6.23

沙钢与武钢均采用较高富氧率辅以中心加焦技术，在入炉铁分不高（武钢渣比达到 330~355kg/t，沙钢渣比 300kg/t 左右），焦炭质量一般的条件下（焦炭 CSR：武钢 8 号高炉 64%~68%，沙钢高炉 66%~68%），实现了高炉的长期稳定与顺行。两座高炉投产时期相近（沙钢高炉 2009 年 10 月 20 日投产，武钢 8 高炉 2009 年 8 月 1 日投产），均保持了近 5 年的高强化冶炼。国内外高炉的生产实践表明，在原燃料与其他操作条件基本匹配的情况下，适当增加富氧量，有利于提高高炉抵抗外围波动的能力，高炉有望保持长期稳定与顺行，实现高强化冶炼与较低消耗的生产目标。究其原因，富氧量增加后，高炉料速加快，料柱的动态透气性大幅度改善，加上适当开放中心气流，起到了平衡与稳定整个气流与活化中心死焦柱的作用，故能容忍炉料及其他操作参数的适度波动，保持高炉长期的稳定与顺行。

近几年中国大型高炉的富氧率均有增加的趋势，表 5-7 列出了 4000m³ 级及以上高炉主要指标的变化情况。

表 5-7 近几年中国 4000m³ 级及以上高炉的主要指标

年份	项目	宝钢1	宝钢2	宝钢3	宝钢4	武钢8	马钢A	马钢B	沙钢	太钢5	首迁3	京唐1	京唐2	鲅鱼圈1	鲅鱼圈2	本钢
	炉容/m³	4966	4706	4850	4747	4117	4000	4000	5800	4350	4000	5500	5500	4038	4038	4747
	利用系数/t·(m³·d)⁻¹	2.311	2.071	2.468	2.050	2.537	2.190	2.066	2.228	2.391	2.340	1.524	1.936	2.006	2.176	2.303
	煤比/kg·t⁻¹	180.0	161.2	183.6	171.6	177.0	140.9	137.1	163.6	176.3	171.3	61.8	127.4	149.6	156.3	116.0
	燃料比/kg·t⁻¹	484.5	487.9	491.9	488.9	525.0	523.7	533.2	512.9	514.5	510.5	572.3	519.3	516.4	523.3	502.0
	铁分/%	59.96	59.83	60.38	60.14	58.33	58.30	58.35	59.13	59.14	58.86	59.11	59.30	59.20	59.22	59.76
	风量/m³·min⁻¹	6981	6888	6907	6791	7357	6350	6272	7601	5848	6285	7710	8206	6037	6130	6453
	吨铁耗风/m³·t⁻¹	941	1058	979	1025	1050	1082	1134	846		1233	1391	1184	1145	1027	916
	风温/℃	1242	1228	1228	1254	1177	1225	1200	1212	1228	1246	1071	1188	1220	1221	1230
2011	标准风速/m·s⁻¹	—	—	—	—	268	246	246	256	269		230	244	258	274	
	压差/kPa	169	172	186	173	183	180	180	180	168	155	182	195	173	172	175
	富氧率/%	4.71	1.35	3.77	1.38	6.41	3.54	3.31	9.36	4.51	4.39	1.33	1.82	2.59	2.84	2.62
	顶压/kPa	260	228	237	231	233	225	218	278	235	138	227	251	240	241	244
	煤气利用率/%	51.31	51.14	51.73	51.47	45.25	47.44	45.36	46.98	49.75	48.56	42.34	46.96	47.09	44.61	45.41
	渣比/kg·t⁻¹	253	257	247	255	333	317	320	294	302	308	307	289	314	314	301
	M_{10}/%	6.16	6.17	6.13	6.15	5.92	5.54	5.54	5.82	5.33	6.20	5.53	8.13		6.75	5.81
	CRI/%	26.07	25.80	25.64	25.84	26.64	23.59	23.59	23.67	24.34	23.23	22.38	30.50	27.37	27.36	20.36
	CSR/%	66.52	66.90	66.99	66.81	64.87	69.63	69.63	68.30	69.17	66.71	69.43	57.83	62.21	62.20	69.22
	平均粒径/mm	51.67	51.62	51.56	51.62	53.60	50.08	50.36	51.49	49.25			54.49	54.85	46.89	46.87
	利用系数/t·(m³·d)⁻¹	2.140	2.111	2.416	2.135	2.532	2.140	2.129	2.365	2.443	2.301	2.207	2.239	1.849	1.921	2.205
	煤比/kg·t⁻¹	170.5	170.3	182.4	178.2	173.4	152.6	142.1	158.5	185.0	157.9	147.7	156.7	148.7	158.6	148.0
	燃料比/kg·t⁻¹	488.2	484.4	491.9	484.0	507.6	520.0	513.3	503.4	515.0	507.4	484.5	490.4	514.8	527.5	531.0
	铁分/%	60.01	60.09	60.28	60.14	58.30	58.32	58.38	59.06	59.73	58.63	58.94	58.95	58.67	58.63	59.38
2012	风量/m³·min⁻¹	6942	6986	6913	6912	7449	6453	6427	7671	6467	6259	7935	8268	5719	5811	6310
	吨铁耗风/m³·t⁻¹	996	1044	993	1000	1016	1088	1087	805	877	979	1015	974	1105	1081	923
	风温/℃	1220	1224	1222	1255	1178	1221	1216	1195	1240	1245	1224	1234	1220	1216	1247
	标准风速/m·s⁻¹	—	—	—	—	260	243	247	256	275	220	244	249	245	257	249
	压差/kPa	160	165	184	174	181	172	175	175	162	157	184	187	171	168	172
	富氧率/%	3.11	1.53	3.59	1.26	6.12	2.98	2.88	11.34	4.61	4.83	3.75	3.53	1.87	2.05	2.79
	顶压/kPa	250	232	236	233	231	232	225	285	242	242	228	260	228	224	237

续表 5-7

年份	项目	宝钢1	宝钢2	宝钢3	宝钢4	武钢8	马钢A	马钢B	沙钢	太钢5	首迁3	京唐1	京唐2	鲅鱼圈1	鲅鱼圈2	本钢
	炉容/m³	4966	4706	4850	4747	4117	4000	4000	5800	4350	4000	5500	5500	4038	4038	4747
2012	煤气利用率/%	51.4	51.7	51.9	51.9	47.5	47.7	47.8	47.5	49.8	47.5	50.8	50.6	48.3	45.2	45.7
	渣比/kg·t⁻¹	259	256	250	251	329	313	314	287	290	322	289	294	259	259	316
	M_{10}/%	6.2	6.2	6.2	6.1	5.8	5.4	5.4	5.9	5.4	6.0	5.6	5.6	6.6	6.6	5.8
	CRI/%	26.2	26.2	26.1	26.0	25.4	22.8	22.8	24.2	23.8	21.6	20.8	20.8	28.0	18.8	20.4
	CSR/%	67.0	66.9	67.1	67.2	64.8	70.0	70.0	67.0	69.9	67.9	71.0	71.0	61.6	50.2	69.2
	平均粒径/mm	51.7	51.7	51.6	51.6	54.6	49.7	50.0	49.4	53.2	49.7	55.2	55.2	47.9	52.4	—
2013	利用系数/t·(m³·d)⁻¹	1.969	2.154	2.008	2.155	2.561	2.109	2.101	2.342	2.222	2.317	2.278	2.302	1.897	1.918	2.241
	煤比/kg·t⁻¹	177.3	189.9	176.7	193.2	174.2	137.4	129.8	181.6	199.4	140.1	160.6	158.9	137.7	149.0	156.0
	燃料比/kg·t⁻¹	489.2	486.3	495.0	487.8	504.8	519.4	510.5	521.1	526.4	504.4	493.4	492.9	518.9	528.5	534.0
	铁分/%	59.46	59.54	59.71	59.58	57.51	58.16	58.12	58.57	59.60	58.27	59.10	58.99	58.28	58.35	58.83
	风量/m³·min⁻¹	6391	6597	6805	6631	7457	6454	6625	7770	6244	6278	8412	8408	5811	5707	6433
	吨铁耗风/m³·t⁻¹	1000	998	1014	969	1018	1065	1101	824	931	1217	939	920	1092	1061	1028
	风温/℃	1192	1249	1234	1256	1195	1186	1186	1220	1242	1234	1218	1208	1213	1215	1187
	标准风速/m·s⁻¹					266	240	246	258	291	221	255	257	253	262	223
	压差/kPa	147	146	150	166	184	178	168	175	159	162	209	195	174	174	172
	富氧率/%	3.39	2.58	2.49	2.22	6.23	2.53	2.37	11.58	4.24	5.16	5.37	5.13	1.98	1.95	2.98
	顶压/kPa	228	235	240	234	235	220	214	285	227	229	264	274	222	223	245
	煤气利用率/%	51.3	52.1	51.7	52.3	48.2	47.2	47.1	47.1	48.1	47.7	49.4	49.7	46.0	46.7	46.0
	渣比/kg·t⁻¹	281	272	265	276	364	313	315	296	299	334	290	297	297	293	316
	M_{10}/%	5.58	5.72	5.58	5.60	5.45	5.56	5.56	5.82	5.23	6.23	5.65	5.65			5.90
	CRI/%	24.43	24.03	24.43	24.29	21.40	22.13	22.13	24.13	22.85	21.91	19.59	19.59	25.70	25.70	20.37
	CSR/%	68.17	67.90	68.17	68.57	68.76	70.38	70.38	67.13	70.41	67.91	72.41	72.41	64.80	64.80	69.31
	平均粒径/mm	51.85	51.90	51.85	52.88	54.59	47.52	47.94	47.65	62.31	50.30	57.65	57.65	52.53	52.53	

5.2.2.5 脱湿鼓风

由于一年四季温度的变化，早晚温差不同，大气的自然湿度大幅波动，高炉炉缸工作条件也会随之发生变化。稳定高炉鼓风湿度有两种途径，一种是加湿鼓风，另一种是脱湿鼓风，都是通过稳定鼓风湿度达到稳定炉况的目的。二者相比，脱湿鼓风可以减少风口前水分分解反应吸收的热量，提高风口前的理论燃烧温度，使炉缸得到充足的热量，活跃炉缸。此外，脱湿鼓风比加湿鼓风更容易控制，鼓风中的水分含量稳定在一个波动幅度很小的范围，可消除风口前水分含量变化引起的炉缸热制度波动。因此，大部分先进高炉选用了脱湿鼓风技术。

理论上鼓风湿度每增加1%，需要提高72℃风温来补偿。相对湿度1%相当于绝对湿度8g/m³，因而鼓风中每增加1g/m³水，理论上需要9℃热风来补偿。实际上，高炉鼓风中增加的水分，在风口前会有一部分生成H_2，有利于铁矿石还原。实际鼓风增湿1g/m³，只要6℃风温来补偿。在南方气温较高的季节，高煤比高炉需要脱湿鼓风，而那些喷吹燃料较少或无喷煤的高炉，在冬季里宜采用适当加湿鼓风，以保证在提高风温与富氧的情况下，维持合适的理论燃烧温度，利于炉况稳定顺行。

A 脱湿鼓风工艺

脱湿鼓风通常采用冷冻脱湿法。通过离心泵将制冷剂如R134a作为冷媒体压缩液化置入冷却器管道内，制冷剂汽化膨胀吸热使冷却器表面温度低于空气露点温度，冷风通过冷却器时饱和水结露脱除，从而降低空气温度，提高鼓风密度并增加风机风量。自然空气流经过滤室滤尽灰尘后，经高效换热器和除雾器时，冷却器表面温度低于空气露点，空气中的饱和水凝结成水珠沿冷却器流入排水槽，冷却水再回收利用。脱水后的干空气进入鼓风机吸风口，通过热风炉加热最后送往高炉。

B 脱湿鼓风对高炉冶炼的影响

在风口循环区，鼓风中的水分与原燃料中的C反应生成CO、H_2，即H_2O+C═$CO+H_2$，同时水分子分解吸热。高炉采用脱湿鼓风后湿分降低，燃烧同样的碳含量风量略有减少，形成的煤气含量也略有减少，CO、H_2浓度增加，N_2浓度降低。由于减少了水蒸气分解吸热，增加了H_2、H_2O的扩散作用，使碳的燃烧过程变慢，以煤气中的CO_2、H_2O含量1%~2%作为循环区的边界，则风口循环区扩大。在湿分较低时，每降低1%湿分，风口前的理论燃烧温度升高45℃左右。理论燃烧温度增高后，炉缸高温区扩大，还原过程加快，有利于降低燃料比。

脱湿鼓风应与高炉喷煤配合使用，脱湿10g/m³，需多喷煤粉20~30kg/t，以保持理论燃烧温度不变。

5.2.2.6 鼓风动能

高炉煤气流的初始分布，主要取决于燃烧带，而燃烧带大小和形状则取决于高炉鼓风动能，其长度与鼓风动能呈线性关系。鼓风动能是指高炉某一风口单位时间内鼓风所具有的能量，用于表征高炉鼓风克服风口区的各种阻力向炉缸中心穿透的能力，它是高炉下部调节的重要参数，由风量、风压、风温进风面积等决定。

A 鼓风动能的计算

计算鼓风动能首先从计算风量开始，其次是计算每个风口的风速，最后计算鼓风动能。在高炉生产过程中，由于种种原因风量表可能不准，可按高炉的碳平衡求出风口前燃烧的碳量计算风量 $V_风$，如下式：

$$V_风 = \frac{0.9333C_风}{(1-\varphi)w + 0.5\varphi} \quad (\mathrm{m^3/t})$$

式中　φ——大气湿度，%；

　　　w——富氧后干风中的含氧量，%；

　　　$C_风$——风口前燃烧的碳量，kg C/t。

将吨铁风量 $V_风$（$\mathrm{m^3/t}$）换算成每分钟风量 Q：

$$Q = \frac{V_风 P_产}{1440} \quad (\mathrm{m^3/min})$$

式中　$P_产$——高炉日产铁量，t/d。

计算出风口标准风速 $v_{标准}$ 和实际风速 $v_实$：

$$v_{标准} = \frac{Q}{60S} \quad (\mathrm{m/s})$$

$$v_实 = \frac{v_{标准}(t+273) \times 101.3}{273(101.3 + P_风)} \quad (\mathrm{m/s})$$

式中　S——风口送风总面积，$\mathrm{m^2}$；

　　　t——热风温度，℃；

　　　$P_风$——热风压力，kPa。

鼓风动能 E 根据下式计算：

$$E = \frac{1}{2}mv_实^2 = \frac{1}{2} \cdot \frac{\rho_0 Q}{60gn}v_实^2 \quad (\mathrm{kg \cdot m/s})$$

式中　m——每个风口鼓风的质量，kg/min；

　　　g——重力加速度，9.81$\mathrm{m/s^2}$；

　　　n——风口个数。

上面仅给出主要计算步骤，具体计算方法可参看文献［6］中有关章节。

B　鼓风动能的作用

鼓风动能的作用：决定风口回旋区的大小与形状，进而控制高炉初始煤气分布，影响高炉运行状况。另外，鼓风动能控制渣铁在炉缸的流动，故对铁水环流及炉缸寿命有较大影响。

C　鼓风动能的影响因素

（1）高炉鼓风量。高炉鼓风量与鼓风动能成三次方关系，因此，它对鼓风动能影响最大，风量增加，鼓风动能相应增大。

（2）富氧率。富氧率越高，如减少风量，带入炉内的氮气量减小，鼓风动能减小；如富氧时增加风量，富氧率越高，鼓风动能也越大。

（3）鼓风温度、湿分。因风温、湿分通常变化不大，故风温和湿分对鼓风动能的影响不是很大。

（4）原燃料条件。入炉原燃料质量越好，则高炉透气性越好，压差越低，鼓风动能越大。

（5）喷吹燃料及燃烧率。喷吹燃料在风口内燃烧越多，则鼓风动能越大。如果喷吹燃料在风口内燃烧率一定，则喷吹量增加，鼓风动能变化不大，只是相应高炉边缘气流较发展。

（6）风口面积。同样鼓风条件下风口总面积越大，单位时间内风口截面通过的风量越少，则平均鼓风速度越低，鼓风动能就越小。

（7）炉顶压力。在风量一定时，增加炉顶压力，则相应风压升高，煤气流速也降低，鼓风动能降低。

（8）装料制度。上部调剂影响高炉煤气流的二次、三次分布和软熔带的位置、形状，故其对风压、风量有影响，对鼓风动能产生相应影响。

D　鼓风动能的调剂

提高冶炼强度，风量增加，燃烧带扩大，为防止中心煤气流过强，宜适当降低鼓风动能。风量不变、富氧率提高时，则适当增加鼓风动能，防止中心煤气流不足。大喷煤时需要提高鼓风动能，防止边缘煤气流过分发展。原燃料质量变差时，高炉透气性变差，风压升高，则需提高鼓风动能以吹透中心。炉役前、中期，炉缸侵蚀少时，宜控制较小的鼓风动能；炉役后期，炉缸侵蚀较重时，则控制较大的鼓风动能。在高炉强化程度较低时，随着利用系数提高，鼓风动能也应同步提高，但到达一定水平后，就不宜继续增加，应稳定在某一合理值。冶炼铸造铁的风速和鼓风动能要比炼钢铁低。长风口比短风口的风速和鼓风动能均要控制低一些。风口数目多，鼓风动能低，但风速高。矮胖多风口的高炉，风速和鼓风动能均需要提高。不同高炉有其与冶炼条件和炉缸直径或炉容相应的合适风速和鼓风动能。过小的风速和鼓风动能会造成炉缸不活跃，初始煤气分布偏向边缘；而过大的风速和鼓风动能易形成顺时针（向风口下方）方向的涡流，造成风口下方堆积而使风口下端烧坏。总的调整原则是：凡是遇到减少煤气体积、改善透气性和增加煤气扩散能力的因素就需提高风速和鼓风动能；相反则需降低风速和鼓风动能。表 5-8 示出了不同容积高炉的风速与鼓风动能的控制范围。

表 5-8　不同容积高炉的风速与鼓风动能的控制范围

高炉容积/m³	1000	1500	2000	2500	3000	4000	5000
炉缸直径/m	7.2	8.5	10.0	11.0	12.0	13.6	14.6
鼓风动能/kJ·s⁻¹	40~60	50~70	60~80	80~100	100~130	120~150	140~170
风速/m·s⁻¹	130~150	150~170	180~220	190~240	220~260	240~270	250~290

E 控制好合适的回旋区

高炉必须具有与其炉缸直径和冶炼条件相适应的回旋区深度，以保持炉缸圆周上和径向上煤气流和温度分布相对合理，但回旋区深度的计算还是一个探讨中的问题。日本对大型高炉的研究认为，适宜的燃烧带深度可用系数 n 来衡量[6]：

$$n = \frac{d^2 - (d - 2L)^2}{d^2}$$

式中 d——炉缸直径，m；

　　　　L——循环区的深度，m。

从上式看，系数 n 实际是代表回旋区环圈面积与炉缸面积的比值。系数 n 与原燃料条件、炉容有关，大型高炉约为 0.5，小中小型高炉的 H/D 值比大型高炉的值大，即炉缸面积相对小些，系数 n 宜选大些。

F 直观判断送风制度的合理性

表 5-9 列出了判定鼓风动能过大过小的方法。

表 5-9 直观判断鼓风动能合理性方法

内　容		鼓风动能正常	鼓风动能过大	鼓风动能过小
参数	风压	稳定并在一定小范围内波动	波动大但有规律，出铁前显著升高，出铁后降低	曲线死板，风压升高时容易发生崩料悬料
	风量	稳定，在小范围内波动	波动大	曲线死板，风压升高，崩料后风量下降很多
	料尺	下料均匀整齐	不均匀，出铁前料慢，出铁后料快	不均匀，有时出现滑尺与过满现象
	顶温	带宽正常，温度波动小	带窄，波动大	带宽，四个方向有分岔
风口状况		各风口工作均匀活跃，风口破损少	风口活跃，但破损多，且多坏于风口内侧下端	风口亮度不均，有生降，炉况不顺时自动灌渣，风口破损多
炉渣		渣温足，流动性好	渣温不均匀，前期渣温低	渣温不均，前期渣温高
生铁		物理热足，炼钢铁常是灰口，有石墨析出	物理热低一些，但炼钢铁白口多且硫低，石墨少	铁水暗红，炼钢铁为白口、硫高，几乎没有石墨

5.2.3 喷吹煤粉

高炉喷煤就是将原煤磨成煤粉并用气力输送到风口的前端，在高温高压的含氧热风中搅混并大部分燃烧，产生热量与还原性气体的过程。煤粉在风口前端可以替代部分焦炭燃烧产生热量与还原性气体。喷吹煤粉可以替代部分焦炭，并降低燃料消耗与生铁成本。喷吹煤粉还是高炉高效化冶炼的重要措施之一。喷吹燃料在热能和化学能方面可以取代焦炭的作用。但是，在不同情况下，煤粉替代焦炭的比率是不一样的，通常把单位燃料能替代焦炭的数量称为置换比。

随着喷吹量的增加，置换比逐渐降低。这是由于喷吹的燃料在风口回旋区加热、分解和气化时要消耗一定的热量，导致炉缸温度降低。喷吹燃料越多，炉缸温度降低也越多。而炉缸温度的降低，燃料的燃烧率也降低。因此，在喷吹量不断增加的同时，应充分考虑由于置换比降低对高炉冶炼带来的不利影响，并采取措施提高置换比。喷吹燃料进入风口后，其组分分解需要吸收热量，其燃烧反应、分解反应的产物参加对矿石的加热和还原后才放出热量，因此炉温的变化要经过一段时间才能反映出来，这种炉温变化滞后于喷吹量变化的特性称为"热滞后性"。热滞后时间大约为冶炼周期的 70%，热滞后性随炉容、冶炼强度、喷吹量等不同而不同。喷吹量调节炉温时，要注意炉温的趋势，根据热滞后时间，做到早调、调准。喷吹设备临时发生故障时，必须根据热滞后时间，准确地进行变料，以防炉温波动。

5.2.3.1　改善煤粉喷吹效果的主要措施

为了改善喷煤效果，可以采取提高风温给予热补偿，提高煤粉在风口前的燃烧率，改善原燃料条件及选用合适的操作制度等措施，具体如下：

（1）精料。随着煤比的增大，焦炭负荷增大，矿层厚度增大，未燃煤粉增加，块状带透气性恶化，炉身中上部压差增大。另外，随着软熔带厚度增加，炉身下部压差也增大。因此，提高煤比应提高入炉料的品位，降低渣量，提高矿石还原性和软化温度，降低还原粉化率，改善料柱透气性，才能使高炉稳定、顺行。随着高炉喷煤量的提高，焦炭的熔损率大幅度增加，从而造成焦炭高温强度下降，高炉下部透气性、透液性恶化。因此大量喷煤必须提高焦炭强度，要求焦炭的热强度 CSR 高，反应性 CRI 低。对于 2000m³ 级高炉，要求渣量 300kg/t 左右；焦炭灰分小于 13%，M_{40} 为 80% ~ 83%，M_{10} 为 6% ~ 7%，反应性 CRI 小于28%，CSR 大于 60%，平均粒度大于 50mm。

（2）采用高顶压。煤粉中的挥发分含量远高于焦炭，挥发分在风口前迅速分解，使煤气体积增加。采用高压操作，可缩小煤气体积，降低煤气流速，减少煤气对料柱的阻力。

（3）降低鼓风湿度。风中的水分分解时会消耗大量的热量，脱除 10g/m³ 水，可多喷煤 20~30kg/m³。

（4）提高风温。实践表明，风温每提高 100℃，可提高理论燃烧温度约80℃。提高风温可补偿因增加喷煤而降低的理论燃烧温度，也可促进煤粉的燃烧。

（5）提高富氧率。提高富氧率 1% 可使理论燃烧温度升高 35~45℃。由于富氧减少了高炉煤气量，料柱阻力损失也会降低，有利于高炉顺行。富氧鼓风还能提高氧的过剩系数，提高煤粉燃烧率。

（6）改善炉顶布料。大量喷煤时，边缘气流较发展，透气性变差，炉顶煤气温度上升，炉墙热负荷升高，中心的透气性变差。布料宜采用适当压制边缘，并疏导中心的布料模式。

（7）采用烟煤与无烟煤混喷工艺。无烟煤含碳量高，挥发分低，喷吹安全性较好。但是无烟煤不易燃烧，煤质硬，制粉能耗高，灰分高，置换比低，渣量大。喷吹烟煤的优点是易于燃烧，燃烧产生的 H_2 含量高，有利于炉内间接还原的发展。烟煤煤质软，含碳量低，置换比不高。采用烟煤和无烟煤混合喷吹技术，按挥发分 20%~22% 配煤，可提高混合煤的燃烧率，获得较高的置换比。

（8）使用长寿风口，保证均匀喷吹。大量喷煤的高炉，必须减少风口熔损或磨损事故，降低休风率，稳定炉缸热制度。为了达到均匀喷吹的效果，应争取每个风口都插枪喷煤。

（9）使用氧煤枪混合喷吹。将有限的氧气高浓度地集中在煤粉燃烧区，可以加快煤粉气化与燃烧速率，提高煤粉燃烧率和置换比。

（10）控制煤粉粒度。为保证煤粉燃烧效果，煤粉-200 目（约 0.074mm）的比例应大于 60%，灰分含量小于 9%，含水量小于 1.5%。

5.2.3.2 高喷煤比高炉生产实绩

世界上稳定实现超高喷煤比操作的高炉当属艾默伊登 6 号高炉，该高炉在富氧率达到 13%~18% 的情况下，喷煤比长期保持 240~270kg/t，燃料比 510 kg/t 左右。

宝钢高炉在 1998~2006 年期间，在高炉富氧率不高（3% 左右）的情况下，实现了高炉的高煤比与低燃料比[7]。1998 年 6 月起，宝钢高炉的煤比突破了 200kg/t，1 号、3 号高炉常年维持 230kg/t 和 205kg/t 的高煤比操作。所采取的主要措施包括：采用 1250℃ 高风温、控制低湿分（10g/m³）、合适富氧率（3% 左右）等进行热补偿，并优化上下部调剂的配合。2001~2002 年，1 号高炉通过优化高炉布料，适当缩小进风面积，在保持煤气利用率 51% 以上的情况下，平均煤比达到 233.7kg/t，焦比降至 262.2kg/t，总燃料比 495.9kg/t，达到世界一流水平。其中，1999 年 4 月与 1999 年 9 月，1 号高炉单月平均煤比分别达到 252.4kg/t 和 260.4kg/t，1999 年的年均煤比达到 238kg /t，燃料比 503kg /t 左右。

高喷煤比是高炉操作强化的重要手段之一，然而并不意味着越高越好。韩国浦项光阳厂高炉强化冶炼水平在国际上领先，喷煤比未超过 200kg/t（见表 5-5）。可见，高炉喷煤比有一个"优化"问题。

5.2.3.3 经济性喷煤

经济喷煤比是在一定的原燃料条件下，高炉炉况保持长期稳定，焦比和燃料比达到最低时的煤比。经济喷煤比的大小取决于喷煤量水平、煤焦置换比和能量消耗利用程度，最终由总燃料消耗确定。高炉喷煤的目标是在一定的原燃料条件下进行经济喷煤比操作，实现高煤比、低焦比、低燃料比和低成本生产。生产实践表明，风温、焦炭质量、渣量和料柱透气性、透液性是提高喷煤比和经济喷煤比操作的主要限制条件。经济煤比水平根据高炉条件不同而变化，最佳状态的喷煤表观置换比（未校正）能达到 0.9~1.0。高炉要实现较高的经济喷煤比，必须努力做到：高风温、富氧鼓风；合理的上、下部调剂，稳定炉况，提高煤气利用率；改善原燃料质量尤其是焦炭质量，降低渣比；选择合理的热制度，实现低硅生铁冶炼；采用具有较高固定碳含量的混煤喷吹，提高煤粉燃烧率和煤焦置换比等。

当煤比增加到一定值后，其煤焦置换比出现明显降低，如果焦炭价格高出煤粉价格不多，增加喷煤量就会导致成本大幅上升。这时的煤比将是不经济喷煤比。近年来由于钢铁过剩，企业限产，焦炭市场萧条，焦炭价格大幅下跌，焦炭与煤粉差价减小，大幅增加喷煤已无太大意义，而且大煤比下要求好的精料水平，加上世界矿石价格已由少数矿业巨头垄断，尽管钢材价格大跌，但是矿价没有同步跟进，故使用较高质量的矿石进行冶炼，会引起成本大幅上升。因此各企业纷纷调低煤比，并使用经济矿入炉降低成本。以宝钢高炉为例，十几年前喷煤比曾超过 200kg/t，近年也将煤比降到了 170~180kg/t。

5.3 高炉装料制度

装料制度又称上部调节制度，就是将炉料装入炉内的方式、方法的总称。炉料装入炉内的设备有钟式装料设备和无钟装料设备。由于无料钟炉顶布料可以得到理想的煤气流分布，目前钟式装料设备已基本被淘汰，即使 400m³ 级的小高炉也多采用无钟炉顶。就无钟炉顶而言，装料制度包括布料矩阵、批重大小和料线高低等。

5.3.1 批重

一批料的重量称为批重，有矿石批重与焦炭批重之分。在其他装料参数不变时，小矿批加重边缘，大矿批加重中心，调整矿批大小应考虑其对煤气流的影响。对于无钟炉顶高炉，调整煤气流分布主要靠采用调整布料角度。扩大矿批有利于矿石均匀分布，增加软熔带焦窗厚度，改善煤气流分布，减少管道行程与滑料，促进高炉稳定与顺行。但矿石批重有一合适范围，过大会造成料柱透气性变坏，不利于顺行。

在一定冶炼条件下，合适的矿石批重与下列因素有关：

(1) 原燃料质量。精料水平高时，则可采用较大矿批。

(2) 冶炼强度。随着冶炼强度的提高，矿石批重也相应扩大。提高冶炼强度后，中心气流相对发展，有必要扩大矿石批重，以抑制中心气流。此外，随冶炼强度的提高，炉料下降速度及其均匀性也有所提高，从而改善了炉料透气性，为扩大矿石批重，增加矿层厚度创造了条件。

（3）喷吹燃料量。喷吹量越大，焦比下降越多，装入炉内焦炭量相对减少，焦炭负荷增加，如此时要保持一定的焦窗厚度，必须适当增加矿石批重，才能维持高炉软熔带的透气性。

（4）高炉炉容。矿石批重随炉容的增加，必须相应地扩大。因为炉容的增加，炉喉面积相应加大，为保证煤气合理分布，相应扩大矿石批重。

表5-10 示出了冶金规范规定的不同容积高炉的入炉矿石批重。当需要改变焦炭负荷时，可以采用固定焦批调矿批，这样可以保持焦窗厚度的稳定，维持软熔带的透气性基本稳定。同样可以固定矿批调焦批，这可以稳定矿层厚度不变，控制滚向中心的矿石，维持中心气流的相对稳定。如果焦炭负荷变化很大（如开始喷煤）时，则宜考虑两者都作相应的变动。

表5-10　不同容积高炉的矿石料批重量

炉容级别/m³	1000	2000	3000	4000	5000
正常矿石批重/t	30~60	50~95	80~125	115~140	135~170
最大矿石批重/t	35~70	60~100	90~140	126~160	150~190

5.3.2　料线

钟式炉顶的料线是大钟开启时的下沿到料面的垂直距离；无钟炉顶高炉料线是指炉喉钢砖上沿到料面的垂直距离。高炉生产时要选定一个加料的料线高度，一般在1.2~1.5m，料线的高低可以改变炉料堆尖位置与炉墙的距离。料线在炉料与炉喉碰撞点（面）以上时，提高料线，炉料堆尖逐步离开炉墙；在碰撞点（面）以下时，提高料线会得到相反的效果。一般选用料线在碰撞点（面）以上，并保证加完一批料后仍有0.5m以上的余量。碰撞点（面）以下的料线在生产中一般不使用，因为炉料经碰撞点反弹后，形成的料面和堆尖的规律性很难掌握，只有在开炉装料和赶料线时才用来判断料面的位置。

调节料线的高度，就是调节炉料的落下高度，以改变炉料堆尖的位置。提高料线，炉料堆尖向中心移动，有疏松边沿的作用。反之，当料线降低时，有加重边沿的作用。料线在炉喉碰撞点位置时，边缘最重。生产经验表明，料线过高或过低均对炉顶设备不利，尤其低料线操作时对炉况和炉温影响很大。故每座高炉根据其具体条件都有自己的合适料线，在生产中一定要按规定的料线上料。无钟炉顶高炉一般不主张用改变料线来调节炉况，因为其采用多环布料时，炉料在炉喉并非只有一个堆尖，同时无钟炉顶有很多调剂手段来调整高炉气流，不必调整料线就可以达到目的。

5.3.3 无钟炉顶的布料功能

无钟炉顶有定点、扇形、环形和螺旋形等布料功能。

5.3.3.1 定点布料

理论上可以将炉料通过布料溜槽的定位布到高炉炉喉料面上的任意某点或某个部位。当高炉出现较不规则的煤气流，如较大的管道或局部过吹时，可考虑使用定点布料，即溜槽倾角与溜槽周向的定位由人工手动控制。一般情况下，不推荐使用定点布料。因为在线较难控制炉料落点。要避免出现该堵的管道没有堵上、不希望堵的地方却堵上了的情况发生。

5.3.3.2 扇形布料

因溜槽可以在任意半径和角度上进行左右旋转（最小角度可达 10°），当高炉发生偏料或局部崩料时，可采用此种布料形式找平料面。

5.3.3.3 环形布料

环形布料因为能自由选择溜槽倾角，所以可在炉喉任一部位进行单、双、多环布料。随着溜槽倾角的改变，可将焦炭和矿石布在距离中心或炉墙不同的部位上，借以调整煤气流在炉喉料面上的分布。环形布料时，多数高炉采用固定布料转数、调节节流阀来实现规定的料层数目。世界上绝大多数高炉采用多环布料。多环布料就是取若干个溜槽倾角档位，把一批炉料按指定重量分配，连续布入炉内。溜槽倾角直接影响炉料在炉内的分布，不同炉喉直径的高炉应采用一个适当的溜槽倾角档位数。若溜槽倾角档位过多，则各环间距过小而失去调节功能；反之，倾角档位过少，则各环间距过大而降低了调节灵活的功能。一般小于 $1000 m^3$ 的高炉，可选 2~4 个溜槽倾角档位；$1000 m^3$ 级的高炉，可选 3~5 个倾角档位；大于 $2000 m^3$ 的高炉，可选 4~6 个溜槽倾角档位。

5.3.3.4 螺旋形布料

螺旋形布料是布料溜槽在做匀速的回转运动的同时做径向运动而形成的变径螺旋形炉料分布，其径向运动是布料溜槽由外向里改变倾角而获得的，摆动速度由慢变快。这种布料方法能把炉料布到炉喉截面任一部位，根据生产要求不仅可以调整料层厚度，而且能获得较为平坦的料面。

当采用大倾角单环布料时，可得到相当于钟式炉顶的 V 型剖面，小倾角单环布料得到相当于 M 型剖面，采用多环布料可以得到平坦的料面，因此煤气分布也较平坦。

5.3.4 无钟炉顶的布料规律

5.3.4.1 无钟炉顶模型研究

国内外对无钟高炉布料规律进行了许多研究，可归纳为布料模型的研究与高炉装料的实测。布料模型的研究可分为物理模型的实验研究、经典力学理论模型和人工智能模型。

（1）物理模型实验研究。物理模型的总体技术路线是用某座具体高炉上部（炉身、炉喉、炉顶设备等）的缩小模型，模拟高炉布料全过程。考察溜槽倾角 α、溜槽转速 ω、节流阀开度 γ、料线 h、批重 p 等装料制度的主要操作参数分别对料面堆尖的位置、料面堆角（料面中心角 θ_1 和料面边缘角 θ_2）、径向粒度分布和气流分布等的影响。然后通过数学方法找到这两组数据之间的关系，最后把这种数学关系用于相应的生产高炉。该路线直观、易理解、方便实用、易操作，但通用性不强且费用较高。

（2）经典力学理论模型。经典力学理论模型的总体技术路线是，在布料过程中炉料的运动是质点的运动，该运动过程由炉料从节流阀流出到溜槽前的运动、炉料在溜槽上的运动、炉料从溜槽末端流出到料面前的运动及炉料落点的形成等四大部分组成。通过各种方法解出各个部分炉料的初速度，再根据力学理论，列出相应的运动方程，解出炉料的末速度，并将该速度作为下个步骤的初速度，经反复求解，最终可以求出炉料的落点及新的料面形状。此路线科学、准确、通用性较强，但假设条件与真实高炉有差距，计算过于复杂，炉料受力情况、炉料堆角不易找准。

（3）人工智能模型。人工智能模型的技术路线是将煤气流分布或煤气利用率等反映炉料在炉内分布的物理量分成若干个标准等级，并组成标准模式库，每一个标准等级对应着一种装料制度。对应关系的建立是通过人工神经网格、模式识别等方法来实现。一旦给定一种物理量模式，就可以通过人工智能的方法，找到待识别的模式和标准库里一样的那种模式，从而找到相应的装料制度。该方法界面可视化，易于在线使用且有自学习功能，但是模式可能有限，所建关系的准确性较难把握。

5.3.4.2　单环和多环布料

A　单环布料规律

在料线、批重一定的情况下，炉料在炉内的堆尖位置，主要取决于旋转溜槽的倾角（与高炉中心线夹角），因此布料倾角是布料调节的主要手段。在通常使用矿石布料倾角 α_0 大于焦炭布料倾角 α_C 的情况下，焦炭堆尖对流向中心区的矿石有一定阻挡作用。而矿石与焦炭的布料倾角之差 $\Delta\alpha = \alpha_0 - \alpha_C$，决定着炉内半径方向的矿焦比例（O/C）分布。矿石与焦炭的布料倾角之差 $\Delta\alpha$ 越大，边缘矿焦比值越高；反之，$\Delta\alpha$ 越小，则中心区矿焦比值高。当矿焦布料倾角差值一定时，若 α_0 与 α_C 同时增大，则中心和边缘的矿焦比也同时升高。在矿焦等料线布料时，调节料线的作用与 α_0 和 α_C 同时变化的效果相似。批重增加使料层变厚，而焦炭堆尖两侧的矿石几乎同比例增加，所以批重对径向的矿焦比分布影响不大。某一料线下，布矿或布焦时都存在一个最大倾角，超过这个角度，料流就会先碰到炉喉缸砖再布到料面上。此时，倾角调节失效。当矿石布在焦炭层上时，因矿石的冲击作用，在落点处，部分焦炭将被推向中心，形成矿焦混合层，即形成界面效应。单环布料时，粒度偏析明显，粉末及小粒度炉料集中在堆尖处。而大粒度炉料滚向高炉中心与边缘。

B　多环布料规律

目前绝大部分高炉均采用多环布料。除特大型高炉外，一般高炉采用等面积法布料，即将某一料线的炉喉分为 11 个布料档位（角位）。与单环布料相比，多环布料形成的料面形状比较平坦，粒度偏析随布料档位与圈数增多而得到改善。多环布料一般形成宽度不一的平台，平台宽度对高炉运行的影响较大。通常情况下，布料平台越宽，矿层越薄，高炉煤气利用越好，但同时要求使用质量较好的原燃料。在各档位的布料份数不变时，矿焦同档位布料（没有角度差）时，边缘较发展，中心较压制；当布矿超过布焦档位或角度时，则压制边缘，放开中心；布焦角、布矿角同时增大同一角度（角差不变），则同时加重中心和边沿，但对边沿的加重程度大于中心。炉况不正常时，应将焦炭多布于边沿和中心，或减少（减轻）边沿和中心的布矿份量，以增强两股气流，保证炉况顺行。对于入炉原燃料条件较差或不稳定的高炉，通常采用合适布料平台与中心加焦布料模式，这样可稳定中心气流，保持高炉顺行，高炉可实现强化操作，但煤气利用会受影响，燃料消耗降低有限；而对于那些使用炉料质量好且较稳定的高炉，采用平台加漏斗的布料模式，可得到较好的煤气利用率，利于降低燃料消耗。布料溜槽倾角变化对煤气流分布有着显著的影响。

5.3.4.3　部分高炉的典型布料模式

无钟炉顶高炉的布料控制手段很多，高炉正常生产时绝大多数采用多环布料，所选用的布料矩阵也是多种多样，但概括起来就是两大类型，一类是中心加焦型布料，另一类则是平台漏斗型布料。前者中心无矿石，只有焦柱，中心加焦形成倒 V 型软熔带，边缘气流少，软熔带根部位置低，热量损失小，高炉非常稳定，抗干扰能力强，利用系数高，对炉料质量要求一般，但是对炉料粒度波动较敏感。中国的武钢和沙钢，欧洲、日本、韩国等世界大部分先进高炉均采用此种布料模式。后者中心有部分大粒度矿石，形成 W 型或平坦型软熔带，具有一定边缘气流，煤气热损失较多，软熔带根部位置较高，炉身寿命一般不太高，由于煤气通过的边缘区面积大，故间接还原条件好，煤气利用好，燃料比低，但是高炉料柱压差有时波动较大，影响利用系数的提高。此种模式要求入炉炉料质量好且稳定；中国宝钢、邯钢等及韩国、日本部分高炉采用此种改进型布料模式。

武钢高炉从使用无钟炉顶以来就采用中心加焦的布料模式，属于典型的中心加焦、中心工作型高炉。经多年生产实践与摸索，确定武钢原燃料条件下的布料模式，即采用大倾角（44°~48°左右开始布料）、同角度（焦矿最大布料角相同）、较大角差（9°~14°）、宽平台（1.4~1.9m）加中心装焦（中心装焦20%~35%）。该种布料模式确定后，武钢无钟高炉在炉料质量相对较一般且波动较大的情况下，创造了高炉长期稳定顺行、高利用系数的运行效果，但燃料比则高于某些非中心加焦型高炉。如果考虑原燃料质量差距等影响因素，二者的最终燃料消耗水平相差不大。同样沙钢高炉也采用中心加焦模式，取得与武钢高炉类似的冶炼效果。

宝钢大型高炉投产以来精料水平较高，质量稳定，高炉采用平台加漏斗无中心焦的布料模式。为改善中心透气性，通常在最小布矿角位后一到两个角位后垫布适当环数的焦炭，采取此种布料模式的宝钢高炉实现了长期稳定顺行和低燃料比作业。国内外部分高炉较典型的布料矩阵见表5-11。

表5-11 国内外部分高炉较典型的布料矩阵

高　炉	容积/m³	入炉铁分/%	焦炭 CSR/%	利用系数 /t·(m³·d)⁻¹	燃料比 /kg·t⁻¹	布　料　情　况
武钢8号	4117	56.5~58	65~68	2.5~2.6	495~507	$C_{332223}^{987651} \downarrow O_{L.44322}^{98765} \downarrow O_{S32}^{109} \downarrow$ （大矿 47°~37°）
沙钢高炉	5800	58.5~59.5	66~68	2.3~2.4	480~505	$C_{22222222\ 4}^{12345678\ 12} \downarrow O_{2344431}^{1234567} \downarrow$
宝钢高炉	4350	59.3~60.5	66~68	2.2~2.4	485~503	$C_{3332221}^{10987654} \downarrow O_{23332}^{109876} \downarrow$ （41°~32°）
邯钢高炉	3200	58~59.5	64~67	2.2~2.35	520~530	$C_{443331}^{987654} \downarrow O_{44433}^{98765} \downarrow$ （矿 43°~34°）
韩国光阳	5500	57.5~59	66~68	2.5~2.8	485~500	中心加焦 6%~10%
韩国浦项	5600	57.5~59	67~68	2.6~2.7	488~495	$C_{222222}^{11\ 10\ 9\ 8\ 7\ 6} \downarrow O_{L.33221}^{87654} \downarrow O_{S222}^{11\ 10\ 9} \downarrow$ （布焦 43°~33.5°）
德国蒂森	4407	59~60	66~68	2.1~2.4	490~500	$C_{22111214}^{98765431} \downarrow O_{23334}^{87654} \downarrow$ （47°~38°）
荷兰康力斯	4450	62~65	62~66	2.2~2.4	510~520	$C_{2222221\ 1.5}^{109876531} \downarrow O_{33322222}^{1110987654} \downarrow$ （最大51°）
澳洲堪培拉	3208	58.5~59.5	61~65	2.1~2.3	490~510	中心加焦 （10%~15%）
韩国唐津	5250	59~60	68	2~2	490~505	$C_{333333}^{987651} \downarrow O_{2222211}^{8765432} \downarrow O_{S222}^{11\ 10\ 9} \downarrow$

5.3.4.4　上部布料制度的调整

高炉运行过程中，原燃料条件、外围设备状况很难保持长时期不变，故高炉只能通过及时调整来维系炉况的相对顺行，布料矩阵的调整是最常见、最有效的炉况调剂手段。通过不断优化布料矩阵，可减轻影响高炉生产的不利因素，维持高炉的稳定顺行。调整布料矩阵的根本是形成合理的矿、焦平台，即得到合理的料面形状和合适的径向矿焦比分布。就高炉布料而言，希望得到平台加漏斗的料面形状，并且需要控制合理的平台宽度和漏斗深度：平台过宽、漏斗过浅，料面平坦，易使中心过重；平台过窄、漏斗过深，料面形状较难稳定，容易向中心塌料，煤气流难稳定。因此，要得到合适宽度的平台（一般为炉喉半径的30%~37%）才能实现稳定低耗生产，但这种布料模式通常需要良好而稳定的原燃料质量来支撑。对于那些入炉原燃料质量波动大，外围变化大的高炉，通常以维持顺行为中心，其布料多选用平台加漏斗再加中心装焦的布料方式。这种方式可以承受原燃料质量及外围条件的波动，能保持高炉稳定顺行，但其高炉煤气利用不如前者，燃料消耗可能偏高。

以下是某中型高炉布料调剂过程的实例[8]。该高炉容积1750m³，采用PW紧凑型串罐无钟炉顶、砖壁合一薄壁内衬结构、铜冷却壁技术、联合软水密闭循环系统，设有2个铁口，24个风口。其某一时段的布料模式调整过程如下：

（1）平台加漏斗布料阶段。开炉后某一段时期内，原燃料质量相对较好，烧结率80%左右，其转鼓指数75%左右，焦炭CSR达到65%左右，此时其布料矩阵为：C 38.7° 36.3° 34.0° 31.5° 28.5°（2 2 2 2 2）O 40.5° 38.7° 36.3° 34.0° 31.5°（3 3 2 2 2）；选择的是中心负荷较轻的平台加漏斗的布料模式，高炉运行效果尚可，风温1181℃，利用系数2.31t/(m³·d)，燃料比523kg/t。

（2）平台加中心装焦模式阶段。此后一个阶段原燃料质量变差，波动加大，炉况顺行难以保证，布料矩阵变为：C 40.5° 38.7° 36.3° 34.0° 31.5° 17.0°（3 3 2 2 1 4）O 40.5° 38.7° 36.3° 34.0° 31.5°（3 3 2 2 1）；中心加焦角度为17.0°。采用中心加焦后，在炉料质量较差的条件下，高炉炉况恢复到了正常顺行状态，中心焦炭不断填充炉芯，更换出中心死料柱，炉缸逐渐活跃，风量增加。中心加焦后，边缘温度降低，炉体温度大幅波动减少，冷却壁水温差减小并趋于平稳，中心升高200~250℃，表明边缘气流逐渐稳定，中心气流获得发展。该高炉保持了强化稳定生产，风温1194℃，利用系数2.54t/(m³·d)，但燃料比有所增加，为543kg/t。

（3）外推布料角度，扩大角差阶段。为稳定气流，提高煤气利用率，降低燃料消耗，采用焦角和矿角同时加大，焦炭与矿石的最大角度同时向炉喉边缘外移2°左右。布料角差由8°~9°逐步提高到12°，中心加焦角度由17°降为12°；调整后的布料矩阵为：C 39.6° 36.8° 33.8° 30.8° 12.0°（2 2 2 1 4）O 42.8° 39.6° 36.8° 33.8°（3 3 2 2 1）。随着中心加焦、大外角、大角差实施，炉况的稳定性非常好，但燃料消耗比较高，燃料比维持在550kg/t左右。

（4）扩大矿石批重，降低消耗阶段。实行大矿批，增加矿石层厚度，提高煤气利用率。扩大矿批后，使更多的矿石布到中间环带，缩小中心无矿区的范围。矿批由 41t 逐步扩大到 45t，高炉煤气利用率明显改善，由 45% 提高到 45.5%，燃料比降低约 5kg，高炉的顺行状况没有受到影响。此后又逐步将矿批扩大到 48t，煤气利用率由 45.5% 提高到 47% 左右，燃料比降低约 10kg/t。扩大批重后，炉况稳定性增加，指标好转，其间燃料比 535kg/t 左右，利用系数 2.52t/(m³·d)。通过调整高炉由平台漏斗型布料转为平台漏斗加中心装焦型布料，炉况稳定性明显改善，抗外围波动的能力提高，强化程度得以提升，但高炉总体燃料消耗还是略高于平台漏斗型布料模式阶段。

5.3.4.5 高炉煤气流的控制

高炉煤气流主要由装料制度来控制，现代强化冶炼的高炉通常有倒 V 型软熔带，这种软熔带的中心较开放，中心煤气流的利用程度较差，当中心气流较发展时，边缘气流就弱，导致没有足够的气流加热、还原、熔化靠近边缘的矿石，使软熔带根部很低，甚至直接靠近风口上的炉腹区域，由此会造成直接还原增加、消耗增加、风口容易损坏。因此必须设法控制中心气流过度发展，要迫使中心部分气流通过焦窗折射进入矿石块状区。中心焦柱区域不宜过大，中心焦柱的透气性不宜太好；反之，如果中心气流受阻，则边缘气流增强，这样高温气流会将宝贵的热量传递给靠近炉壳的冷却系统而被浪费，使间接还原降低。中心气流不足，边缘热损失大增，同样会使燃料比增加。边缘与中心两股气流相互关联，此消彼长。上部装料制度调整的目的就是设法使这两股气流达到相对平衡状态，避免任何一股气流出现过旺的现象。

高炉煤气流的监测手段大体包括：炉料下降速度、压力探头、炉身静压力、料柱上下部压差；炉墙热损失、炉体及冷却壁温度；炉喉煤气成分及炉喉径向温度分布等。

采用优化炉料分布来控制煤气流分布的方法因炉而异，其一般原则为：（1）气流主要由径向的矿焦比来决定。矿焦比大则气流弱，反之则强。（2）保持中心透气。中心不宜布矿，或者只宜布极少量的大粒度矿。（3）边缘区域必须维持一定比例的焦炭量。焦层与矿焦层的厚度比一般应大于 30%，要避免直接还原后的矿层直接连通，矿层之间必须有焦窗层。（4）要防止炉料粉末聚集在炉墙附近。（5）中心气流由滚到中心区的矿石量决定，而到达中心的矿石量又由矿层厚度与中心焦炭粒度决定。当需要大幅调整焦炭负荷时（如改变喷煤量时），最好维持矿层厚度不变而调整焦层厚度，这样才能保证中心气流尽可能地连续稳定。（6）维持必要的炉喉与炉腰焦层厚度。适宜的炉喉焦层厚度为 450～550mm，炉腰焦层厚应为 180～250mm。（7）较典型的合理控制两股气流的布料矩阵见表 5-12。在布料矩阵不变情况下，从焦炭 1、焦炭 2 到焦炭 3，中心逐步开放。

高炉高效化操作 ·190· 5

表 5-12 荷兰艾默伊登某高炉合理控制两股气流的布料矩阵[9]

布料矩阵	11	10	9	8	7	6	5	4	3	2	1
		炉墙边缘区				中心区					
焦炭1/%		14	14	16	14	14	14		6		8
焦炭2/%		14	14	14	14	14	14		6		10
焦炭3/%		14	14	12	14	14	14		6		12
矿石/%	16	16	16	12	10	10	10	10			

5.3.4.6 协调高炉上下部调剂

高炉要实现高效冶炼，合理控制煤气流分布至关重要。煤气流的合理分布关系到炉内温度分布、软熔带结构、煤气利用率和炉况顺行等。高炉操作的主要任务是通过上下部调剂来获得合理、适宜的煤气流分布。

作为上部调剂的装料制度在高炉操作中起着重要作用，下部调节则是调整鼓风参数来保持高炉炉缸中心死焦堆的活跃。通常情况下处理炉缸不活的有效措施是进行中心加焦，在中心加入质量好的大块焦时效果更好。通过上部装料制度进行中心加焦，可加快死焦堆的替换，从而活跃炉缸。这说明上部装料制度对高炉下部状态有较大的影响。煤气流经回旋区、软熔带、炉顶布料进行了 3 次分配，其中布料对煤气流分布起主导作用。上部调剂选择相对开放边缘的装料制度，则边缘区域的透气阻力小于其他区域，炉缸煤气易从此区域通过，导致中心气流分配减少，因此会出现风口回旋区长度变短、高度增加的状况。与此相反，如果上部调剂选择相对开放的中心的布料模式，高炉下部中心区的透气性改善，煤气流相对容易通过，在同样风口鼓风动能的条件下，风口区煤气倾向从中心上升，形成风口回旋区长度增加、高度降低的初始煤气流分布。上部装料制度对二次煤气分布也有显著影响，如果选择既开放中心又开放边缘的布料模式，则容易形成 W 型的软熔带，边缘和中心的气流偏强，煤气通过焦窗的份额减少。如果上部选择中心相对开放的装料制度，则可能形成倒 V 型软熔带，因边缘气流偏弱，软熔带的根部较低，此时只要通过控制中心气流的强弱就可以左右通过焦窗煤气量的多少。如果采用稳定焦批的模式布料，则可以保证软熔带的焦窗厚度，焦窗分配气流的功能也相对稳定。如采用定矿批的操作方式，则软熔带焦窗厚度会经常变化，焦窗分配气流的作用相应变化，煤气通过软熔带的阻力也随之波动。由此可见，上部布料对中下部的煤气流分布都有明显影响。因而布料是达到煤气流合理分布的关键，合理的炉料分布决定合适的煤气流分布。

利用装料制度来调节整个料柱的煤气流分布不会立竿见影，它需要等待一段时间，有的需要一个冶炼周期，有的需要更长时间，如需要更换中心死焦柱则可能经历一周或数周时间才能达到调整效果。

5.4.2.4 高炉炉型对热制度的影响

合理的操作炉型有利于炉缸热制度的稳定。炉型不规则时，应该控制较高的炉缸热储备，因为首先煤气利用可能变差，其次黏结物随时有可能脱落，下到炉缸后熔化需要消耗大量热量。

5.4.2.5 操作参数对炉缸热制度的影响

上下部调剂参数、设备状况等均会影响炉缸热制度。例如，风量的增减使料速发生变化，风量增加时料速增加，煤气停留时间缩短，直接还原增加，会造成炉温向凉；装料制度如批重和料线等对煤气分布、热交换和还原反应产生直接影响；冷却设备漏水、原燃料称量上的误差、装料设备故障等都能使炉缸热制度发生变化。为了保证炉缸温度充足，当遇到异常炉况时，必须及时而准确地调节焦炭负荷，如长时间的休风、低料线、喷吹燃料设备事故、改变铁种及雨天等情况，必须采用调轻负荷甚至补加净焦的方法来补偿热量。

5.4.2.6 渣系的影响

不同的渣系有不同的热焓水平，对炉缸热状态的影响也不同。对于那些 (Al_2O_3) 含量高、炉渣碱度不太高、渣中 MgO 含量较低的高炉，必须维持较高的铁水物理热与 [Si] 水平。表 5-13 列出了国外某特大型高炉的铁水 [Si] 与物理热的变化。

表 5-13 国外某特大型高炉的铁水 [Si] 与物理热的变化

项 目	2011 年	2012 年 1 月	2012 年 2 月	2012 年 3 月	2012 年 4 月	2012 年 5 月	2012 年 6 月	2012 年 7 月
RAFT/℃	2277	2301	2320	2326	2307	2312	2306	2306
铁水温度/℃	1528	1528	1526	1523	1524	1528	1527	1526
[Si]/%	0.62	0.59	0.58	0.53	0.51	0.52	0.54	0.59
[S]/%	0.026	0.026	0.031	0.028	0.027	0.020	0.028	0.030
(Al_2O_3)/%	16.0	16.0	15.7	15.7	15.7	15.9	16.4	15.5
(MgO)/%	4.7	5.3	5.4	5.9	5.2	4.1	4.7	4.8

炉缸热量充沛与合理分布的关键是保持中心热量充足，希望风口前燃烧区的温度足够高但又不宜太高，并尽量减小炉缸径向上的温度梯度。达到这种状态的炉缸，会使高炉抗干扰能力增强，当入炉料成分在有限范围内波动时，对铁水物理热、化学热的影响较小。改善炉缸整体活跃程度的措施有：增加风速和在布料上适当开放中心，如减轻中心负荷、采用少量中心加焦等，促使中心气流相对发展，使热量得以从高温燃烧带区传递到炉缸中间环带与中心区域。

5.5 造渣制度

5.5.1 高炉炉渣的主要来源

炉渣组分有以下来源：(1) 矿石中的脉石，SiO_2、Al_2O_3 等；(2) 燃料中的灰分组分，SiO_2、Al_2O_3 等；（3）熔剂中的碱性氧化物，CaO、MgO；（4）被侵蚀的炉衬，SiO_2、Al_2O_3 等。因此，炉渣的主要成分为常见的四元系 SiO_2、Al_2O_3、CaO、MgO，其他组分有 FeO、FeS 等。

5.5.2 炉渣的主要作用

（1）炉渣具有熔点低、比重小、不熔于铁的特点，便于渣铁分离，得到纯净的生铁；（2）脱除生铁中的硫，分配 Si、Mn 等元素在渣铁中的比例，起控制生铁成分的作用；（3）形成高炉内的软熔带和滴落带，影响煤气流分布及炉料的下降；（4）形成渣皮，起保护炉衬的作用。

5.5.3 选择造渣制度原则

（1）保证炉渣在一定温度下有较好的流动性及足够的脱硫能力；（2）保证炉渣具有良好的热稳定性和化学稳定性；（3）有利于炉况顺行和炉衬维护；（4）保证生铁成分合格稳定。

高炉炉渣性能对高炉冶炼有重大影响，只有造好渣才能炼好铁。不同的原燃料条件及生铁品种规格，需要选择不同的造渣制度。一般情况下，冶炼硅铁或铸造生铁可选较低的炉渣碱度，而冶炼炼钢生铁尤其是低硅炼钢生铁时，需要选择较高的炉渣碱度，炼锰铁则需要控制很高的炉渣碱度。冶炼生铁品种与炉渣碱度的关系见表 5-14。

表 5-14 生铁品种与炉渣碱度的关系

品 种	硅 铁	铸造生铁	炼钢生铁	低硅铁	锰 铁
CaO/SiO_2	0.6~0.9	0.95~1.1	1.05~1.2	1.1~1.25	1.2~1.5

5.5.4 炉渣熔化性对高炉冶炼的影响

选择渣系时究竟是难熔的炉渣有利还是易熔渣有利，需要根据不同的情况进行具体分析，通常考虑以下因素：

（1）对软熔带位置的影响。难熔炉渣开始软熔温度较高，从软熔到熔化的区间较小，使高炉内软熔带的位置低，软熔层薄，有利于高炉顺行。一般矿石软化温度波动在 900~1200℃ 之间，难熔炉渣在炉内温度不足的情况下可能黏度升高，影响料柱透气性，不利于顺行。易熔炉渣在高炉内软熔带位置较高，软熔层厚，料柱透气性差。初渣温度较高，软熔带融着层较窄，对煤气阻力较小。另一方面易熔炉渣流动性能好，有利于高炉顺行。

（2）对高炉炉缸温度的影响。难熔炉渣在熔化前吸收的热量多，进入炉缸时携带的热量多，有利于提升炉缸的温度。反之，易熔渣对提高炉缸温度不利。

（3）影响高炉内的热能消耗和热量损失。难熔渣要消耗更多的热量，炉渣排出炉外时带出的热量较多，热损失增加，使焦比增高。反之，易熔炉渣有利于焦比降低。

（4）对炉衬寿命的影响。当炉渣的熔化性温度高于高炉某处的炉墙温度时，在此炉墙处炉渣容易凝结而形成渣皮，可对炉衬起到保护作用。易熔炉渣的熔化性温度低，在此处炉墙不能形成保护炉衬的渣皮，相反由于其流动性过大还会冲刷炉衬。图 5-4 所示为 CaO-SiO_2-Al_2O_3 三元渣系的等熔化性温度图。

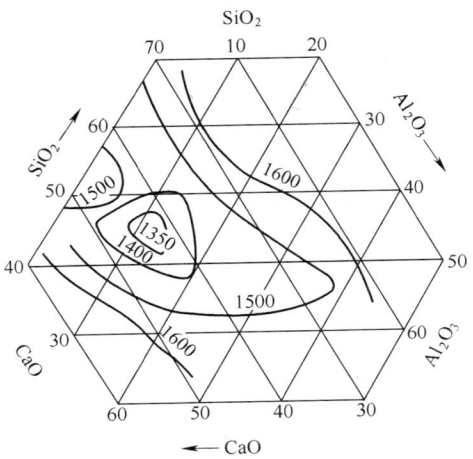

5.5.5 炉渣黏度对高炉冶炼的影响

（1）黏度过大的初成渣能堵塞炉料间的空隙，使料柱透气性变坏，从而增加煤气通过时的阻力。这种

图 5-4 CaO-SiO_2-Al_2O_3 渣系的等熔化性温度图

炉渣也易在高炉炉腹处的炉墙上结厚或结瘤，会引起炉料下降不顺，形成崩料和悬料等。

（2）过于黏稠的炉渣（终渣）容易堵塞炉缸，不易从炉缸中自由流出，使炉缸壁结厚，缩小炉缸容积，造成操作上的困难。有时还会引起渣口和风口大量烧坏。

（3）炉渣的脱硫能力与其流动性也有一定关系。炉渣流动性好，有利于脱硫反应时的扩散作用，即提高炉渣的脱硫能力。

（4）影响炉前放渣操作。黏度过高的炉渣易发生黏沟、渣口凝渣等现象，造成放渣困难。

（5）CaF_2 和 FeO 含量较高的炉渣，因其流动性过好，反而对炉缸和炉腹的砖墙产生机械冲刷和化学侵蚀作用。生产中应调整终渣化学成分，达到适当的流动性。一般要求炉渣在 1500℃时的黏度应小于 $0.2Pa \cdot s$。图 5-5 所示为 Al_2O_3 含量为 15% 的四元渣系等黏度图。

5.5.6 炉渣的稳定性

炉渣稳定性是指炉渣的化学成分或外界温度波动时，对炉渣物理性能影响的程度。若炉渣的化学成分波动后对炉渣物理性能影响不大，此渣具有良好的化学稳定性。同理，如外界温度波动对其炉渣物理性能影响不大，称此渣具有良好的

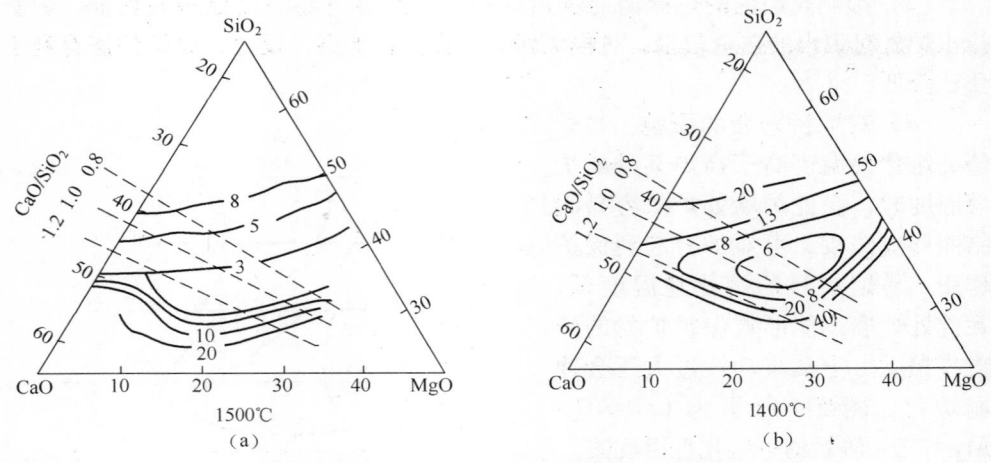

图 5-5   Al₂O₃ 含量为 15% 的四元渣系等黏度图

热稳定性。生产过程中由于原料条件和操作制度常有波动，以及设备故障等都会使炉渣化学成分或炉内温度波动，炉渣应具有更好的稳定性。判断炉渣稳定性方法：（1）观察黏度—温度曲线的形状，短渣转折点急，热稳定性差；长渣曲线圆滑，其热稳定性好；（2）看熔化性温度与炉缸实际温度之间的差值，若炉渣熔化性温度低于正常生产时的炉缸温度较多，当炉内温度波动时，它仍具有很好的流动性，即使该渣属短渣，也可认为它具有较好的稳定性。若炉渣熔化性温度略高于炉缸温度，经不起炉缸温度的波动，它虽属长渣，也认为是不稳定炉渣。

判断炉渣化学稳定性的依据是炉渣的等熔化性温度图（图 5-4）和等黏度图（图 5-5），如炉渣成分位于图中等熔化性温度线或等黏度线密集的区域内，当化学成分略有波动时，则熔化性温度或黏度波动很大，说明化学稳定性差；位于等熔化性温度线或等黏度线稀疏区域的炉渣，其化学稳定性就高些。通常在炉渣碱度等于 1.1~1.2 区域内，炉渣的熔化性温度和黏度都比较低，可认为该渣系稳定性好，是适于高炉冶炼的炉渣。碱度小于 0.9 的炉渣其稳定性虽好，但由于脱硫效果不好，故生产中不常采用。当渣中含有适量的 MgO（5%~12%）和 Al₂O₃（<15%），有助于提高炉渣的稳定性。

高炉要实现强化低耗高效冶炼，必须选择稳定性高的渣系。

5.5.7   渣系组分对炉渣性能的影响

5.5.7.1   碱度的影响

炉渣主要由碱性氧化物和酸性氧化物组成，二元碱度最能反映炉渣成分的变化和炉渣性质的差异，因此对高炉冶炼效果有直接影响。炉渣黏度和熔化性温度随碱度提高而增大。随着碱性氧化物数量的增加，熔点升高，使一定温度下渣的过热度减小而使黏度增高，另外过多的碱性氧化物以质点悬浮在炉渣中使黏度增高。在生产中如遇这些情况，加入少量 CaF_2 可明显降低炉渣黏度，改善炉渣的流动性。相同温度下，碱度较低的炉渣稳定性较好，因此，当高炉炉况不顺或炉温波动较大时，宜使用较低碱度炉渣（$CaO/SiO_2 = 0.8 \sim 1.2$ 之间时炉渣黏度最低）。但碱度也不宜过低，否则将影响炉渣的脱硫能力。

显然，碱度高的炉渣熔点高而且流动性差。但为了获得低硅生铁，在原燃料质量好且稳定、料柱透气性好的条件下，可以适当提高炉渣碱度，但要有充足的物理热来保证，如武钢 8 号高炉生产低硅铁时，铁水温度要求在 1500℃ 以上。

5.5.7.2 MgO 含量的影响

MgO 含量对炉渣黏度的增加起缓解作用。当 Al_2O_3 含量较高时，MgO 的作用尤为明显[10]。MgO 的质量分数低于 11% 左右时，随 MgO 质量分数的提高，炉渣的黏度降低，炉渣的熔化性温度也降低；在一定范围内随着 MgO 含量的增加，黏度下降。MgO 可明显改善炉渣的稳定性，根据炉渣中 Al_2O_3 含量的不同，炉渣中 MgO 含量在 6%~11% 比较合适。但是韩国浦项特大型高炉在维持高铁水温度（1520~1530℃）和较高 Al_2O_3 含量（15%~16.5%）的情况下，采用低 MgO 含量（4%~6%）炉渣操作，也取得了长期稳定生产的效果（见表 5-13）。

5.5.7.3 Al_2O_3 含量的影响

在相同的炉渣温度下，随着炉渣中 Al_2O_3 含量的提高（低于 15% 时），铁水的含硫量略有增加，炉渣的脱硫能力有所下降。但当炉渣中 Al_2O_3 的质量分数超过 15% 时，Al_2O_3 含量的增加导致炉渣黏度和熔化性温度明显上升，引起炉渣的流动性变差，炉渣脱硫的动力学条件变坏，炉渣脱硫能力降低。显然，Al_2O_3 对炉渣的流动性能和脱硫能力都有害。另外，当 Al_2O_3 含量升高时，炉渣软熔区间会增大，还使初渣带的透气性变差。

$CaO/SiO_2 = 1$ 和 MgO 含量不变时，随 Al_2O_3 含量的增加黏度增加。含量适当的 Al_2O_3 可改善炉渣的稳定性。

5.5.7.4 FeO 含量的影响

FeO 能显著降低炉渣黏度。FeO 过高，会造成初渣和中间渣的不稳定性。

5.5.7.5 MnO 含量的影响

MnO 能显著降低炉渣的熔化性温度和黏度，改善炉渣的流动性。炉渣中加入 2%~3% 的 MnO，就可显著降低炉渣的黏度。

5.5.7.6 CaS 含量的影响

CaS 在渣中小于 7% 时能降低炉渣的黏度。在碱性渣中增加 CaS 数量，可降低炉渣黏度。在酸性渣中增加 CaS 数量，会提高炉渣黏度。

5.5.7.7 CaF_2 含量的影响

CaF_2 可显著降低炉渣的熔化温度和黏度，对炉渣有强烈的稀释作用。

5.5.7.8　TiO_2含量的影响

碱度一定时，炉渣的熔化性温度随 TiO_2 含量的增加而升高，黏度随 TiO_2 的增加而降低。

5.5.8　炉渣的脱硫能力

（1）炉渣化学成分的影响：提高炉渣碱度，脱硫能力提高，但不是越高越好，否则影响炉渣流动性；MgO 脱硫能力不及 CaO；Al_2O_3 的增加不利于脱硫；FeO 对脱硫很不利。

（2）渣铁温度的影响：提高铁水温度对脱硫反应有利。

（3）炉渣黏度的影响：炉渣黏度低，有利于脱硫。

（4）有利于脱硫的炉渣条件：适当高的碱度、适当高的温度、适当的渣量、流动性好或黏度低、（FeO）含量低、操作稳定。

不同原燃料条件，应选择不同的造渣制度。在渣中 Al_2O_3 一定时，渣中适宜 MgO 含量与碱度有关。二元碱度越高，则适宜的 MgO 应越低。若 Al_2O_3 含量在17%以上，碱度过高时，将过度增加炉渣的黏度，导致炉况顺行破坏。适当提高 MgO 含量，降低碱度，可获得稳定性好的炉渣。

5.5.9　合理渣系实例

一般情况下，高炉渣成分的合理范围为：SiO_2 30%~40%，CaO 35%~50%，Al_2O_3 10%~20%，MgO 5%~10%，FeO<1%，MnO 0.5%~1%。

国内部分高炉近年来的炉渣成分见表 5-15。

表 5-15　国内部分高炉近年来的炉渣成分

年份	项目	A	B	C	D	E	F	G	H	I	J	K	L	M	N	O
	炉容/m^3	4966	4706	4850	4747	4117	4000	4000	5800	4350	4000	5500	5500	4038	4038	4747
	SiO_2/%	33.70	34.10	34.00	33.90	31.55	34.22	33.89	33.40	36.04	34.40	31.21	31.03	32.56	32.47	34.99
	CaO/%	41.50	41.50	42.00	41.60	36.21	37.81	37.90	39.24	42.18	40.37	37.33	37.68	39.77	39.89	39.81
	Al_2O_3/%	15.10	15.10	15.00	15.20	15.48	15.94	16.02	14.34	12.48	12.89	15.46	14.75	13.28	13.39	12.41
	MgO/%	7.05	6.87	6.93	6.96	9.17	9.08	9.05	9.04	5.94	7.70	7.78	8.39	9.05	9.05	7.69
2011	MnO/%	—	—	—	—	0.24	0.38	0.39	0.26	0.21		0.75	0.45			
	S/%					1.02	0.94	0.96	0.90	0.97	1.08	1.08	0.98	0.82	0.83	1.14
	TiO_2/%						1.08	1.05	0.91			0.65	0.58	0.64		
	FeO/%					0.26	0.67	0.63	0.37	0.35		0.30	0.55	0.51	0.59	0.53
	R_2	1.23	1.22	1.24	1.23	1.15	1.11	1.12	1.17	1.17	1.17	1.20	1.21	1.22	1.23	1.14

年份	项目	A	B	C	D	E	F	G	H	I	J	K	L	M	N	O
	炉容/m³	4966	4706	4850	4747	4117	4000	4000	5800	4350	4000	5500	5500	4038	4038	4747
2012	SiO₂/%	33.60	33.60	33.80	33.50	34.26	34.12	33.97	33.90	36.35	34.22	31.91	31.96	32.42	32.24	34.11
	CaO/%	41.10	41.20	41.90	41.70	39.24	38.41	38.39	39.96	42.30	40.21	39.30	39.24	40.61	40.70	38.87
	Al₂O₃/%	15.00	15.00	14.80	14.80	15.15	15.80	15.79	15.12	11.23	12.77	14.77	14.65	12.25	12.13	12.16
	MgO/%	7.07	7.08	6.99	7.31	8.30	9.07	9.03	8.35	6.06	7.68	7.03	7.00	8.84	8.83	7.93
	MnO/%	—	—	—	—	0.29	0.28	0.28	0.27	0.16	—	0.40	0.40	—	—	—
	S/%	—	—	—	—	0.99	1.07	1.06	0.82	1.01	1.25	0.64	0.62	0.86	0.77	—
	TiO₂/%	—	—	—	—	—	1.18	1.18	0.95	—	1.10	0.57	0.69	—	—	—
	FeO/%	—	—	—	—	0.26	0.51	0.47	0.38	0.33	0.31	0.52	0.53	0.47	0.49	—
	R₂	1.22	1.23	1.24	1.24	1.15	1.13	1.13	1.18	1.17	1.17	1.23	1.23	1.25	1.26	1.14
	R₃	—	—	—	—	1.39	1.40	1.64	1.33	—	1.40	1.45	1.45	1.53	1.54	1.02
2013	SiO₂/%	33.20	33.40	33.80	33.50	34.67	33.83	33.80	33.85	36.03	33.72	32.66	32.57	32.86	32.78	30.96
	CaO/%	41.20	41.30	41.20	41.60	39.88	38.76	38.70	37.97	42.93	39.43	38.12	37.69	40.91	41.06	36.56
	Al₂O₃/%	14.90	15.00	14.80	14.60	14.11	15.36	15.38	14.80	11.16	13.39	14.01	13.91	13.09	13.19	11.73
	MgO/%	7.26	7.26	7.11	7.35	7.66	8.81	8.77	8.31	6.27	7.62	7.99	8.01	7.87	7.93	7.53
	MnO/%					0.280	0.268	0.274	0.279	0.119						
	S/%					0.950	1.057	1.045	0.887	1.030	1.126	0.827	0.877	0.966	0.958	0.609
	FeO/%					0.250	0.540	0.523	0.427	0.376	0.552	0.732	0.697	0.643	0.669	
	R₂	1.24	1.23	1.22	1.24	1.15	1.15	1.15	1.18	1.19	1.17	1.17	1.16	1.25	1.25	1.18

5.6 维持合理的高炉操作炉型

高炉炉型分为设计炉型和操作炉型，高炉炉型对高炉生产的稳定顺行有决定性影响。设计炉型是高炉最初的炉型，也就是高炉送风前的炉型；操作炉型则是开炉点火后随着炉衬的侵蚀逐步形成的高炉内型。因为原燃料和高炉内煤气流总有波动，从而影响炉型，故操作炉型总处在动态的变化过程中，只能维持一种相对稳定的状态。合理操作炉型是高炉顺行、煤气流合理分布的基础，是高炉稳定、高产、低耗、长寿的前提。不合理的操作炉型会导致高炉内煤气流失衡，引起风压不稳、下料不均匀、料面偏差大，产生管道、滑料、崩料、甚至出现悬料，破坏高炉正常生产。操作炉型不合理的主要表现是炉墙出现不均匀黏结、结厚。在处理炉墙结厚的过程中，需要根据严重程度采取调轻负荷、全焦冶炼、集中加净焦等调剂措施，以保持一定的透气性，进行炉墙清理。在洗炉过程中，渣皮脱落损坏风口、造成高炉大凉甚至炉缸冻结都有可能，高炉既损失了产量，也额外烧掉了宝贵的焦炭。因此，控制合理操作炉型对高炉稳定顺行非常关键。合理操作炉型是高炉高效化冶炼的基础与必要条件。

如果高炉煤气流在径向与周向的分布是合理的，那么高炉炉型必定是正常的。高炉顺行、煤气流分布合理是合理操作炉型的保障。高炉顺行状况不好，则高炉操作炉型也会存在问题。

高炉炉型的影响因素较多，包括原燃料条件、高炉冷却状况、操作参数变化、渣铁排放、高炉死焦柱的行为、高炉强化程度等，下面分别分析其影响。

5.6.1　入炉原燃料条件的影响

入炉原燃料质量好且稳定，高炉内煤气流合理分布，炉型也会合理。当入炉原燃料质量发生较大改变时，如焦炭质量变差、入炉矿粉末增加时，高炉透气性会变差，这时要么减风降压，控制压差，要么调节布料，适当开放边缘与中心。如果不进行相应调整，就可能出现煤气失衡，形成管道、滑料或悬料。有时甚至出现高炉中上部黏结、结厚。形成炉型不规整，新黏结的渣皮又易脱落，导致高炉气流难以稳定，炉型也不可能稳定合理。

5.6.2　高炉冷却状况的影响

近几年建成或在建的大型高炉，大多采用软水（纯水）密闭循环冷却系统。该系统的优点是，冷却效率高、水量消耗少、水处理费用低，冷却水流管道中以及冷却元件内很难产生腐蚀、结垢与氧化现象。其缺点是，除宝钢外其他绝大多数高炉均采用直进直出模式，炉体中段的水量、水温不便调节。这就可能导致铜冷却壁区域的冷却强度偏大，此区气流的少许波动就容易出现渣皮不稳现象。通常控制软水在水管内的流速在 $1.6\sim2.0\mathrm{m/s}$，冷却壁系统的水温差在 $3\sim6℃$。宝钢高炉设计成纵向分区冷却，高炉炉型调节手段相应增加，气流分布更合理，高炉操作炉型多了一种控制手段。在高炉中下部出现黏结时，可以减少相应区域的水量及进水温度，尽快消除结厚，保持高炉炉型不会发生大的变化。

冷却制度要根据生产条件和气流分布加以调节：冶炼强度大，产生的热量多，冷却强度要相应地加大；反之，冷却强度要相应地减小；边缘气流强，热流强度较大，冷却强度相应地要增强；反之，冷却强度相应地要减弱。

5.6.3　高炉操作参数变化的影响

5.6.3.1　送风制度（下部调剂）的影响

（1）下部调剂控制合适的循环区大小及合适的理论燃烧温度，以便实现合理的初始煤气流分布，是合理的操作炉型的前提。（2）回旋区深度足够长时，中心气流充沛，初始煤气流面整个风口截面上趋于均匀，炉缸活跃，有利于下部炉型稳定。（3）回旋区深度不足时，边缘初始气流过旺，炉缸环流增加，炉缸砖衬侵蚀加快；软熔带根部位置抬高，炉腹、炉腰热负荷相对较高，下部边缘较发展，渣皮较难稳定，炉型较难稳定。（4）风口尺寸的大小及布局，影响初始煤气流在圆周方向上分布的均匀性，继而影响高炉周向上的初始气流与温度分布，影响炉型的均匀性。因此，风口布局要尽量对称与稳定。（5）理论燃烧温度（RAFT）影响炉腹煤气体积及高炉纵向上的温度分布，影响到操作炉型的稳定。RAFT 应控制在合适水平（2000～2350℃）。

5.6.3.2　装料制度（上部调剂）的影响

无钟炉顶一般采用多环布料。当今流行两大类布料模式，一为中心加焦型，一为平台加漏斗型布料。

世界上很多高炉采用中心加焦布料，尤其是入炉原燃料较差或不够稳定的一些高炉，如武钢等。中心加焦一般形成倒 V 型软熔带，其根部位置低，边缘气流相对较弱，炉型相对较稳定。平台加漏斗型布料，要求入炉原燃料质量与稳定性好。该种布料模式的关键，取决于所形成平台的状况，例如，平台窄，漏斗深，则料面不稳定；平台宽，漏斗浅，则中心气流受抑制。可通过平台宽窄调整滚到中心区的焦炭与矿石量，特大型高炉通常维持 2m 左右的焦炭平台、1.5～2m 矿石平台以及 2m 左右深度的布料漏斗。采用这种布料模式一般会在炉内形成边缘稍上翘的 W 型软熔带。此种气流分布的煤气利用好，燃料比低，高炉稳定顺行，但边缘较难稳定，外围波动时渣皮时有脱落，炉型随之受到影响。

调整布料可保持边缘气流和中心气流的合理分布。如果中心气流不畅，边缘气流很难均匀，会导致炉墙局部黏结、炉型不均、边缘出现管道气流，煤气利用率也会随之波动。最终出现下料不均匀、滑料、崩料、悬料等失常炉况。

5.6.4　渣铁排放的影响

炉前出尽渣铁，可保持下部气流合理分布，有利于保持高炉下部区域炉型稳定。反之，如果炉缸渣铁不能及时排出，液面上升，活区的焦炭被压缩，煤气流通道减少，高炉下部压差陡升，边缘气流增加、中心减弱，易引起边缘渣皮不稳、脱落，造成操作炉型变差。

5.6.5　高炉死焦柱行为的影响

高炉死焦柱的透气性与透液性影响高炉回旋区的大小，进而影响高炉下部煤气流的初始分布。如果死焦柱过大，煤气流只能在较窄的区域内运动，形成较强的边缘气流，易导致边缘出现管道，甚至形成边缘翻料，处理时间长则可能出现高炉下部黏结与结厚，使炉型受到破坏。反之，如果死焦柱的体积合适，透气性与透液性良好，则初始煤气分布合理，炉型规则，高炉稳顺。

5.6.6　高炉强化程度的影响

冶炼强度高时，高炉下料快，炉缸活跃，炉型稳定。由于某种原因需要降低冶炼强度时，高炉要减氧、减风。如不及时调整其他操作参数，高炉煤气流分布会改变，炉型随之不均匀。此时，适当缩小风口面积，上部采取较为发展边缘的装料制度，同时要相应缩小批重与焦炭负荷。大喷煤时，炉腹煤气量较大，边缘气流会出现局部过强或整体过强，破坏气流分布，破坏炉型。反之，当喷煤量大幅度减少时，炉腹煤气量剧减，边缘气流变弱。容易导致炉墙渣皮脱落。

上面分析了影响高炉操作炉型的各种因素，下面探讨高炉操作炉型的监控措施。

合理操作炉型的本质是高炉纵向和圆周方向的温度场分布情况，因此控制合理操作炉型的措施是监控炉体冷却参数，使炉体温度分布保持在一个合理范围。以下以武钢 8 号高炉的炉型管理实例说明。

武钢 8 号高炉的炉型管理的要点如下：

（1）软水系统进水温度控制在 44～45℃，水量 5400～5800m³/h。每天密切注意进水温度，严格控制在规定范围内。

（2）控制炉墙温度，以判断炉墙渣皮的稳定和炉型变化情况，并据此在操作上选择炉况调剂方向。一般情况下，炉墙温度控制在 48～150℃ 范围内。如炉墙温度低于 48℃，则表明边缘气流变弱或黏结现象；如高于 150℃，则表明边缘气流过分发展；如局部温度大于 200℃，则表明渣皮脱落。8 号高炉 2012 年下半年到 2013 年上半年一年的各段冷却壁温度变化情况见表 5-16。

表 5-16   武钢 8 号高炉 2012～2013 年期间冷却壁温度变化情况   （℃）

时 期	2 段	3 段	4 段	5 段	6 段	7 段	8 段	9 段	10 段	11 段	12 段	14 段
2012 年 7 月	45.4	45.4	54.3	49.5	49.8	51.6	50.9	51.5	78.8	81.5	143.1	80.2
2012 年 8 月	45.7	45.8	55.3	48.7	50.9	52.0	52.7	52.8	77.3	77.5	130.7	94.3
2012 年 9 月	45.1	45.1	53.7	49.0	52.7	55.6	55.6	54.4	83.9	79.4	120.4	67.5
2012 年 10 月	45.1	44.9	53.2	48.9	50.9	51.4	56.7	57.8	98.5	89.4	135.8	74.8
2012 年 11 月	43.3	42.9	53.0	48.0	50.5	51.8	56.5	57.1	95.5	87.4	129.7	64.5
2012 年 12 月	43.4	43.7	52.3	48.1	52.5	55.6	59.3	57.5	94.9	82.5	111.2	57.2
2013 年 1 月	43.4	43.4	52.5	48.9	52.4	56.7	59.1	56.3	93.3	83.8	119.7	61.0
2013 年 2 月	43.7	43.9	53.1	49.4	51.2	54.2	58.8	58.5	110.2	95.4	143.1	73.5
2013 年 3 月	44.3	44.4	52.7	49.3	52.2	56.3	60.9	60.0	116.2	98.4	154.6	81.2
2013 年 4 月	44.7	44.9	54.0	49.0	52.5	56.1	60.1	57.5	99.6	87.9	132.8	76.1
2013 年 5 月	45.3	45.3	54.0	49.1	53.1	53.9	57.9	57.4	102.8	92.5	146.0	85.1
2013 年 6 月	45.5	45.4	53.9	48.9	51.0	53.2	58.6	57.3	101.8	90.8	140.6	75.5

（3）关注补水曲线，随时关注补水曲线的变化。如发现补水曲线变快，立即联系相关人员查明原因，如因冷却设备损坏向炉内漏水，立即采取相应措施，

避免炉型发生大的变化。

　　（4）注意水温差与下部热负荷变化。8号高炉采用大风量、高风速的操作模式，使风口回旋区扩大，气流主要向中心发展，造成边缘气流不足。由于这一时期原燃料条件趋于变差，加上5~9段铜冷却壁的冷却强度大，造成冷却壁系统水温差从4℃左右下滑到低于2℃，频繁出现炉身黏结现象。严重时高炉风量萎缩，不时出现管道、悬料。通过及时采取放开边缘等调整措施，高炉水温差迅速止跌回升，炉况也很快恢复正常。表5-17示出了8号高炉上述期间的水温差及下部热负荷变化情况。

表5-17　武钢8号高炉2012~2013年期间水温差及下部热负荷变化情况

时　期	进水温度/℃	冷却壁水温差/℃	炉缸水温差/℃	炉底水温差/℃	炉缸热负荷/GJ·h⁻¹
2012 年 7 月	44.3	3.3	0.30	0.37	6.63
2012 年 8 月	44.2	4.2	0.31	0.36	6.86
2012 年 9 月	43.8	4.6	0.31	0.37	6.88
2012 年 10 月	43.9	5.1	0.32	0.38	7.15
2012 年 11 月	43.7	4.9	0.32	0.38	7.09
2012 年 12 月	44.0	5.1	0.33	0.37	7.39
2013 年 1 月	44.0	5.3	0.32	0.39	7.10
2013 年 2 月	44.2	5.6	0.33	0.39	7.45
2013 年 3 月	44.1	5.9	0.33	0.36	7.45
2013 年 4 月	44.0	5.4	0.34	0.37	7.57
2013 年 5 月	44.0	5.4	0.34	0.38	7.67
2013 年 6 月	44.0	5.2	0.33	0.38	7.44

　　通过对冷却壁温度、冷却壁系统水温差等的监控管理，在原燃料质量趋于变差的条件下，8号高炉维持了合理的操作炉型，保证了高炉的长期稳定顺行。

5.7　炉前操作与管理

　　高炉要维持稳定生产，就必须及时排出炉内产生的渣铁。目前国内大型高炉几乎全部采用了无渣口、多铁口的设计，渣铁全部通过铁口通道、主沟、渣铁沟等排到炉外，因此炉前操作的主要任务就是及时安全打开、封堵并维护好铁口。另外从安全生产角度，应同时兼顾维护风口平台，更换风口、风管等作业。

5.7.1　炉前操作的任务

　　（1）利用开口机、泥炮等专用设备和各种工具，按规定的时间打开铁口，排出渣铁，并经渣铁沟分别流入渣处理器与铁水罐内，渣铁出完后封堵铁口，以保证高炉生产的连续进行。

（2）完成渣口、铁口和各种炉前专用设备的维护工作。

（3）制作和修补铁口泥套、撇渣器、出铁主沟及渣沟铁沟。

（4）更换风口、渣口等冷却设备，清理渣铁运输线等与排渣出铁相关的工作。

5.7.2　炉前主要设备

炉前主要设备有液压泥炮、液压开口机、环保水渣处理设施、液压移盖机和电动摆动流嘴等。随着高炉容积扩大，泥炮的推力及其体积也随之增加，堵铁口用的炮泥和开口机也发生了重大变化。炮泥由有水炮泥向无水炮泥发展。开口机由电动型开口机、气动开口机向液压开口机转变，开口机的结构由无轨形式向吊挂有轨形式再向转臂形式发展，设备的控制则由手动控制向遥控、自动化方向提升。

5.7.2.1　开口机

大中型高炉所用的开口机是全液压、一次钻透的重型开铁口机，采用液压模式机构驱动，具有回转、跟进、钻削（冲击+旋转）、吹扫、水雾化及润滑等功能，部分结构具有倾动功能。它同时可具备自动控制（通过 PLC）以及检测和记录铁口深度、钻削程度、力矩以及其他一些参数的功能。按照结构形式划分，开口机有柱臂式、壁挂式两大类。

柱臂式开口机分为以下三种：

（1）斜立柱吊挂可动型开口机。主要使用厂家有涟钢、鄂钢，同类型开口机使用同厂家还有武钢。该型开口机采用斜立柱作支承，开口机大臂及机架通过回转油缸驱动转至工作位，当开口机前端的球头定位装置与固定在炉上的锚座定位后，开口机进行开铁口作业。作业完成后，回转油缸回收，开口机大臂及机架旋转至休息位。

（2）斜立柱吊挂固定型开口机。主要使用厂家有太钢 3 号高炉，同类型开口机使用厂家还有鞍钢。除吊挂机构固定外，该型开口机的其他部分与斜立柱吊挂可动型开口机类似。

（3）直立柱开口机。主要使用厂家有湘钢，同类型开口机使用厂家还有邯钢、天钢。该型开口机以直立柱作支承，采用倾动机构和挂钩形式。开口机大臂及机架通过回转油缸驱动转至工作位，倾动油缸动作，开口机机架上的挂钩挂在固定于炉上的锚座上，开口机进行开铁口作业；作业完成后，倾动油缸提升，挂钩与锚座脱离，回转油缸回收，开口机大臂及机架旋转至休息位。

壁挂式开口机分为以下两种：

（1）挂于框架柱上的壁挂式开口机。主要使用厂家有宝钢，同类型开口机使用厂家还有韶钢、马钢。开口机通过焊接钢结构托架（焊于高炉炉体框架柱上）安装于炉前。液压缸驱动的大角度回转机构使行走轨架和提升机构在一个平面内，由非工作位转至相应的工作位并挂钩自锁。

（2）挂于风口平台下部的壁挂式开口机。使用厂家为太钢 5 号高炉。开口机通过焊接钢结构托架（焊于高炉风口平台下部）安装于炉前。液压缸驱动的大角度回转机构使行走轨架和提升机构在一个平面内，由非工作位转至相应的工作位并挂钩自锁。

5.7.2.2 液压泥炮

国内特大型高炉常使用的液压泥炮有 DDS 型（宝钢等）和 PW 型（武钢等）。泥炮要求一次转炮到位，使炮头贴上铁口泥套打泥堵口。以宝钢 1 号高炉泥炮为例，列出其主要技术参数（表 5-18）[11]。

表 5-18　宝钢 1 号高炉 DDS 型泥炮主要技术参数

项 目	参 数
泥缸有效容积/m^3	0.31
活塞推力/kN	6177
泥炮对铁口压紧力/kN	621
回转时间/s	12~15
打泥压力/MPa	25

5.7.2.3 开口机和泥炮的合理布置

开口机与泥炮是炉前使用频率最高，对高炉生产影响最大的炉前关键设备。开口机与泥炮的布置形式有两种：一是同边布置，即开口机与泥炮位于铁沟的同侧；另一种为异边布置，即开口机与泥炮分别位于铁沟两侧。开口机与泥炮的异边布置，占用了炉前空间的两侧，会给炉前操作带来不便，但开口机及泥炮的维护、保养、更换比较方便；相反，开口机与泥炮的同边布置，使炉前一侧空间开阔，炉前操作方便，但同时给设备维护、保养、更换带来不便。对于采用了揭盖机的大中型高炉，开口机与泥炮只能采用同侧布置。

5.7.2.4 对炉前设备的要求

为了满足高炉炼铁工艺的需要，对炉前设备有以下要求：（1）充分满足生产工艺的要求。如按时、准确地打开出铁口，及时、可靠地封堵出铁口等。（2）高度的可靠性。任何一种炉前设备的工作不可靠，均可能引发重大生产事故及人身事故。（3）使用寿命长，易于维修，操作方便且容易实现自动化。炉前工作环境恶劣，高温、粉尘多，这些都对设备运行、维修不利。为此要求炉前设备使用寿命尽可能长，便于维修和更换等。（4）努力实现设备的通用化和标准化。

5.7.3 炉前操作平台

5.7.3.1 风口平台

在风口下方沿炉缸四周设置的高度距风口中心线 1150~1250mm 的工作平台，称为风口平台。要求风口平台宽敞平坦，留有一定的泄水坡度，便于设置环形吊车。观察风口、检查冷却设备以及进行更换风口、直吹管、下降管等工作，均在风口平台上进行。

5.7.3.2 出铁场平台

出铁场平台为环形或矩形，上空设有天棚，铺设有铁水主沟、撇渣器、铁水沟、渣沟等，设有各种出铁设备，还有排烟机和除尘装置：

（1）铁水主沟。这是从铁口泥套外至撇渣器的铁水沟，铁水和炉渣都经此流至撇渣器，一般坡度为 5%~10%。大型高炉一般采用储铁式主沟，沟内经常储存一定深度的铁水（450~600mm），使铁水流射落时不致直接冲击沟底。储铁式主沟的另一个优点是可避免大幅度急冷急热的破坏作用，延长主沟的寿命。垫沟料通常采用氧化铝—碳化硅—炭系列，制作主要采用浇注型工艺。主沟长度根据高炉容积、顶压等参数来决定，1000~1500m³、2000~2500m³、3000~4000m³、5000~6000m³ 高炉的主沟长度，分别为 10m、12m、14~16m、17~19m、21~24m。

（2）撇渣器。撇渣器又称砂口，它位于出铁主沟末端，是出铁过程中利用渣铁密度不同而使之分离的关键设备。大型高炉撇渣器与主沟成为一个整体。

（3）支铁沟。支铁沟又称弯沟，它是位于撇渣器后至铁水沟流嘴之间的铁水沟。

（4）储备仓库。炉前存储常用的炮泥、覆盖剂、焦粉、河沙等耐火材料和一些炉前作业的工具。

5.7.4 炉前操作参数

（1）出铁正点率。出铁正点是指按时打开铁口并在规定的时间内出净渣铁。不按正点出铁，影响铁罐正常调度，会使渣铁出不净，铁口难以维护，影响高炉顺行，还会影响炼钢生产。

（2）铁口合格率。铁口深度合格率是指铁口深度合格次数与实际出铁次数的比值。铁口过浅容易造成出铁事故，长期过浅甚至会导致炉缸烧穿，铁口过深则不容易开铁口，使出铁时间延长。

（3）铁量差。铁量差是两次出铁间所跑料批的理论铁量与实际出铁量的差值。为了保持最低的铁水液面的稳定，要求每次实际出铁量与理论计算出铁量差值（即铁量差）不大于 10%~15%，铁量差小表示出铁正常，有利于高炉的顺行和铁口的维护。

（4）全风堵口率。正常出铁堵铁口应在全风下进行，不应放风堵铁口。

（5）见渣系数。见渣系数是指出铁过程中的见渣时间与全程出铁时间之比。假设高炉某次出铁，从铁口打开出铁到堵口的时间为120min，铁口打开后20min开始来渣，则见渣系数为0.833。见渣系数越高，说明炉缸内渣铁界面距离铁口标高越近，炉内的液面标高越稳定。

（6）日出铁次数。高炉每天出铁次数，希望达到7~9次。

5.7.5 炉前出铁操作

5.7.5.1 出铁前检查，确保出铁作业安全

（1）清理好渣、铁沟，垒好砂坝和砂闸；（2）检查铁口泥套、撇渣器、渣铁流嘴是否完好，发现破损及时修补和烤干；（3）泥炮装好泥并顶紧打泥活塞，装泥时要注意不要把硬泥、太软的泥和冻泥装进泥缸内；（4）开口机、泥炮、摆动流嘴、渣处理等机械设备都要进行试运转，有故障应立即处理；（5）检查渣铁罐是否配好，检查渣铁罐内是否有水或潮湿杂物，有没有其他异常，发现问题及时联系处理；（6）渣沟、铁沟有无裂缝和浸水及堵塞状况，确认渣处理或干渣坑情况；（7）准备好出铁用的河沙、覆盖剂、焦粉等材料及有关的工具；（8）钻铁口前把撇渣器内铁水表面残渣凝盖打开，保证撇渣器大闸前后的铁流通畅，铁口周围有无漏水，如有漏水应采取措施并烘烤干；（9）检查出铁场除尘阀门的开闭情况等。

5.7.5.2 开铁口

（1）用开口机钻到赤热层（出现红点），然后用钢钎捅开铁口。赤热层有凝铁时，可用氧气烧开铁口。（2）用开口机将铁口钻漏，然后将开口机迅速退出。（3）采用双杆或换杆的开口机，用一杆钻到赤热层，另一杆将赤热层捅开。（4）埋置钢棒法。将出铁口堵上后20~30min拔炮，然后将开口机钻进铁口深度的2/3，此时将一个长5m左右的圆钢棒（直径小于钻杆3~8mm）打入铁口内，出铁时用开口机拔出。（5）某个铁口开口困难时将此铁口堵口，立即开另一个铁口，经过一定时间（30~50min）如仍未打开，就需要打开下一个铁口，该铁口仍应继续努力尽早打开。

出铁过程中要进行铁水测温、取铁样，监视铁罐受铁、INBA受渣等情况，以及铁口、主沟、砂口、渣铁沟等的工作情况。

5.7.5.3 堵铁口

堵铁口的条件是：（1）煤气开始从铁口喷出；（2）出铁出渣速度急剧升高；（3）出铁时间和该铁口上一次出铁经过时间相同；（4）该铁口出铁、出渣量和上次相同；（5）发生异常炉况；（6）实际出铁量超过计算的出铁出渣量等。

堵铁口前，要清除掉铁口前黏结的渣铁，并确认泥套是否良好，吹扫干净，确认泥炮装泥情况及打泥指针位置。

铁口见喷即可决定堵铁口。休风时最后一炉铁，切煤气后风压在40kPa以下出尽渣铁后再堵口。

5.7.5.4 出铁后检查

为确保下次安全出铁，出铁后必须进行以下检查：（1）确认泥套和炮头接触情况，是否有冒出泥等情况；（2）确认主沟内铁渣不再流出；（3）确认摆动流嘴内的残铁情况是否需要处理；（4）确认渣铁沟损坏情况；（5）确认渣处理是否工作正常；（6）确认出铁场除尘阀门的开闭状况；（7）检查开口机动作状况；（8）确认主沟保温情况等。

5.7.6 铁口维护

铁口维护的好坏关系到铁口工作稳定和高炉长寿。铁口是炉缸结构中最薄弱部位，出渣出铁是高炉的基本操作，高炉大型化后无渣口设置，高风温、富氧喷吹、高压操作等强化手段使生产率不断提高，更需要加强对铁口的维护。铁口维护要依据不同高炉的实际情况采取相应的措施。

5.7.6.1 保持适当的铁口深度与开口直径

生产中铁口深度是指从铁口保护板到红点（与液态渣铁接触的硬壳）间的长度。根据铁口的构造，正常的铁口深度应稍大于铁口区炉衬的厚度，超出炉墙内壁400~500mm。不同炉容的高炉，要求的铁口深度范围见表5-19。

表5-19 不同炉容的高炉所要求的铁口深度范围

容积/m³	1000~2000	2000~3000	3000~4000	4000~5500
铁口深度/m	2.0~2.5	2.5~2.8	2.8~3.3	3.3~3.8

维持正常足够的铁口深度，可促进高炉炉缸中心渣铁流动，抑制渣铁对炉底周围的环流侵蚀，起到保护炉缸、炉底的作用。同时由于深度较深，铁口通道沿程阻力增加，铁口前泥包稳定，开铁口时不易断裂。在高炉出铁口角度一定的条件下，铁口深度稳定，有利于出尽渣铁，促进炉况稳定顺行。

铁口通道直径同样与高炉容积有关，当炮泥质量能满足出铁要求时，铁口通道大小决定出铁速度，一般要求出铁速度控制在6~8t/min。不同容积的高炉，要求的铁口直径范围见表5-20。

表5-20 不同容积的高炉要求的铁口直径范围

容积/m³	2000	2500	3200	4000	5000	5800
铁口直径/m	43~47	48~52	52~55	58~62	67~70	72~76

5.7.6.2 固定适宜的铁口角度

铁口角度是指出铁时铁口孔道的中心线与水平面间的夹角。对液压旋转冲击式开口机而言，铁口角度由开口机导向梁的倾斜度来确定。大型高炉要求稳定铁口角度操作，一般固定在 3°~9°。对于厚炉衬的中小型高炉，铁口角度随高炉炉龄而变化，见表 5-21。

表 5-21 一代炉役中铁口角度变化参考值

炉龄/年	开炉	1~3	4~6	7~10	炉役末期
铁口角度/(°)	0~1	2~8	8~12	12~15	15~17

5.7.6.3 出尽渣铁并全风堵口

按操作规程开好铁口，出尽渣铁，并根据炉温、铁口深浅来确定开口参数，以保证渣铁在规定时间平稳顺畅出尽。只有渣铁出尽，铁口前才有焦炭柱存在，泥包才能稳定。全风堵铁口时，炉内具有一定的压力，打进的炮泥才能被硬壳挡住向四周延展，较均匀地分布在铁口内四周炉墙上，形成坚固的泥包，保证适宜的铁口深度。

5.7.6.4 稳定打泥量

为使炮泥克服炉内的阻力和铁口孔道的摩擦阻力，能全部顺利地进入铁口形成泥包，打泥量一定要适当而稳定。打泥量要根据炮泥质量、炉容、炉况等进行综合分析，一般情况下，中小型高炉的炮泥单耗为 0.6~1.0kg/t，大型高炉 0.3~0.6 kg/t。不能大幅度增减泥量，因为这会造成铁口深度的不稳定，如果过深铁口一次性减泥幅度太大会导致下次开铁口困难，不利于铁口的维护。

5.7.6.5 定期修补、制作泥套

在铁口框架内用泥套泥填实压紧的可容纳炮嘴的部分叫铁口泥套。只有在泥炮的炮嘴和泥套紧密吻合时，才能使炮泥在堵口时顺利地将泥打入铁口的孔道内。制作泥套的方法：（1）更换旧泥套时，应将旧泥套泥和残渣铁抠净，深度应大于 150~250mm；（2）填泥套泥时应充分捣实，再用炮头准确地压出 30~50mm 的深窝；（3）退炮后挖出直径小于炮头内径，深 150mm，与铁口角度基本一致的深窝；（4）用煤气火烤干泥套。

5.7.6.6 严禁潮铁口出铁

潮铁口出铁时炮泥中的残余的水分和焦油剧烈蒸发，产生巨大的压力，使铁口泥包产生裂缝及脱落，同时还发生大喷，铁口孔道迅速扩大，容易发生跑大流，影响铁口深度的稳定。因此，按正常堵口打入泥量的铁口，再次开口必须保证炮泥烧结时间大于 45min。

5.7.6.7 炮泥质量应满足生产要求

要求炮泥具有良好的塑性及耐高温渣铁熔蚀的性能，炮泥制备应严格按标准

执行。原料配备比准确、混合均匀、混料 10min 加油后混碾 30 min 以上，温度控制在 55~60℃。炮泥产品采用塑料袋进行包装，炮泥混碾后必须存放 24h 以上方能使用。对炮泥的具体要求如下：（1）炮泥应具有良好的塑性，易于被顺利打入铁口。炮泥的塑性应根据炉前泥炮的最大打泥压力进行调节。一般而言，炮泥塑性应调节到使用泥炮最大打泥压力的 80%~90%，使炮泥能顺利打入铁口。（2）炮泥应具有快速烧结性，减少泥炮的"压炮"时间。优质炮泥中由于配入了超微粉，具有良好的快速烧结性能。（3）易开口。开口的难易主要由炮泥的特性决定。优质炮泥加入有利于开口的添加剂，可以获得较好的开口性能。（4）铁口深度稳定，形成稳定泥包。（5）炮泥应有优异的耐渣铁侵蚀性，长时间出铁也能有效地保持良好的铁口形状，扩孔缓慢，延长出铁时间。如果开始出铁后还未来渣，铁口就扩得很快，表明炮泥的抗铁水侵蚀能力不够。如出现开始出铁正常，而一见渣立即扩孔加快，则表明炮泥的抗渣性能差。（6）大型高炉宜采用多铁口（如 3 铁口）轮流出铁，使铁口的出铁时间间隔较长，利于铁口维护。

5.7.7　铁口异常状况的处理

维护铁口就是在堵铁口时向铁口内填充足量的炮泥，用以修补由于铁口区域大量渣铁物理冲刷及化学侵蚀而损坏的泥包或炉墙。如果填充铁口的泥量不足或者过量，都会造成以下不良后果：铁口达不到适宜标准深度，过浅、过深、渗漏、断裂以及喷溅等异常状况。铁口深度不稳定易诱发事故。

5.7.7.1　铁口过浅

铁口过浅有以下危害：（1）无固定的泥包保护炉墙，在渣铁的冲刷侵蚀作用下，炉墙变薄，使铁口难以维护，容易造成铁水穿透残余的砖衬而烧坏冷却壁，甚至发生铁口爆炸或炉缸烧穿等重大恶性事故。（2）容易发生"跑大流"和"跑焦炭"事故，高炉被迫减风出铁，造成煤气流分布失常、崩料、悬料和炉温的波动。（3）渣铁出不尽，使炉缸内积存过多的渣铁，恶化炉缸料柱的透气性，影响炉况的顺行。（4）在退炮时还容易发生铁水冲开堵泥流出，造成泥炮倒灌，烧坏炮头，甚至发生渣铁漫到铁道上，烧坏铁道的事故。有时铁水也会自动从铁口流出，造成漫铁的事故。

铁口过浅时的处理方法有：（1）用小钻头开铁口，目的是增加堵口时的阻力，适当降低泥炮吐泥速度，有利于铁口形成泥包，易涨铁口。因为一般浅铁口的区域都比较活跃，如泥炮吐泥速度过快，炮泥就会很快地进入熔池中，而被漂浮走，难以形成泥包。反之，如果吐泥太慢，会造成铁口打泥困难，也不利于形成泥包。（2）增加出铁次数，采用最大的打泥量。通过增加出铁次数，用最大的打泥量将侵蚀的泥包尽快地填补并扩大，起到涨铁口的作用。（3）休风时采用最大的打泥量。因为休风时渣铁已出尽，渣铁液面下降，炉内阻力变小，打进的炮泥不会漂浮，会堆积在铁口周围形成泥包，达到涨铁口的目的。（4）改进炮泥质量，因为良好性能的炮泥能增强对渣铁的抗侵蚀。

5.7.7.2　铁口过深

铁口过深有以下危害：（1）铁口过深会导致铁口打开后来下渣困难。（2）铁口过深时，外凸的铁口泥包容易受到渣铁液及焦炭的上下浮动作用，导致铁口漏及断裂，造成开铁口困难。（3）铁口过深易造成铁口喷溅。因为一般情况下，当铁口深度大于正常深度1.2倍时已基本进入炉缸死料柱，死料柱内的焦炭比较密实，透液性差，渣铁相对流动受阻，进入铁口孔道的速度比较慢，使铁口孔道内不能形成完整的铁流。此时料柱中的煤气会进入铁口孔道，造成铁口喷溅。（4）铁口过深易卡焦炭，增加捅铁棒和烧氧气的概率，加剧了铁口孔道及铁口泥包的机械损伤。

铁口过深的处理方法：为出尽渣铁必须按要求及时见下渣，为此有必要提前打开下一个铁口出铁。即上次铁堵口前的10~20min打开深铁口，以确保及时见下渣。宜选用直径较大的钻头及中途更换钻头。铁口过深时，打泥量需要相应减少，但每次的减泥量幅度不宜过大。

5.7.7.3　铁口难开

铁口难开的处理误区：如果开铁口时间大于30min，可称为开口困难。铁口难开现象大多发生在超深铁口的情况下，因为超深铁口的中间易产生裂纹而发生漏铁。遇到铁口难开时，有些高炉的处理方式是不断地捅铁棒及烧氧气，甚至采取闷炮的操作方式。这种操作方式不可取，因为捅铁棒会将漏点越捅越大，将泥包顶掉；烧氧气易将漏点处烧成鸡窝状或烧偏铁口孔道，甚至烧坏铁口区冷却器；闷炮顶断铁口通道而容易形成出铁跑大流。以上操作方式都会使铁口快速变浅，加剧铁口区域耐火材料的侵蚀，对铁口的危害很大。

铁口难开的正确处理方法：首先需要确认，铁口孔道是中间有裂缝造成漏铁，还是铁口末端红热的硬壳未钻开造成漏铁。如果是铁口中间有裂缝造成漏铁，应采取堵口重新再开，严禁烧氧气和捅铁棒。操作顺序是：首先让漏出的铁流小流一会，同时去打开另一个铁口，确保出渣铁不受影响。清除铁口前的黏结物，然后堵上铁口。堵口时不能冒泥，打泥要一次完成不能停顿，直到打不进泥为止。这样有利于将铁口中的漏点封堵住，20min后可拔炮重新开铁口。此操作方法在很多高炉应用，克服开铁口困难的效果良好。

5.7.7.4　铁口冒泥

铁口冒泥是指堵铁口时泥炮嘴压紧铁口后，炮泥在向铁口内充填过程中从铁口泥套面与炮嘴结合处漏出的现象。堵铁口时冒泥通常有以下原因：（1）铁口泥套过深，铁口泥套面不平整、缺损或角度变化，以及有黏结的渣铁使炮头不能与其严密吻合；（2）炮嘴缺损使其不能与泥套面严密吻合；（3）打泥过程中炮头移位。

铁口冒泥对泥芯的密实度和铁口深度有很不利的影响。尤其是铁口连续冒泥时，会引起铁口泥芯密实度变差，铁口深度大幅度下降，易造成开铁口过程铁口孔道中间夹渣铁、渗漏与断裂。这将严重威胁高炉正常生产和安全长寿。

铁口冒泥的处理方法有：（1）铁口泥套必须保持完好，深度合适。发现泥套面缺损或过深应立即更新，泥套面外围有脱落可用塑性好、强度高的耐火材料进行修补。（2）仔细检查铁口区域是否有漏水、漏煤气现象，铁口框架是否完好，铁口孔道泥芯是否发生偏移等。（3）堵口时若连续发生两次铁口冒泥，必须重新做铁口泥套。（4）尽量选择在高炉计划休风时制作浇注料泥套。

5.7.7.5　铁口异常喷溅

铁口打开后喷溅超过 30min 属于异常喷溅。铁口异常喷溅会加剧对铁口泥包、铁口孔道、铁口泥套的损坏，并会造成主沟和主沟大盖罩的熔蚀。铁口喷溅产生的烟尘严重影响出铁场的环境，不利于安全生产和环保。

引起铁口异常喷溅通常有以下原因：

（1）操作原因。开口时开口机打击力过大，前进速度掌握不好，铁口打开时孔道内壁不光滑，出铁过程中铁水在铁口孔道内的铁流状态呈不规则的紊流，易造成铁流旋转和飞溅。另外，采取往返钻进时，由于钻杆的摆动及钻头的磨损，铁口孔道最后呈外大里小的喇叭形，铁水柱向外扩散形成铁水喷溅。

（2）打开铁口过早。炉缸内铁水液面低于铁口中心，铁水在铁口孔道内填充不满，不能形成整流，高压煤气流从铁口逸出造成铁口喷溅。

（3）铁口断裂，铁口砖衬与泥包及保护性渣皮间有气隙。这将造成铁口孔道内有漏点，高压煤气漏出带动铁水喷溅。炉缸不活、煤气流强弱分布不均以及崩滑料等失常炉况，均可能使煤气流窜入铁口通道，造成铁口异常喷溅。

（4）炮泥质量欠佳。一般是由于炮泥的级配不合理，如加入炮泥的结合剂用量太多等。

铁口异常喷溅的处理方法有：

（1）提高开铁口操作技能，确保开铁口质量。在开铁口初始时正打击力不宜过大，主要是靠快速的旋转来切削前进，控制好水量，钻杆前进速度要均匀。

（2）铁口孔道过硬时，钻头磨损快，要及时更换钻杆。

（3）铁口见喷就堵。这既不会使铁口孔道漏点进一步增大，又可增加堵铁口时的压力。炮泥密实度增加对弥补铁口孔道内的裂缝也有利，能有效防止出铁后喷溅。

（4）堵口时要注意泥炮的打泥电流或压力，如果打泥电流或压力较低时，打完泥后停 2~3min 再点动几下，此时打泥电流会升高 20%~30%，打泥压力也会相应升高，可提高孔道内炮泥的密实度。

（5）若出铁前期出现异常喷溅，可采取先封堵一下，然后再重新打开，这样能填补铁口孔道内的裂缝，封住煤气，避免煤气逸出，重新开口有望有效地制止铁口喷溅。

（6）如果铁口反复出现长时间喷溅，则可能是铁口通道中存在大量的裂纹和气体通道所致，需要采用专门的塑性好、强度高的炮泥对铁口进行处理。

5.7.7.6 铁口打泥困难

引起铁口打泥困难主要有以下原因：（1）渣铁未出尽，铁口不喷或铁口假喷就堵了铁口；（2）铁口眼偏离中心较多，与泥炮嘴不在一条同心线上，使炮泥吐出不畅；（3）铁口打开时没有完全贯通，铁口中间漏，打泥时阻力大；（4）大块炉墙黏结物脱落没有熔化，堆积在铁口孔道前；（5）炮头和过渡管结焦，或使用存放时间较长的炮泥；（6）分段充填炮泥时中间停顿时间过长；（7）铁水温度过低或过高，渣铁黏稠铁口眼不易扩大。

铁口打泥困难时的处理方法如下：（1）扩大出铁口孔径，出尽渣铁，见喷后再堵铁口；（2）有炉墙黏结物脱落时，可用开口机装好铁棒捅铁口；（3）增加该铁口的出铁次数；（4）确保炮头和过渡管无结焦现象，对准铁口中心，以保证炮泥吐出畅通；（5）挤出老泥换新泥，确保炮泥有良好的塑性；（6）气温低时要对炮泥加热保温，降低其硬度，确保良好的塑性，适当降低马夏值，压缩炮泥的库存量，尽可能使用3天以内的炮泥；（7）加强铁口泥套维护；（8）调整好炉内煤气流的分布，控制炉墙黏结物脱落，改善炉芯的透气性和透液性。

5.7.7.7 退炮时渣铁跟出

退炮时渣铁跟出有多种原因，如铁口过浅，渣铁未出尽；打入的炮泥未能形成泥包；炉内压力高；退炮时间早，泥芯尚未凝固等。为此在操作中应该注意：退炮勿过早，尤其在铁口浅、渣铁未出尽时要适当延迟退炮；装炮时勿装入过软、过稀或冻结的炮泥；堵口时勿将炮泥打完，以免渣铁呛入炮筒。

5.7.7.8 出铁跑大流

出铁时形成跑大流通常有以下原因：（1）铁口过浅；（2）潮铁口出铁；（3）泥套损坏；（4）铁口孔径过大或钻漏；（5）泥包断裂；（6）炮泥质量差，不耐渣铁侵蚀，铁口通道扩孔快；（7）渣铁未出尽，炉内渣铁过多。

出铁跑大流的处理方法：（1）设法将铁口涨回正常水平；（2）潮铁口应先烤干再出铁；（3）修整泥套，保持完整；（4）改小钻头出铁；（5）改善炮泥质量；（6）出铁跑大流时，炉内应适当减风降压。

5.7.8 高炉渣的处理

高炉渣处理工艺可分为水淬粒化工艺、干式粒化工艺和化学粒化工艺[12]。目前高炉渣处理以水淬粒化工艺为主。水淬粒化工艺就是将熔融状态的高炉渣置于水中急速冷却，限制其结晶，并使其在热应力作用下发生粒化。水淬后得到沙粒状的粒化渣，绝大部分为非晶态。水淬粒化工艺主要方法有底滤法（OCP）、因巴法（INBA）、图拉法（ТУЛА）、拉萨法（RASA）等。

5.7.8.1　底滤法（OCP）

底滤法是在冲制箱内用多孔喷头喷射高压水，对渣进行水淬粒化，再冲入沉渣池。由抓斗抓取沉渣池中的水渣并堆放在干渣场脱水，沉渣池内的水及悬浮物由分配渠流入过滤池。过滤后的冲渣水经集水管由泵加压送入冷却塔冷却后重复使用。该法优点有：滤池深度较低；机械设备少，施工、操作、维修较方便；冲渣系统用水可实现 100% 循环使用，有利于环保。其缺点是占地面积大、耗水量大，渣水比达到 1∶10。底滤法在中小高炉用得较多。

5.7.8.2　因巴法（INBA）

因巴法是由卢森堡 PW 公司和比利时西德玛公司共同开发的炉渣处理工艺，1981 年在西德玛公司投入运行。因巴法分为热因巴、冷因巴和环保型因巴三种类型。工艺流程如图 5-6 所示。高炉熔渣由熔渣沟流入冲制箱，经冲制箱的压力水冲成水渣进入水渣沟，然后经滚筒过滤器脱水排出。该法布置紧凑，可实现整个流程机械化、自动化，水渣质量好；冲渣水闭路循环，泵和管路的磨损小，该系统能安全地进行炉渣的粒化；彻底解决烟尘、蒸汽对环境的污染，可达到零排放的目标；用水量和耗电量均较少。该法为引进技术，投资费用较高。其主要缺点是：对高炉熔渣的要求较高；设备操作和维护水平较高；渣水比较高，需设置大型高压水泵站；投资和生产费用相对较高；允许渣中的带铁能力较低。我国特大型、大型高炉大多采用因巴法进行炉渣处理，尤其是环保型因巴用得更多。

5.7.8.3　图拉法（ТУЛА）

图拉法首次在俄罗斯图拉厂的 2000m³ 高炉上应用，故被称为图拉法。该系统主要由粒化器、挡渣板、脱水器、水渣溜槽、热水槽等组成。该法与其他水淬法不同，在渣沟下面增加了粒化轮，炉渣落至高速旋转的粒化轮上，被机械破碎、粒化，粒化后的炉渣颗粒在空中被水冷却、水淬，产生的气体通过烟囱排出。此工艺最显著的优点是彻底解决了传统水淬渣爆炸的问题，即使渣中的带铁达 40% 时也不会发生爆炸。其主要优点是：熔渣处理在封闭状态下进行，环境好；循环水量少，其渣水比最大为 1∶3（传统的底滤法冲渣的渣水比为 1∶10），动力能耗低；设备简单，结构紧凑，占地面积小；系统作业率高，机械化、自动化程度高。主要缺点有：粒化器打渣轮易磨损；脱水器的滤水能力偏小，渣水经常溢流污染环境；成品水渣经常出现黑渣红渣，有时出现烧损渣皮带的事故；粒化器和脱水器需要大功率的电机驱动；管道、泵、阀等设备磨损严重；环保不够完善。

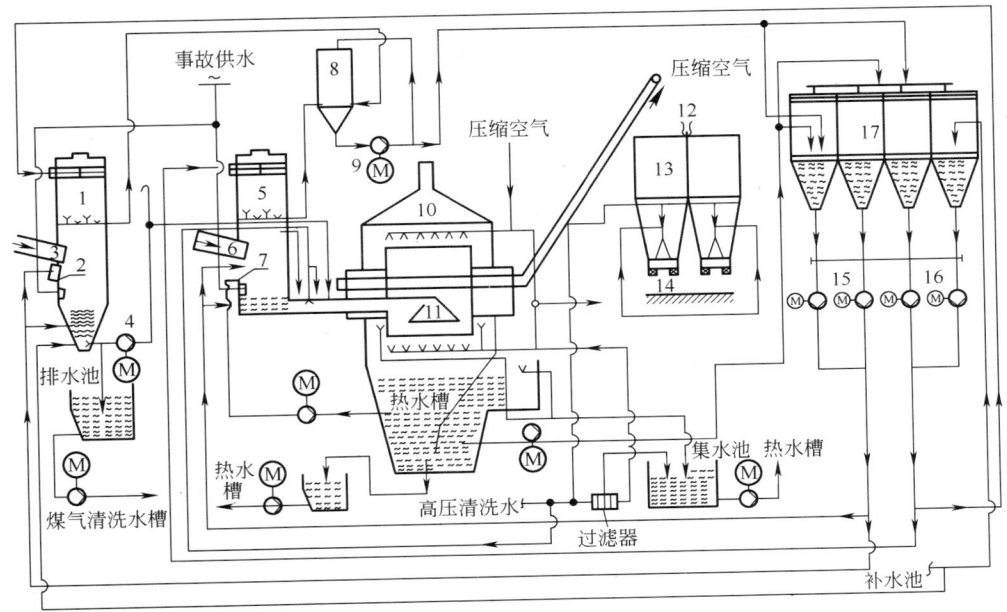

图 5-6   因巴法炉渣处理系统工艺流程图

1—2 号水渣槽；2，7—冲制箱；3，6—熔渣沟；4—渣浆泵；5—1 号水渣槽；8—缓冲槽；

9—冷凝回收泵；10—脱水转鼓；11，12—转换溜槽；13—成品槽；

14—排料阀；15—粒化泵；16—冷凝器；17—冷却塔

出净渣铁是高炉炼铁工艺最基本的要求，是高炉稳定顺行的基础与保障，是高效强化生产的必要条件。武钢 3200m³ 以上高炉均采用环保型因巴处理炉渣，多年实践表明该工艺能满足高炉强化冶炼的要求。

参 考 文 献

［1］张龙来，金觉生，居勤章．宝钢大型高炉长寿生产实践［J］．炼铁，2012，29，（2）．

［2］张寿荣，于仲洁，等．武钢高炉长寿技术［M］．北京：冶金工业出版社，2009．

［3］张立国，刘德军，张磊．高炉风口直径和风口焦炭粒度对高炉影响规律的研究［J］．鞍钢技术，2006，（1）：7．

［4］林成城，徐宏辉．宝钢 3 号高炉热风炉高风温技术开发研究［C］．2004 年全国炼铁生产技术暨炼铁年会文集，2004：822．

［5］王筱留．钢铁冶金学（炼铁部分）［M］．2 版．北京：冶金工业出版社，2006：236．

［6］王筱留．钢铁冶金学（炼铁部分）［M］．3 版．北京：冶金工业出版社，2013．

［7］徐万仁，吴淑华，曹进．宝钢高炉高煤比低燃料比生产实践［J］．炼铁，2003，22（2）：8．

［8］刘晓晨，刘德楼，张殿志．济钢 2 号 1750m³ 高炉布料矩阵的探索与优化［J］．炼铁，

2008，22（6）：30.

［9］ Maarten Geerdes，Hisko Toxopeus，Cor van der Vliet. Modern Blast Furnace Ironmaking—An Introduction ［M］. Published by ISO Press under the Imprint Delft University Press，2009：79.

［10］ 邹祥宇，张伟，等. 碱度和 Al_2O_3 含量对高炉渣性能的影响 ［J］. 鞍钢技术，2008，（4）：20.

［11］ 王天球，俞樟勇. 宝钢 1 号高炉自主集成国产化设备的生产实践 ［J］. 炼铁，2011，30（3）：33.

［12］ 王海风，张春霞. 高炉渣处理技术的现状与新的发展趋势 ［J］. 钢铁，2007，（6）：83~87.

6 高炉长寿技术

6.1 长寿是高炉高效冶炼的物质基础之一

高炉冶炼过程的本质是高温、高压下多项物理、化学反应的综合。高温、高压下的物理、化学反应对承载其反应的高炉炉体造成侵蚀。高炉冶炼强化程度越高，对炉体的侵蚀程度越强烈。为使高炉冶炼过程顺利进行，高炉炉体必须能承受冶炼过程中的物理、化学侵蚀并保持炉体的稳定。因此，高炉长寿是高炉高效冶炼的重要物质基础之一。

从工业绿色化的观点看，高炉长寿是钢铁工业走向可持续发展的重要措施。高炉长寿有利于减少工业生产的资源、能源消耗，减轻地球的环境负荷。在这一点上容易取得共识，而对于达到什么程度的高炉才算长寿，钢铁界的认识并不一致。从可持续发展的观点出发，作者认为高炉长寿的目标应当包括[1]：

(1) 高炉一代寿命（不中修）在 20 年以上。

(2) 高炉的一代是在高效率生产的状态下度过的，一代寿命内平均利用系数在 $2.0t/(m^3 \cdot d)$ 以上，一代寿命的单位炉容产铁量在 $15000t/m^3$ 以上。

(3) 高炉大修的工期缩短到钢铁企业可以承受的范围，例如两个月之内。大修后在短期内达到正常生产水平，例如 7~10 天。由此使钢铁厂成为高效率的钢铁企业，高炉座数可能最少，能源消耗可能最低，运行效率可能最高。

我国当前高炉的长寿水平与上述目标差距较大。一代不中修寿命 15 年以上、单位炉容产铁量 $10000t/m^3$ 以上就算是长寿的了。国外高炉寿命差别很大，总体上比我国好不了多少。但钢铁工业发达国家的某些大型高炉，一代炉龄超过 20 年，单位炉容产铁量超过 $15000t/m^3$。我国高炉炼铁在延长高炉寿命方面还有潜力可以发挥。

6.2 决定高炉寿命的因素

6.2.1 合理的高炉设计

在我国钢铁工业的发展过程中，经过多年的实践和探索，随着我国高炉的大型化，我国大型高炉的长寿技术，从理论到实践上已经形成自己的体系。我国已能够依靠自己的技术力量，使大型高炉实现一代不中修炉龄达到 20 年。当前的问题是这些成功经验尚未得到普遍推广应用。

高炉实现长寿的决定性因素是高炉炉体长寿，并保证高炉一代保持高效冶炼。首先，合理的高炉设计是基础。合理的高炉设计的核心是为高炉一代提供合理的操作炉型，而合理的高炉操作炉型是高炉高效冶炼的决定性因素。迄今为止，在高炉炉型的设计方面尚未形成依据客观条件确定高炉炉型的完整的理论计算方法，主要依据实践经验确定高炉炉型、炉体结构和耐火材料。炉型设计主要参照操作好的高炉炉型，按原料条件的变化加以调整确定。高炉实现长寿必须从"精料"抓起，入炉料过筛、分级是必须条件。当前对高炉长寿的炉体结构，我国已基本形成共识：无钟炉顶装料系统，全软水密闭循环冷却系统，砖壁合一铜和铸铁、铸钢冷却壁薄炉衬炉体结构，水冷炉衬薄炉底，炉底、炉缸部位采用超微孔炭砖等。实践证明，这种炉体结构可以保证高炉在高效冶炼状态下工作 20 年。

6.2.2　优质的高炉结构和耐火材料

武钢的实践证明，采用全冷却壁结构、高质量的耐火材料，可以支撑高炉一代不中修 20 年以上的寿命。炉基以上是一层水冷管，其上依次为 400mm 高热导率石墨炭砖、600mm 厚的超微孔炭砖、立砌 1000mm 厚超微孔炭砖和两层 400mm 厚的莫来石砖，炉底总厚度 2800mm。炉缸为陶瓷杯结构，靠冷却壁的是微孔炭砖，陶瓷杯内衬为微孔刚玉砖。风口区域采用微孔刚玉砖。炉腹以上采用砖壁一体的镶砖冷却壁，镶砖厚度 150mm，采用 Sialon-SiC 砖或 Si_3N_4-SiC 砖。

高炉内炉壳从炉底至炉喉采用全水冷壁结构，取消水冷板。炉底为光面低铬铸铁冷却壁，炉底异常侵蚀区和炉缸铁口区采用光面铸铜冷却壁，风口区为光面铸铁冷却壁，炉腹、炉腰及炉身下部采用镶砖轧铜冷却壁（镶砖厚度 150mm），炉身中部为镶砖铸钢冷却壁，炉身上部为镶砖铸铁冷却壁。炉喉钢砖采用水冷结构。

必须保证耐火材料的高质量。炭砖应是超微孔、高热导率的。刚玉砖、莫来石砖也应为微孔的。耐火材料的尺寸、加工精度和砌筑质量要严格控制。

6.2.3　高炉备件的质量

直接影响高炉长寿的设备主要是高炉冷却设备和炉顶装料设备。冷却设备漏水对高炉耐火材料有极大的破坏作用。必须对冷却设备从制造开始就严格管理。以高炉冷却壁为例，冷却壁必须是高质量的，否则不能使用，弯管过程及半成品必须严格检查并经高压水测压合格，铸造过程要严格控制。铸成冷却壁之后，必须按高炉工作压力两倍以上压力的检测无泄漏。高炉炉体焊缝必须透视检查合格。高炉炉顶布料合理对高炉实现长寿有重要作用。因此，对炉顶装料设备的制造质量和安装质量必须严格要求，对布料器的布料准确程度必须严格测试。高炉长寿要求高炉耐火炉衬施工质量必须优质，如果冷却设备和装料设备有问题，耐火材料再好也不可能长寿。

6.2.4　高炉的原燃料管理

高炉炼铁技术必须"以精料为基础"。其含义不仅在于不具备必要的原燃料条件高炉就不能生产，而且高炉的结构、装备、技术操作和产品同样取决于原燃料的供应条件。原燃料能否均衡按质量要求稳定供应对高炉顺行、稳定操作有决定性作用。原燃料供应失常必然导致炉况失常，而炉况失常可能对高炉炉体造成损害。原燃料中某些有害物质，如锌、铅、碱金属、重金属、氟对炉衬有破坏作用。严格的高炉入炉原燃料管理是高炉实现长寿的必要条件。

6.2.5　高炉的操作管理

合理的高炉设计结构、炉体施工、冷却设备、耐火材料的质量，对高炉长寿具有决定性作用，而合理的操作管理是高炉长寿的保证。高炉操作管理的错误可能导致高炉炉况失常，甚至发生严重事故。某些重大事故可能损坏高炉炉体，影响高炉寿命甚至使高炉报废。对高炉操作的管理必须高度重视。

首先，必须深入掌握高炉结构与设备功能、特征，必须充分了解原燃料供应条件、生产环境。在此基础上，通过实践确定高炉的合理操作制度，才能搞好炼铁生产。合理的操作制度能保证高炉顺行、高产、低耗，同时保证高炉长寿。高炉操作制度主要包括：

（1）上部操作制度：高炉的配料结构、高炉装料的批重（矿石批重、焦炭批重）、每批料的装料顺序、炉顶布料器的布料程序、装料料线。

（2）下部操作制度：高炉送风风量、高炉送风压力（炉顶压力）、送风温度、鼓风湿度、燃料喷吹量、风口配置（风口数目、分配、风口端部内直径、风口长度）。

（3）造渣制度：二元碱度（CaO/SiO_2）、MgO 含量、需要专门控制的成分含量。

（4）冷却制度：炉体各部位冷却设备的冷却强度、冷却水流量、水温差。

高炉热制度是高炉操作制度的核心。高炉热制度要靠以上操作制度来控制，是结果而不是操作手段。

合理的操作制度是高炉顺行、稳定、高产、低耗操作的基础。迄今为止，高炉合理操作制度主要靠不断的实践去寻求。炉型相同的高炉，合理的操作制度并不相同。建立合理的高炉操作制度是高炉操作管理的首要任务。实现高炉高效冶炼是建立合理操作制度的目标。

    高炉操作管理是一项重要的工作，是在基本操作制度合理的情况下构建一套完整的高炉炉况调剂方法。高炉炼铁生产的客观条件不可能稳定不变，即使高炉操作制度合理，高炉炉况仍然是变化波动的，有时会失常。建立高炉炉况调剂的操作规程是必需的，建立规程必须以实践经验为基础。我国钢铁企业的炼铁厂均已建立了高炉操作规程，当前要做的工作是贯彻落实。随着客观环境的变化和实践的积累，对操作规程还要不断完善，以促进高炉操作水平的提升。

6.3　高炉长寿技术是综合性技术

    高炉长寿是诸多技术实施的最终结果[1]。长寿技术是达到长寿各方面技术的总和，是综合性技术。任何一项单独的技术都不能保证高炉必然长寿。长寿技术是诸多项技术的集合体。

    高炉长寿要从高炉建设阶段抓起。根据原燃料条件确定高炉设计结构、炉型和选择技术装备时必须确保高炉能够长寿。在施工过程中必须严格控制质量以确保长寿。高炉投产后，在高炉技术操作、生产、设备管理过程中，必须把确保高炉长寿放在第一位。每个阶段涉及的工程技术千差万别，为高炉实现长寿，必须以高炉操作为主线，根据各个阶段的实际需要，灵活运用相关技术，实现长寿目标。实现高炉长寿的基本原理具有普遍适用性，而具体实施的技术则因具体条件的不同而千差万别，关键在于综合优化。

参 考 文 献

[1] 张寿荣，于仲洁，等. 武钢高炉长寿技术 [M]. 北京：冶金工业出版社，2009.

7 展　望

　　人类炼铁的历史可追溯到两千多年前，近代高炉炼铁的历史也有两百年。高炉高效冶炼技术只是高炉炼铁技术的一个组成部分。高炉炼铁的前景如何？钢铁工业的前景如何？钢铁工业能长久存在吗？

　　人类社会历史的分期是以所使用的工具的特征来划分的，如石器时代、青铜器时代、铁器时代。铁器时代起源于公元前，在我国秦汉时期已有铁器。两百年来作为主流工艺的炼铁高炉日臻完善。20世纪以来，许多学者在非高炉炼铁技术方面做了大量研究开发，但在从铁矿石制取液态生铁的技术方面尚未找到比高炉炼铁更好的技术。当前世界钢年产量已超过16亿吨，我国钢产量已达8亿吨，从铁矿石中提炼生铁的主要手段仍靠高炉炼铁。

7.1　21世纪仍将是铁器时代

　　迄今为止尚未发现哪种材料可以替代铁器作为制造工具的主要材料。在许多应用领域铝可以替代铁，但铝的冶炼成本比铁高得多，所以钢铁一直是使用量最大的金属材料。从目前资源环境现状和科学技术水平看，这种形势在21世纪内不会改变，人类社会仍将处于铁器时代。

　　随着科学技术的进步，人类生活水平的提高和欠发达地区的工业化和现代化，世界对钢铁的需求将会增长。钢铁工业要大量消耗自然资源，钢铁工业的发展必然受到资源、环境的约束。为解决社会对钢铁需求增长和资源、环境的约束的矛盾，必须使钢铁工业由粗放型转变为集约型（资源、环境友好型），从而要求钢铁工业不断推进科技进步。高炉高效冶炼技术是钢铁工业技术进步的重要内容之一。

7.2　可持续发展是钢铁工业的大方向

　　由于资源环境条件、社会需求和经济发展阶段的不同，21世纪世界钢铁工业将发展为不同的类型：以供应大规模通用普通钢材为主的地区性钢厂和以提供高技术附加值为主的跨地区大型钢铁企业。前一种类型钢厂的优势是其产品的经济性。钢铁之所以成为人类社会使用的主要材料的重要原因是其价格低廉，以较低的价格大量供应普通钢材是地区型钢厂的优势。高技术附加值产品往往制造工艺复杂，技术装备投入高，管理要求严，形成经济规模条件苛刻，需要在技术开发能力强的跨地区大型钢铁联合企业中生产。资源、地域条件、社会需求和经济发展的多样性，决定着21世纪钢铁工业发展模式的多样性。然而，钢铁工业的"两高一资"（消耗高、排放高、污染重和对化石资源的高度依赖）是对地球环境资源严重的挑战。节约资源和能源，减轻地球的环境负荷，是各类模式钢厂必须履行的基本责任。减少资源、能源消耗和污染排放，减轻环境负荷的同时提高钢铁材料的使用价值，是钢铁工业发展的前提。依靠科学技术进步，促进可持续发展，是钢铁工业的大趋势。高炉高效冶炼技术有助于钢铁工业的可持续发展。

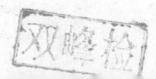